SHENBU YINGYAN YANBAO
FENGXIAN PINGGU
YU KONGZHI

深部硬岩岩爆
风险评估与控制

主　编　梁伟章
副主编　赵国彦　彭　康　李　政

中南大学出版社
www.csupress.com.cn
·长沙·

前言
Foreword

随着人口膨胀、资源需求增加及经济的快速发展，向地球深部空间开发已成为必然。习近平总书记早在 2016 年全国科技创新大会上就提出："向地球深部进军是我们必须解决的战略科技问题。"目前，世界矿山开采深度已超过 4000 m，隧道工程开挖深度超过 2000 m，核废料储存深度超过 1000 m，防护工程深度超过 1000 m。然而，进入深部开发的岩土工程必然面临高地应力问题。深部高应力岩体的变形能高度积聚，动力灾害等安全事故更加频繁。其中，岩爆是高应力硬岩开挖后弹性应变能急剧释放而产生的突发、猛烈的脆性破坏灾害，发生次数及强度随深度增加而急剧上升。岩爆的发生往往伴随大量能量释放，直接威胁作业人员与设备安全，甚至诱发地震灾害。以金属矿山为例，国内外已有很多矿山在深部开采中遇到了高能级岩爆与矿震等动力灾害问题，造成了大量人员伤亡和严重经济损失。尽管经过几十年研究，已在岩爆机理、预警及防控等方面取得显著成就，但是，由于岩石是一种复杂的非均质材料，岩爆产生机理极为复杂，加之工程地质条件的多样性和多变性，迄今还远未攻克岩爆预测及防控这一难题。特别是随地下工程开发深度及规模的进一步扩大，岩爆事故还有进一步增加的趋势。目前学术界对其形成机制还未达成统一认识，岩爆问题依旧未能得到彻底解决。

1

岩爆是目前深部硬岩工程面临的重大挑战，已成为国内外高度重视的国际性难题。南非是最早系统开展岩爆研究的国家之一，分别在 1915 年、1924 年和 1964 年 3 次成立专门委员会对矿震和岩爆进行调查，并于 1998 年 7 月启动"Deep Mine"研究计划，研究包括岩爆控制在内的一系列深部采矿问题。加拿大政府及采矿工业部门于 20 世纪 80 年代合作开展为期 10 年的深部研究计划，主要内容包括微震监测、岩爆预报、计算机模拟、岩爆潜在区支护及危险性评估等。美国矿务局、爱达荷大学、密西根工业大学及美国西南研究院 20 世纪 60 年代中期就已经开展了深井开采及岩爆研究，并提供岩爆预警及控制方法。澳大利亚国家地质力学中心自 1999 年开展了矿山地震与岩爆风险管理方面的研究。我国对岩爆的研究起步较晚，但发展极为迅速。自"九五"以来，投入了大量资金启动了一大批关于岩爆的重大科研项目，如国家重大科技攻关计划、国家科技支撑计划、973 计划、863 计划、国家重点研发计划、国家自然科学基金重大项目及重点项目等。为共同应对全球范围内深埋地下工程日益严重的岩爆等动力灾害威胁，国际岩石力学学会于 1977 年成立了岩爆问题专门委员会，极大地推动了岩爆的深入研究。

准确及时地评估岩爆风险能避免不必要的人员伤亡及财产损失。岩爆风险评估可分为长期风险评估与短期风险评估。其中，长期岩爆风险评估通常在工程设计或开挖初期阶段进行，利用岩石强度、脆性、储能能力等力学参数及原岩或采动应力建立评估模型来评估不同应力条件下不同岩石类型岩爆发生的可能性，此结果可为后续的工程开挖提供指导。长期岩爆风险评估主要用来判断不同位置岩爆发生的长期倾向性，但无法得到岩爆风险随时间演化的趋势。短期岩爆风险评估通常在开挖阶段进行，旨在利用现场监测技术监测岩体开挖响应数据，由此根据监测数据时序前兆特征或建立相应模型评估近期岩爆发生的风险。短期岩爆风险评估结果可用来分析岩爆风险随时间的动态变化过程，进而对不同时间不同区域的岩爆风险进行预警。

岩爆风险评估是岩爆防控的重要基础。将长短期岩爆风险评估与防控技术相融合，可有效建立深部硬岩长短期岩爆风险动态管理方法。根据岩爆产生特点及防控机制，从事前避免岩爆发生、事中降低岩爆危害及事后规避岩爆伤害这3个角度提出相应的岩爆风险防控措施。其中，事前避免岩爆发生是在岩爆发生前从消除岩爆产生条件的角度出发提出防控措施。由于岩爆产生的两个必要条件分别为高应力环境及岩石高储能特性，因此可从降低岩层应力及储能能力两个方面来避免岩爆发生。在实践中，可通过采矿设计及卸压技术来避免高应力集中，同时可通过岩层改性来降低其储能能力。事中降低岩爆危害是在岩爆发生过程中从降低岩块冲击动能的角度提出防控措施，主要通过采用各种支护技术来吸收岩爆能量来降低危害。事后规避岩爆伤害是在岩爆发生后从限制人员进入高岩爆风险区域作业的角度提出相应措施，主要通过控制作业人员在岩爆风险区域的暴露来规避伤害。尽管当前岩爆风险防控技术研究已取得丰硕成果，但尚未形成深部硬岩矿山岩爆风险防控标准指南，而本书成果可为该指南建立提供一定的参考。

本书针对深部硬岩岩爆风险评估与防控问题，综合运用多准则决策、机器学习、数值模拟、微震监测等多种手段进行研究，提出了多种长短期岩爆风险评价方法，从防控机理角度构建了岩爆风险防控技术体系，并提出深部硬岩长短期岩爆风险的动态管理方法。全书共5章，分别为绪论、岩爆倾向性指标与经验判据、长期岩爆风险评估方法及其应用、短期岩爆风险评估方法及其应用、深部硬岩岩爆风险防控技术体系。第1章主要介绍了岩爆现象及其危害、岩爆类型及等级划分方法，归纳总结了国内外长短期岩爆风险评估及岩爆风险控制措施的研究现状，利用文献计量学方法对 2000—2019 年硬岩岩爆研究进展及热点进行了系统分析。第 2 章详细阐述了各岩爆倾向性指标的理论基础、参数特征及其测定方法，梳理归纳了各岩爆倾向性指标的经验判据和使用方法，通过工程应用分析了岩爆倾向性经验判据的优缺点。第 3 章分别从多准则决策、机器学习及数值模拟 3 个角度提出了基于犹豫模糊 TOPSIS、VIKOR 和 TODIM 决策方法，基于 SMOTE 和集成学习智能算法，以及基于 Monte Carlo 与数值模拟耦合的长期岩爆风险评估模型，并通过 3 个工程案例验证了模型的可靠性。第 4 章首先总结了深部硬岩区域与局部岩爆监测技术原理，并基于微震监测技术分别提出了应变型岩爆风险评估的概率分类器集成算法和远源触发型岩爆风险评估的平衡 Bagging 集成高斯过程算法，然后通过大量岩爆案例数据验证了所提出算法的可行性。第 5 章总结了岩爆风险防控的原则，从防控机理角度构建了岩爆风险防控技术体系，并介绍了各类防控技术的基本原理，将长短期岩爆风险评估与防控技术体系相融合，提出了深部硬岩长短期岩爆风险动态管理方法。

本书的宗旨在于提出深部硬岩长短期岩爆风险评估方法及防控技术体系，并分析如何根据评估结果对岩爆风险进行有效管理，以期为深部硬岩工程的安全高效建设提供帮助。本书在撰写过程中，参考了大量国内外相关文献资料，在此谨向文献作者及相关机构表示衷心的感谢。由于作者水平有限，书中不妥之处敬请读者指正。

作者

2024 年 5 月

目 录

Contents

第 1 章
绪　论

随着浅部矿产资源的枯竭，我国正全面进入千米以深地层开采，深井矿山数量将达到世界第一。然而，在深部开采中，高应力及动力扰动诱发的岩爆发生频率与强度呈急剧上升之势，成为制约我国深部矿产资源安全高效开发的关键因素。国内外深部矿山都曾发生过大量岩爆事故，造成了严重的岩层结构破坏、人员伤亡与经济损失。为保障我国深井矿山资源的安全高效开采，亟须对岩爆风险评估方法及控制技术进行深入研究。

1.1　岩爆现象及危害　　　　　　　　　　　　　　　　>>>

岩爆是一种因累积弹性应变能急剧释放而诱发的突发性地质灾害。这种灾害往往伴随着岩屑的剧烈弹射，直接威胁作业人员及设备的安全。随着地下工程开挖深度的不断增加，岩爆灾害将变得更加剧烈与频繁。由于其发生的不确定性及后果的严重性，岩爆已成为国内外深部地下工程普遍关注的问题[1]。例如，加拿大安大略省劳动部对与本省地下采矿有关的 263 项安全健康风险进行全面审查，经包括行业及工人代表的专家组进行风险排序后，认为矿震及岩爆是目前对矿山工人安全的最大威胁[2]。然而，岩爆是一种受多因素影响且极为复杂的岩石失稳现象。目前，有效评估及控制岩爆风险仍具有极大挑战。

德国 Altenberg 锡矿可能是发生岩爆最早的矿山，1640 年发生的岩爆导致该矿停产多年[3]。自那以后，许多国家都遭受了高能级岩爆及矿震等动力灾害，造成了大量人员伤亡和严重经济损失。在南非，岩爆是深部采矿面临的最严重和最难理解的问题之一，已夺走数以千计的矿工生命；20 世纪初在地下几百米深处仅由小岩柱支撑的大范围采场首次发生岩爆[4]；在 1984—1993 年，由于缺乏适用于 2000 m 深度以下控制岩爆的可靠采矿技术，累计 3275 名南非金矿工人在采矿过程中丧生[5]；2005 年 3 月 9 日，在 Klerksdorp 区域发生了史上最大的一次岩爆，里氏震级达5.3级，导致附近Stilfontein镇发生晃动，造成2人死亡，58人受伤，地面建筑物严重损坏，1条竖井遭严重破坏，3200名矿工在艰难的环境下被营救[4]。在加拿大，大量深部矿山都拥有丰富的岩爆记录，包括Falconbridge、Strathcona、Creighton、Copper Cliff North镍矿，Brunswick锌银铜矿，Lake Shore、Teck-Hughes、Wright-Hargreaves、Macassa、Campbell金矿，Quirke铀矿等[6]；其中Lake Shore金矿在1939年发生了加拿大最大的一次岩爆，里氏震级达4.4级[6]；Falconbridge镍矿在1984年6月20日发生了一起里氏3.5级的岩爆，造成大量岩石坍塌，众多矿工被困，4人死亡[7]；Creighton镍矿曾多次发生岩爆，当超过某一深度时，岩爆频率随深度呈显著增加趋势。在澳大利亚，Mount Charlotte金矿在1998年发生了一起里氏3.5级微震事件，导致Kalgoorlie市地表结构轻微损坏[8]；Big Bell金矿在1999年11月15日发生一起里氏2.4级的大型岩爆，导致40 m³岩体垮落[9]；Kanowna Belle金矿在2002年发生一起里氏2.1级断层滑移事件，导致约400 t岩石弹射；Junction金矿在2002—2004年记录了16次岩爆，其中最大的一次为采矿诱发的微震事件，里氏震级达3.1级，造成矿井多个中段发生岩层破坏[8]；Darlot金矿在2003—2004年经历了2次严重岩爆，其中一次里氏震级为2.0级，导致约200 t岩石坍塌至工作区域[8]；Black Swan镍矿在2004年发生一起里氏2.1级岩爆，导致约200 t岩石从侧帮猛烈弹射[8]；Perilya Broken Hill铅锌银矿在2005年经历了断层滑移诱发的岩爆，里氏震级达3.1级[8]。在美国，1904年在Atlantic铜矿出现了最早的岩爆记录，岩爆造成的严重破坏导致该矿直接关闭[5]；爱达荷州的Coeurd Alene矿区岩爆在20世纪初期首次被报道为空气爆炸，但直到1940年当采矿进入更深的石英岩层时，岩爆才成为制约矿山运营的严重问题，在随后的60年内，该区域5个矿山包括Lucky Friday、Sunshine、Star/Morning、Galena及Coeur发生的岩爆造成22人死亡[10]。在智利，El Teniente铜矿1989—1992年先后4次因强烈岩爆停产[11]，采用水压致裂预处理和改进的采矿方法后，该矿岩爆得到了有效控制。在印度，位于Kolar Goldfield的金矿山拥有大量的岩爆历史记录，如1898年Oorgaum矿的一个采场发生了该区域第一次岩爆[12]；1962年12月27日，Champion Reef矿发生了一次大的区域岩爆，该岩爆又诱发了一系列小规模的岩爆，整个过程持续了两周，导致Glen及Southern矿体一端全部开采区域受到严重破坏及一些地表设施损毁；1966年12月25日，该矿又发生了一次大规模的岩爆活动，破坏了矿井大片区域，并持续了数天；1971年12月27日，Nundydroog矿发生一起大的岩爆，导致矿井严重损毁及3 km²范围内的一些地面设施遭到破坏[13]。

在我国，玲珑金矿、二道沟金矿、红透山铜矿、阿舍勒铜矿、冬瓜山铜矿、三山岛金矿、会泽铅锌矿等多个矿山已发生多起岩爆[14]。例如，玲珑金矿在巷道施工过程中发生岩爆，破裂岩块多呈薄片、透镜、棱板状或板状等，且伴随弹射现象[15]；二道沟金矿在采场发生了多起岩爆，且随着开采深度增加，岩爆事故逐渐增多[16]；红透山铜矿 1995—2004 年累计发生岩爆 49 次，其中 2 次导致采场斜坡道及二、三平巷数十米受到破坏[17]；阿舍勒铜矿在埋深 550~1100 m 区域发生数十起岩爆，其中最严重的一次导致 2 m 长的锚杆脱落及大量围岩片帮及弹射[18]。除了在深部金属矿山发生岩爆外，在我国深部硬岩隧道也发生了大量岩爆，如锦屏、天生桥、江边及太平驿水电站引水隧洞，秦岭终南山、陆家岭、二郎山公路隧道等[19]。其中，在锦屏二级水电站 7 条隧洞开挖过程中发生了数百起岩爆，在 2330 m 处发生的一起极强岩爆事故，造成 7 人死亡，1 人受伤及一台 TBM 完全被毁[20]。岩爆问题已成为国内外深部硬岩工程亟待解决的关键难题。因此，对岩爆风险进行精准评估及科学管理具有重要意义。

岩爆灾害机理复杂，产生的危害巨大，已引起国内外学者高度重视。南非是最早系统开展岩爆研究的国家之一[21]，并于 1998—2002 年投资 6600 万兰特开展 DeepMine 联合研究计划，旨在为 3~5 km 深度的金矿安全高效开采提供技术及人才保障，研究内容包括矿震风险评估、岩爆控制等一系列深部采矿问题[4]。加拿大在 1990—1995 年开展了著名的硬岩矿山岩爆研究项目，该项目在岩爆监测与防控等多个领域取得重大突破，并总结了 6 卷主要成果，包括：岩爆倾向岩层区域的开采、岩爆支护、微震监测、数值模拟和案例历史、矿山地震学及综合[22]。正是在该项目研究的基础上，Laurentian 大学 Peter K. Kaiser 等制定了岩爆支护手册[23]，Queen's 大学 Cezar-Ioan Trifu 等开发了 ESG 微震监测系统[22]，使加拿大在岩爆监测及控制领域处于国际领先水平。澳大利亚地质力学中心联合多家矿山企业自 1999 年开展了矿山地震与岩爆风险管理项目。该项目主要目的是推进微震监测系统的可靠应用，并提供量化和降低矿山地震活动和岩爆风险的策略，主要分 3 步进行：第一步优化澳大利亚微震监测技术的使用；第二步增进对澳大利亚本地矿山地震活动性和岩爆的理解；第三步建立岩爆、微震监测、风险评估与更优采矿决策之间的联系[24]。我国对岩爆研究起步较晚，但发展极为迅速。自"九五"以来，投入了大量资金启动一大批关于岩爆的重大科研项目。同时，国家自然科学基金也多年来连续资助了与岩爆直接相关的面上及青年科学基金项目等。在这些项目的支持下，获得了大量关于岩爆的原创性成果。为共同应对全球范围内深埋地下工程日益严重的岩爆等动力灾害威胁，国际岩石力学学会于 1977 年成立了岩爆问题专门委员会；国际矿山岩爆与地震研讨会自 1982 年在南非 Johannesburg 举行第一届后，随后在美国、加拿大、波兰、澳大利亚、中国、俄罗斯等国家成功召开，极大地推动了岩爆的深入研究。

尽管经过几十年的研究，已在岩爆机理、预警及防控等方面取得显著成果，然而，由于岩爆影响因素及其产生机理的复杂性，加之工程地质条件的多样性和多变性，迄今还未攻克岩爆评估及防控这一难题，特别是随着地下硬岩工程开发深度及规模的进一步扩大，岩爆事故还将有增加的趋势。目前学术界对其形成机制还未达成统一认识，岩爆问题依旧未能得到彻底解决。岩爆风险评估是防控的重要前提，能有效指导工程设计和施工。准确及时评估和管理岩爆风险能避免不必要的人员伤亡及财产损失，对于深部硬岩工程开发具有重要意义。

1.2 岩爆类型及等级

>>>

1.2.1 岩爆分类方法

由于岩爆的复杂性，学者从诱发机制、破裂机制、震源机制、力学机制及孕育时间等方面提出多种岩爆分类方法，归纳如下。

1.2.1.1 基于诱发机制的岩爆分类方法

Kaiser 等[22]根据岩体破坏与能量释放源位置的差异将岩爆分为自发型和远源触发型。自发型岩爆是指开挖边界岩体自身能量过度聚积而产生猛烈破坏的失稳现象。此时，岩爆发生地点与能量释放源位置一致，即岩爆发生所需能量均由岩体自身提供。由于岩体存储的高应变能不能逐渐耗散，因此该破裂过程突然而猛烈。此外，考虑结构面的影响因素，自发型岩爆也可由结构失稳引起岩体剧烈破坏，如屈曲破坏。该类型岩爆更多取决于结构特征及开挖几何形态，而非岩体强度。当岩爆发生地点与能量释放源位置不一致时，称为远源触发型岩爆。该类岩爆一般由高能级的微震事件诱发，即远处传来的应力波所携带的能量使临空面岩体发生破裂而导致失稳。根据微震事件的分布，可有效区分这两种岩爆类型。当微震事件与岩爆发生地点一致时为自发型岩爆，而当微震事件与岩爆发生地点不一致时为远源触发型岩爆。

Hedley[25]通过观察加拿大安大略省矿山的岩爆案例，将其分为应变型、矿柱型与断层滑移型。其中应变型及矿柱型岩爆通常是硬岩高应力集中所致，而断层滑移型岩爆是先前存在的断层或地质不连续面滑动造成的。这 3 种类型的岩爆在深部大型地下矿山均比较常见，而在隧道中主要以应变型岩爆为主。岩爆原理示意图见图 1-1[26]。

Tang[27]将岩爆分为压碎、应变或体积失稳型与断层滑移或剪切失稳型。前一种岩爆是开采工作面及矿柱引起的，而后一种岩爆是地质结构面如断层、岩脉、剪切带等引起的。

He 等[28]将岩爆分为应变型和冲击型。其中应变型分为瞬时型、延迟型和矿柱型，冲击型是爆破或开挖、顶板坍塌和断层滑移诱发的岩爆，同时制定了相应的试验模拟方案。

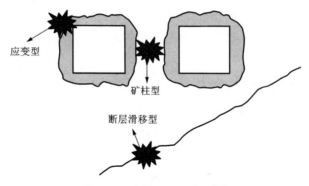

图 1-1　岩爆原理示意图[26]

Deng 和 Gu[29]分析了矿柱型岩爆的屈曲机制, 并将该类型岩爆分为诱发型、触发型和自发型。

冯夏庭等[30]将岩爆分为应变型、应变-结构面滑移型和断裂滑移型。

钱七虎[31]将岩爆分为应变型及断层滑移或剪切断裂型。

1.2.1.2　基于破裂机制的岩爆分类方法

汪泽斌[32]将岩爆分为破裂松脱型、爆裂弹射型、爆炸抛突型、冲击地压型、远围岩地震型和断裂地震型。

王兰生等[33]将岩爆分为爆裂松脱型、爆裂剥落型、爆裂弹射型和抛掷型。

Kaiser 等[22]通过观察加拿大矿山现场岩爆的主要表现形式, 根据岩爆破裂机制将其分为破裂引起的扩容、地震能量转移引起的岩石弹射、地震振动引起的岩石冒落, 见图 1-2。

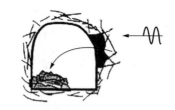
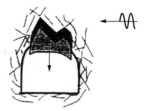

破裂引起的扩容　　　地震能量转移引起的岩石弹射　　　地震振动引起的岩石冒落

图 1-2　岩爆破裂机制[22]

1.2.1.3　基于震源机制的岩爆分类方法

Ortlepp 和 Stacey[34]根据岩爆的起源机制将其分为应变型、屈曲型、工作面压碎型、剪切断裂型和断层滑移型，并分别给出了相应的里氏震级范围：-0.2~0、0~1.5、1.0~2.5、2.0~3.5、2.5~5.0。

Rydert[35]将诱发岩爆的微震事件分为压碎坍塌型和剪切滑移型，并详细介绍了微震事件及岩爆破坏特征。

1.2.1.4 基于力学机制的岩爆分类方法

谭以安[36]将岩爆分为水平应力型、垂直应力型及混合应力型。

徐林生[37]将岩爆分为自重应力型、构造应力型、变异应力型和综合应力型，并结合应力及岩爆特征等进一步将其细分为8个亚类。

Khademian 和 Ugur[38]将岩爆分为压缩型和剪切型。

Li 等[39]将岩爆分为张裂-剥落型、张剪-爆裂型、穹状剪切-爆裂型、弯曲-鼓折型、张裂-滑移型及张裂-倾倒型，见图1-3。

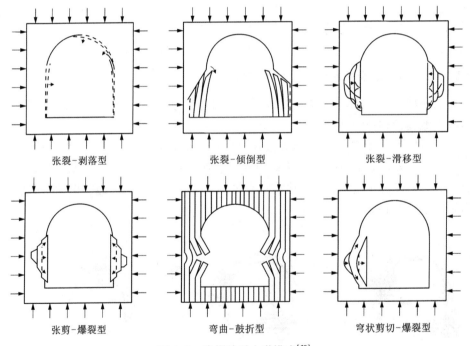

张裂-剥落型　　张裂-倾倒型　　张裂-滑移型

张剪-爆裂型　　弯曲-鼓折型　　穹状剪切-爆裂型

图 1-3　岩爆地质力学模式[39]

1.2.1.5 基于孕育时间的岩爆分类方法

何满潮等[40]根据室内岩爆试验仿真结果将岩爆分为滞后型、标准型和瞬时型。

冯夏庭等[30, 41]根据深埋隧洞现场岩爆孕育时间将岩爆分为即时型和时滞型。

1.2.2 岩爆等级划分方法

岩爆等级用于判别岩爆破坏的强烈程度。合理确定岩爆等级是进行岩爆风险防控的重要前提。通过对已有岩爆等级划分方法进行总结，将其分为基于微震能量及现场破坏特征的岩爆等级划分方法，归纳如下。

1.2.2.1 基于微震能量的岩爆等级划分方法

该方法是一种定量的岩爆等级划分方法。佩图霍夫、屠尔吕宁诺夫及冯夏庭等根据岩爆释放的振动能进行岩爆等级划分[19, 42]，具体划分标准见表1-1。其中，冯夏庭等[43]提出的方法在锦屏二级水电站引水隧洞岩爆等级划分中得到了合理验证。由表1-1可知，尽管岩爆划分的等级数量不同，但具体的微震能量阈值基本一致。该方法虽然较为客观，但仍存在如下一些缺陷：①微震能量阈值的划定存在一定主观性，仍需经过大量岩爆实例的检验和修正；②微震能量受微震监测系统的精度及设置影响较大；③各岩爆等级微震能量区间的合理性值得商榷；④对于应变型岩爆产生的微震事件能较好确定，而对于断层滑移型岩爆，微震事件则难以划定，进而影响微震能量取值。因此，该方法需结合具体岩爆破坏现象及岩爆类别进行综合评判。

1.2.2.2 基于现场破坏特征的岩爆等级划分方法

该方法主要是一种定性的岩爆等级划分方法。根据岩体破裂面的形态、深度、动力学特征、声响及支护破坏程度等对岩爆等级进行综合评价。具体等级划分方法见表1-2。由表1-2可知：①不同学者对岩爆划分的等级数量不同，但基本分为4类：轻微、中等、强烈及极强岩爆；②判断岩爆等级所采用的评价指标不同，但总体包括岩体破裂情况（形态、面积、深度、是否弹射等）、声响特征、支护破坏程度及对设备、生产的影响等。该方法虽可明确描述岩爆造成的破坏特征，但同样存在以下一些缺陷：①岩爆等级划分具有一定的主观性，可能造成不同人员对同一岩爆事件的等级划分不同；②各岩爆破坏特征对结果影响差异较大，尽管冯夏庭等[19]根据不同特征给了不同评分，在一定程度上弥补了这个缺陷，但评分的选取仍具有一定主观性；③不能判断不同岩爆等级划分依据相冲突的情况，以冯夏庭等[19]提出的方法为例，如能听到强烈岩爆中有持续的似爆破声响，但破坏深度只有0.5~1 m，则这种情况岩爆等级不易划分；④不能有效区分有支护和无支护条件下的岩爆等级，由于同一岩爆事件对有支护和无支护岩层的破坏程度不同，需分别建立有支护和无支护条件下基于现场破坏特征的岩爆等级划分方法。因此，未来应针对不同岩爆类型不同支护条件对各评价指标进行细化，分别给予相应评分，并根据大量现场岩爆案例对评分进行验证及修正，使最终岩爆等级划分结果与实际相符。

表 1-1　基于微震能量的岩爆等级划分方法

划分者	等级	震动能量阈值/J
佩图霍夫[42]	弱冲击	$<10^2$
	中等冲击	$10^2 \sim 10^4$
	强烈冲击	$>10^4$
屠尔吕宁诺夫[42]	微冲击	<10
	弱冲击	$10 \sim 10^2$
	中等冲击	$10^2 \sim 10^4$
	强烈冲击	$10^4 \sim 10^7$
	严重冲击	$>10^7$
冯夏庭等[19]	无岩爆	<1
	轻微岩爆	$1 \sim 10^2$
	中等岩爆	$10^2 \sim 10^4$
	强烈岩爆	$10^4 \sim 10^7$
	极强岩爆	$>10^7$

表 1-2　基于破坏现象的岩爆等级划分方法

划分者	等级	划分依据
Russenes[44]	无	无应力引起的岩石稳定性问题
	轻微	岩体开裂、松动，发出轻微声响
	中等	岩体大量塌落松动，且随时间不断发展，发出强烈的破裂声
	严重	爆破后岩体严重崩落，发出似子弹或炮弹发射巨响
Kaiser 等[22]	轻微	岩体剥落或呈浅薄板状，破坏深度小于 25 cm
	中等	岩体严重破裂和移位，金属网高度鼓起，锚杆托盘被扯坏，破坏深度为 25~75 cm
	强烈	巷道无法通行，岩体破坏深度大于 75 cm

续表 1-2

划分者	等级	划分依据
Blake 和 Hedley[6]	轻微	坍落岩石质量小于 10 t
	中等	坍落岩石质量为 10~50 t
	强烈	坍落岩石质量大于 50 t
Heal[8]	低	损害轻微,坍落岩石质量小于 1 t,支护系统被加载,金属网松动,锚杆托盘变形
	中等	坍落岩石质量为 1~10 t,一些锚杆折断
	高	坍落岩石质量为 10~100 t,对支护系统产生较大破坏
	强烈	坍落岩石质量大于 100 t,支护系统完全破坏
布霍依诺[42]	轻微	不影响生产
	中等	支护部分被破坏,一般生产中断
	严重	工程被摧毁,需重新开掘,且相邻工程也受影响
谭以安[42]	弱	劈裂成板,轻微破坏,未毁坏设备,发出噼啪声响
	中等	岩体劈裂、剪断、弹射,形成 V 形断面,但支护后可保持稳定,不影响生产,有似子弹发射声
	强烈	岩体劈裂、剪断、弹射,设备被破坏,生产中断,发出似炮声巨响
	极强	破裂特征与强烈岩爆类似,但持续时间更长,发生更频繁,震动更强烈,发出似闷雷声,生产停顿,甚至严重破坏地表建筑物
王兰生等[33]	轻微	发出噼啪撕裂声,岩体爆裂剥落,呈薄片状,零星间断爆裂,破坏主要集中在表面,对工程影响较小
	中等	发出清脆爆裂声,岩体爆裂剥落,少量弹射,呈透镜及棱板状,破坏深度 1 m 左右,对工程产生一定影响,需及时进行锚喷支护
	强烈	发出强烈爆裂声,岩体强烈弹射,呈棱板、块、片及板状,破坏深度 2 m 左右,对工程影响较大,需及时进行锚喷网支护
	剧烈	发出剧烈闷响爆裂声,岩体被剧烈弹射甚至抛掷,呈板、块状或散体,破坏深度 3 m 左右,严重影响甚至摧毁工程

续表 1-2

划分者	等级	划分依据
水力发电工程地质勘察规范[45]	轻微	岩体爆裂剥落轻微,内部有噼啪声,无弹射,破坏深度小于0.5 m
	中等	岩体爆裂剥落较严重,少量弹射,有似雷管爆破的爆裂声,破坏深度0.5~1 m
	强烈	岩体大片爆裂剥落,强烈弹射,有似爆破的爆裂声,破坏深度1~3 m
	极强	岩体大片严重爆裂,剧烈弹射,有似炮弹闷雷声,震感强烈,破坏深度大于3 m
冯夏庭等[19]	无	岩体破裂主要在内部,表层无明显破坏,无破裂声响
	轻微	岩体以表层爆裂脱落为主,有少量轻微弹射,弹射体以厚度为10~30 cm薄片为主,有噼啪撕裂声,破坏深度小于0.5 m
	中等	岩体爆裂剥落较为严重,有明显弹射,弹射体以薄片和厚度为30~80 cm块体为主,有似雷管爆炸的清脆爆裂声,破坏深度0.5~1 m
	强烈	围岩弹射和抛掷,破坏面积大,部分弹射体块度较大,厚度可达80~150 cm,有持续的似爆破声响,破坏深度1~3 m
	极强	围岩大面积爆裂和剧烈弹射,震感强烈,有似炮弹闷雷声,破坏深度大于3 m

1.3 岩爆风险评估与控制研究现状

1.3.1 长期岩爆风险评估

长期岩爆风险评估通常在工程设计或开挖初期阶段进行,利用岩石强度、脆性、储能能力等力学参数及原岩或采动应力建立评估模型,由此确定不同应力条件下不同岩石类型岩爆发生的可能性,此结果可为后续的工程开挖阶段提供指导。长期岩爆风险评估主要用来判断不同位置岩爆发生的倾向性,但无法得到岩爆发生的时间或随时间的演化趋势。

1.3.1.1 基于经验判据的岩爆风险评估

在对岩爆机理认识的基础上,一些学者提出了相应的岩爆评价指标。同时根据室内试验或现场经验,确定了各指标对应不同岩爆等级的阈值。

1. 强度理论判据

该理论认为岩爆首先是一个岩体破坏问题。根据大量现场应变型岩爆案例,可知岩爆主要发生在应力集中区[46]。当应力大于强度时,若破坏猛烈则为岩爆。根据强度理论,大部分学者主要根据最大主应力、最大切应力或自重应力与单轴抗压强度或抗拉强度之间的比值来评价岩爆风险,主要有 Russenes 判据[44]、Turchaninov 判据[47]、Brown-Hoek 判据[48]、陶振宇判据[49]等。其中,Russenes[44]通过最大切应力与单轴抗压强度之比来评价岩爆风险;Turchaninov[47]指出岩爆风险取决于最大切应力和轴向应力之和与单轴抗压强度的比值;Brown 和 Hoek[48]将最大切应力与单轴抗压强度的比值作为确定岩爆发生和风险强度的准则;陶振宇[49]提出了一个考虑单轴抗压强度和最大主应力的指数,并将其用于中国的矿山。虽然强度判据在一些工程中得到了成功应用,但在深部开挖工程周围经常出现局部应力超过其强度的现象,而多数情况下岩体仅发生缓慢的渐进式破坏,这说明岩体强度破坏不能证明岩爆一定产生。

2. 能量理论判据

能量理论认为岩体破坏释放能量超过消耗能量,而多余能量使岩块具有一定动能便发生岩爆。岩爆发生取决于两个主要因素:岩石中储存应变能的性质以及采矿活动中应力集中和能量积累的环境。根据能量理论,很多学者从不同角度提出多种岩爆评价指标。如基于岩石单轴压缩试验的冲击能量指数[50]、最大储存弹性应变能[51]、剩余弹性能指数[52]等指标被先后提出;基于单轴压缩加卸载试验的弹性应变能指数[53]等被提出;基于岩石动静组合加载试验及能量耗散特征,李夕兵[54]根据储存在高应力岩体中的弹性能与破坏所需表面能之差提出基于动静组合的岩爆倾向性评价指标;针对岩石压缩Ⅱ型应力应变曲线,蔡朋等[55]从Ⅱ型全过程曲线所揭示的岩体破坏过程中能量的储存和释放特征出发,提出了一种新的岩爆倾向性指标;基于岩石弹脆性损伤力学模型,刘小明和李焯芬[56]根据岩石破坏阶段中弹性应变能释放量和损伤耗散能量,提出岩爆损伤能量指数。

3. 脆性理论判据

脆性理论从岩石脆性破坏的角度分析岩爆风险。岩爆主要是岩石剧烈脆性破坏造成的。脆性是岩石的重要性质之一,脆性指数法从岩石固有的物理力学性质来评价岩爆风险的可能性。彭祝等[57]根据单轴抗压与抗拉强度之比以及 Griffith 理论,确定了估算岩爆的岩石脆性阈值;冯涛等[58]通过岩石单轴拉伸强度和峰值前后的应变来计算岩石脆性指数,并用该指数进行岩爆倾向性评估。通常认为岩石脆性越强,岩爆风险越高。

4. 刚度理论判据

刚度理论认为加载系统刚度小于围岩刚度时就会发生岩爆。Cook[59]发现当试验机刚度较低时,试验机存储的弹性能会使岩石发生剧烈破坏,此过程类似岩爆。Black[60]认为当岩体刚度大于围岩加载系统刚度时,若破坏产生,则储存在加载系统中的能量会快速释放而发生岩爆。在此基础上,Homand[61]提出采用应力应变曲线峰前上升段线性部分及峰后下降段斜率之比来评价岩爆风险;Simon[62]给出顶底板围岩及矿柱刚度的计算方法,并认为若矿柱刚度高于顶底板围岩刚度,则岩爆发生。

1.3.1.2 基于多指标集结的长期岩爆风险评估

多指标集结主要分为加法集结(类似于岩石质量分级的 RMR 分类法)和乘法集结(类似于岩石质量分级的 Q 分类法)。在岩爆风险评估中,大部分学者主要采用多指标乘法集结方法,见表 1-3。Heal[8]考虑应力条件、支护系统能力、开挖跨度及地质结构提出岩爆评价指标 $(E_1/E_2) \times (E_3/E_4)$,其中 E_1/E_2 表示破坏形成因子,E_3/E_4 表示破坏深度因子;邱士利等[63]综合应力控制、岩石物性、岩体系统刚度、地质构造等因子提出岩爆易损性指标 RVI,并根据大量岩爆案例拟合了爆坑深度与 RVI 之间的关系;尚彦军等[64]采用强度条件 (σ_θ/σ_c)、岩石脆性 (σ_c/σ_t) 及完整性 (K_v) 等 3 因素提出指标 W_{et},并根据各因素岩爆等级阈值确定了该指标阈值;郭建强等[65]结合力学因素 (σ_i/σ_c)、脆性因素 (σ_c/σ_t)、完整性因素 (K_v) 及储能因素 (σ_c/σ_t) 提出新的岩爆倾向性判据 R_i,并考虑到各因素界限同时达到最大值或最小值的概率最小,确定了相应的岩爆分级标准;张传庆等[66]利用侧应力系数 (λ)、强度条件 (σ_θ/σ_c) 及弹性应变能指数 (W_{et}) 建立指标 σ_c/σ_1,并根据 σ_θ/σ_c 和 W_{et} 岩爆等级界限值确定该指标阈值。

表 1-3 基于多指标集结的长期岩爆风险评估方法

提出者	指标	评价方法
Heal(2010)[8]	σ_c	<50, 无;50~85, 轻微;85~105, 中等;105~140, 强烈;>140, 极强烈
邱士利等(2011)[63]	$RVI = F_s F_r F_m F_g$	岩爆风险随指标值增大而增大 $D_f = R_f(0.0008RVI + 0.2327)$
尚彦军等(2013)[64]	$\dfrac{\sigma_\theta}{\sigma_t} K_v$	<1.7, 无;1.7~3.3, 弱;3.3~9.7, 中等;>9.7, 强烈

续表 1-3

提出者	指标	评价方法
郭建强等(2015)[65]	$R_i = K_v^2 \dfrac{\sigma_i}{\sigma_c} \dfrac{\sigma_c}{\sigma_t} \dfrac{2EU^e}{\sigma_t^2}$	<3,无;3~10,弱;10~110,中等;>110,强烈
张传庆等(2016)[66]	W_{et}	<0.40,无;0.40~1.05,弱;1.05~2.50,中等;>2.50,强烈

注:E_1 为应力集中系数;E_2 为支护系统能力;E_3 为开挖跨度;E_4 为地质结构因子;F_s 为应力控制因子;F_r 为岩石物性因子;F_m 为岩体系统刚度因子;F_g 为地质构造因子;σ_θ 为最大切向力;σ_t 为抗拉强度;K_v 为岩体完整性系数;D_f 为岩爆破坏深度;R_f 为水力半径;σ_i 为 i 方向初始地应力;σ_c 为单轴抗压强度;E 为弹性模量;U^e 为储存的弹性应变能;λ 为侧应力系数;W_{et} 为单轴压缩加卸载试验存储的弹性能与耗散能之比;σ_1 为最大主应力。

1.3.1.3 基于不确定性理论的长期岩爆风险评估

由于岩爆指标取值及评估过程存在一定的模糊性和随机性,因此很多不确定性理论被应用于岩爆风险评估。以 Russene 方法(σ_θ/σ_c)为例,在轻微及中等岩爆阈值的交界处(0.3),当指标值为 0.29 时,为轻微岩爆,而为 0.31 时,则为中等岩爆。两者指标值相差较小,但评估结果却相差较大,这显然不够合理。不确定性理论能更好地处理这类问题,通过引入隶属度函数,评估结果能更可靠。例如,若选定一个合理的隶属度函数,则指标值 0.29 及 0.31 分别对应于轻微或中等岩爆风险的隶属度相差较小(均接近 0.5),表明其属于轻微及中等岩爆风险的程度基本相近。通过集成多个指标对应不同等级的隶属度,根据最大隶属度确定最终的岩爆等级。目前,已有模糊综合评价法[67, 79, 84]、灰色理论[68, 74]、属性识别模型[69]、集对分析法[70, 86]、功效系数法[71]、物元可拓模型[72, 83]、证据理论[73]、粗糙集[75]、靶心贴近度模型[76]、模糊物元模型[77]、云模型[78, 81, 82, 86]、突变级数法[80]、未确知测度理论[85]等不确定性方法用于岩爆风险评估,见表 1-4。该类方法能同时处理定性和定量的指标信息,但需事先确定各指标对应不同等级的阈值。

表 1-4 基于不确定性理论的长期岩爆风险评估方法

提出者	指标	评价方法
王元汉(1998)[67]	σ_θ/σ_c、σ_c/σ_t、W_{et}	模糊综合评价法
姜彤等(2004)[68]	σ_1/σ_t、σ_1/σ_c、σ_1/σ_c^{rm}、σ_c/σ_3、β	动态权重灰色归类模型
文畅平(2008)[69]	σ_θ/σ_c、σ_c/σ_t、W_{et}	属性识别模型

续表 1-4

提出者	指标	评价方法
Wang 等（2008）[70]	σ_θ/σ_c、σ_c/σ_t、W_{et}	集对分析法
王迎超等（2010）[71]	σ_θ/σ_c、σ_c/σ_t、W_{et}、u/u_1	功效系数法
胡建华（2013）[72]	σ_θ/σ_c、σ_c/σ_t、W_{et}	物元可拓模型
贾义鹏（2014）[73]	σ_θ/σ_c、σ_c/σ_t、W_{et}	证据理论
裴启涛（2014）[74]	σ_θ/σ_c、σ_c/σ_t、W_{et}	灰色聚类法
邬书良和陈建宏（2014）[75]	σ_θ/σ_c、σ_c/σ_t、W_{et}	约简概念格的粗糙集
刘磊磊等（2015）[76]	σ_θ/σ_c、σ_c/σ_t、W_{et}	变权靶心贴近度模型
Wang 等（2015）[77]	σ_c/σ_1、σ_c/σ_t、W_{ep}、K_v	模糊物元模型
Zhou 等（2016）[78]	σ_θ、σ_c、σ_t、σ_θ/σ_c、σ_c/σ_t、W_{et}	熵权云模型
Pu 等（2018）[79]	W_{et}、$\sigma_c^2/2E_u$、σ_c/σ_t、σ_θ/σ_c	主成分分析与模糊综合评价法
张天余等（2018）[80]	σ_θ/σ_c、σ_c/σ_t、W_{et}	突变级数法
过江等（2018）[81]	σ_θ/σ_c、σ_c/σ_t、W_{et}、K_v	改进 CRITIC 法、多维云模型
Liu 等（2019）[82]	σ_c、σ_t、σ_θ、K_v、σ_c/σ_t、σ_θ/σ_c、W_{et}	粗糙集、正态云模型
Xue 等（2019）[83]	σ_c、σ_c/σ_1、σ_c/σ_t、W_{et}、σ_θ/σ_c、H、K_v	粗糙集、可拓评价
Wang 等（2019）[84]	u/u_1、σ_c/σ_t、W_{et}、$\sigma_c^2/2E_u$、$\dfrac{\sigma_c}{\sigma_t}\times\dfrac{\varepsilon_f}{\varepsilon_b}$、$\sigma_c/\sigma_1$、$\sigma_\theta/\sigma_c$、$(\sigma_\theta+\sigma_L)/\sigma_c$、$K_v$、RQD、$H$	区间模糊综合评价法
Jia 等（2019）[85]	$(\sigma_\theta+\sigma_l)/\sigma_c$、$\sigma_\theta/\sigma_c$、$\sigma_c/\sigma_t$、$W_{et}$、RQD	未确知测度理论
Wang 等（2020）[86]	σ_θ/σ_c、σ_c/σ_t、W_{et}、K_v	多维连接云模型、集对分析

注：σ_c^{rm} 为岩体结构强度；β 为节理、裂隙与最大主应力夹角；σ_L 为最大轴向应力；u 为单轴压缩试验峰前总变形；u_1 为永久变形；ε_f、ε_b 分别为单轴压缩试验峰前及峰后总应变量；RQD 为岩石质量指标；H 为埋藏深度。

1.3.1.4　基于排序思想的长期岩爆风险评估

该类方法基本思想是首先选取评估指标，然后根据岩爆案例与已知岩爆等级标准样本的排序结果来确定其风险等级。目前，大多数学者主要采用各指标对应不同等级的阈值作为标准岩爆案例指标值，然后根据与标准岩爆案例的距离测度或相似度来对其他岩爆案例进行等级划分。基于排序思想的长期岩爆风险评估方法见表 1-5。根据距离测度的方法主要包括 TODIM 法[88]、TOPSIS 法[87, 89, 90, 92] 及 MABAC 法[212] 等。此外，赵国彦等[91] 提出基于 Vague 集相似度量的岩爆评估方法。

表 1-5　基于排序思想的长期岩爆风险评估方法

提出者	指标	评价方法
周科平等(2013)[87]	σ_c、σ_c/σ_t、σ_θ/σ_c、W_{et}、K_v	粗糙集、TOPSIS 法
左蕾等(2016)[88]	$\sigma_c^2/2E_u$、$\dfrac{\sigma_c}{\sigma_t}\cdot\dfrac{\varepsilon_f}{\varepsilon_b}$、$W_{et}$、$\sigma_1/\sigma_c$、$u/u_1$、$(\sigma_\theta+\sigma_l)/\sigma_c$、RQD、围岩类别	组合赋权、TODIM 法
徐琛等(2017)[89]	σ_1/σ_c、σ_θ/σ_c、σ_c/σ_t、W_{et}、K_v	组合赋权、TOPSIS 法(也称理想点法)
Xu 等(2018)[90]	σ_θ/σ_c、σ_c/σ_t、W_{et}	基于互信息的主成分分析、信息熵与 TOPSIS 法
赵国彦等(2018)[91]	σ_c、σ_θ、σ_t、W_{et}	基于 Vague 集的相似度法
Liang 等(2019)[212]	σ_c/σ_t、σ_c/σ_1、$\sigma_c^2/2E_u$、W_{et}、岩体完整性、水文条件	模糊 MABAC 法
Xue 等(2020)[92]	W_{et}、σ_θ/σ_c、σ_c/σ_1、σ_c/σ_t、K_v	粗糙集、TOPSIS 法

1.3.1.5　基于机器学习的长期岩爆风险评估

岩爆评估可视为等级分类问题。机器学习具有很强的处理非线性复杂问题的能力，已在多个领域被证明能有效解决分类问题。随着大量岩爆案例数据的积累，很多机器学习算法被用于长期岩爆风险评估，见表 1-6。这些算法可分为 3 类，归纳如下。

(1)有监督学习方法。神经网络[93, 94, 95, 96, 98, 121]、支持向量机[97, 99, 101, 117]、AdaBoost[100]、高斯过程[102]、Fisher 判别分析[103]、贝叶斯网络[104, 114]、随机森林[107]、极限学习机[109]、逻辑斯蒂回归[116]、回归模型[211]、决策树[118, 132] 及深度神经网络[136] 等方法被用于长期岩爆风险评估。此外，一些学者通过采用其他算法改进有监督学习算法来提高评估性能。Zhou 等[105] 采用遗传算法及粒子群算法优化支持向量机超参数；张乐文等[106] 采用粗糙集对评估指标进行约简，然后采用遗传算法优化 RBF 神经网络超参数；贾义鹏等[108] 采用粒子群算法优化广义回归神经网络超参数；邱道宏[111] 采用量子遗传算法优化支持向量机核函数超参数；Jiang 等[112] 采用遗传算法优化 SMOTE 方法，并与决策树结合来处理不平衡数据分类问题；Li 等[115]、刘志祥等[131]采用遗传算法优化极限学习机超参数；邵良杉和周玉[120]采用文化基因算法优化核极限学习机超参数；Pu 等[123]采用果蝇算法优化广义回归神经网络超参数；Wu 等[124]结合 Copula 理论与最小二乘支持向量机模型；Zheng 等[128]应用熵权法、灰色关联理论及 BP 神经网络；吴顺川等[129]、赵国彦等[130]采用主成分分析法对指标数据进行降维，然后分别采用概率神经网络、最优路径森林算法进行评估；Zhou 等[133]采用萤火虫算法优化人工神经网络超参数；谢学斌等[135]改进 CRITIC 算法对样本数据进行加权处理，然后采用XGBoost 算法进行评估。

（2）多个算法对比决策策略。Zhou 等[113]比较了线性判别分析、二次判别分析、偏最小二乘判别分析、朴素贝叶斯、K 近邻、多层感知器神经网络、决策树、支持向量机、随机森林及梯度提升树的评估性能；Lin 等[119]对云模型、贝叶斯网络、K 近邻及随机森林的评估性能进行了对比分析；Faradonbeh 和 Taheri[122]采用情感神经网络、基因表达式编程及 C4.5 决策树进行比较研究；Pu 等[127]分别采用支持向量机与高斯过程进行分析；汤志立和徐千军[137]结合支持向量机、K 近邻、决策树、多层感知机、随机森林、XGBoost、梯度提升树、极限树及 AdaBoost对岩爆风险进行评估。

（3）无监督学习方法。考虑到在某些情况下难以获得实际岩爆风险水平，一些学者采用无监督学习方法对岩爆风险进行评估。对于这类方法，数据标签无须预先确定，而是根据聚类规则进行划分。Gao[110]采用抽象蚁群聚类算法对岩爆风险进行评估以提高传统蚁群聚类算法的计算效率和精度；Pu 等[125]采用 K 均值聚类方法对原始数据进行重新标定，然后利用支持向量机对岩爆风险进行评估；Faradonbeh 等[126]采用自组织映射网络及模糊 C 均值两种聚类算法对深部地下工程岩爆风险进行评估。由于在大多数情况下岩爆等级可直接获得，有监督学习方法在岩爆评估中依然受到更多关注。

表 1-6　基于机器学习的长期岩爆风险评估方法

提出者	指标	算法
Feng 等(1994)[93]	岩性、H、σ_c、σ_t、σ_θ、E、W_{et}、β、K_v、断面形状、水文条件	神经网络
朱宝龙等(2002)[94]	σ_θ/σ_c、σ_c/σ_1、W_{et}	BP 神经网络
陈海军等(2002)[95]	σ_θ、σ_c、σ_t、W_{et}	BP 神经网络
丁向东等(2003)[96]	σ_1、σ_c、σ_t、W_{et}	BP 神经网络
赵洪波(2005)[97]	σ_1、σ_c、σ_t、W_{et}	支持向量机

续表 1-6

提出者	指标	算法
郭雷等（2005）[98]	σ_θ/σ_c、σ_c/σ_t、W_{et}	BP 神经网络
李俊宏和姜弘道（2007）[99]	σ_θ/σ_c、σ_c/σ_t、W_{et}	支持向量机
葛启发和冯夏庭（2008）[100]	σ_θ、σ_θ/σ_c、σ_c/σ_t、W_{et}	AdaBoost
祝云华等（2008）[101]	σ_θ、σ_c、σ_t、σ_θ/σ_c、σ_c/σ_t、W_{et}	改进的支持向量机
Su 等（2009）[102]	σ_c、σ_t、σ_t、W_{et}	高斯过程
白云飞等（2009）[103]	σ_θ/σ_c、σ_c/σ_t、W_{et}	Fisher 判别分析
宫凤强等（2010）[104]	σ_θ、σ_c、σ_t、W_{et}	贝叶斯判别分析
Zhou 等（2012）[105]	H、σ_θ、σ_c、σ_t、σ_θ/σ_c、σ_c/σ_t、W_{et}	遗传算法、粒子群算法、支持向量机
张乐文等（2012）[106]	σ_c、σ_c/σ_t、σ_c/σ_t、σ_θ/σ_c、W_{et}、K_v、H	粗糙集、遗传算法、RBF 神经网络
Dong 等（2013）[107]	指标组 I：σ_θ、σ_θ/σ_c、σ_c/σ_t、W_{et} 指标组 II：σ_θ、σ_c、σ_t、W_{et}	随机森林
贾义鹏等（2013）[108]	σ_θ、σ_c、σ_t、W_{et}	粒子群算法、广义回归神经网络
兰明等（2014）[109]	σ_θ/σ_c、σ_c/σ_t、W_{et}	极限学习机
Gao（2015）[110]	指标组 I：H、σ_θ/σ_c、σ_c/σ_t、W_{et} 指标组 II：σ_c、σ_t、σ_θ、W_{et}	抽象蚁群聚类算法
邱道宏（2015）[111]	σ_c、σ_c/σ_t、σ_θ/σ_c、0.5、K_v	量子遗传算法、支持向量机
Jiang 等（2016）[112]	H、矿体倾角、结构面类型、采矿方法、永久支护、区域支护、采场宽度、跨度、临时支护、岩爆位置	遗传算法、合成少数类过采样法（SMOTE）、决策树
Zhou 等（2016）[113]	H、{0.5, 0.4, 0.6}、σ_c、σ_t、W_{et}、{0.5, 0.4, 0.6}、σ_c/σ_t、$(\sigma_c-\sigma_t)/(\sigma_c+\sigma_t)$	线性判别分析、二次判别分析、偏最小二乘判别分析、朴素贝叶斯、K 近邻、多层感知器神经网络、决策树、支持向量机、随机森林、梯度提升树
Li 等（2017）[114]	H、σ_θ、σ_t、σ_c、W_{et}	贝叶斯网络

续表1-6

提出者	指标	算法
Li 等(2017)[115]	σ_c/σ_1、W_{et}、φ_k/φ_0、W_{ep}、σ_c/σ_t	遗传算法、极限学习机
Li 和 Jimenez(2018)[116]	H、σ_θ、σ_c、σ_t、W_{et}	逻辑斯蒂回归
Afraei 等(2018)[211]	H、σ_θ、σ_c、σ_t、σ_θ/σ_c、σ_c/σ_t、W_{et}	回归模型
Pu 等(2018)[117]	σ_θ、σ_c、σ_t、W_{et}	支持向量机
Pu 等(2018)[118]	σ_θ、σ_c、σ_t、W_{et}	决策树
Lin 等(2018)[119]	σ_θ、σ_c、σ_t、σ_c/σ_t、σ_θ/σ_c、W_{et}	云模型、贝叶斯网络、K 近邻、随机森林
邵良杉和周玉(2018)[120]	σ_c、σ_c/σ_t、σ_c/σ_1、σ_θ/σ_c、W_{et}、K_v	文化基因算法、核极限学习机
徐佳等(2018)[121]	σ_θ/σ_c、σ_c/σ_t、W_{et}	离散 Hopfield 神经网络
Faradonbeh 和 Taheri(2019)[122]	σ_θ、σ_t、σ_c、W_{et}	情感神经网络、基因表达式编程、C4.5 决策树
Pu 等(2019)[123]	H、σ_θ、σ_c、σ_t、σ_θ/σ_c、σ_c/σ_t、$(\sigma_c-\sigma_t)/(\sigma_c+\sigma_t)$、$W_{et}$	果蝇算法、广义回归神经网络
Wu 等(2019)[124]	σ_θ、σ_c、σ_t、σ_θ/σ_c、σ_c/σ_t、W_{et}	Copula 理论、最小二乘支持向量机
Pu 等(2019)[125]	σ_θ、σ_c、σ_t、σ_θ/σ_c、σ_c/σ_t、$(\sigma_c-\sigma_t)/(\sigma_c+\sigma_t)$、$W_{et}$	K 均值聚类、支持向量机
Faradonbeh 等(2019)[126]	σ_θ、σ_c、σ_t、W_{et}	自组织映射网络、模糊 C 均值聚类
Pu 等(2019)[127]	H、σ_θ、σ_c、σ_t、σ_θ/σ_c、σ_c/σ_t、$(\sigma_c-\sigma_t)/(\sigma_c+\sigma_t)$、$W_{et}$	支持向量机、高斯过程
Zheng 等(2019)[128]	σ_θ/σ_c、σ_c/σ_t、水文条件、K_v	熵权法、灰色关联理论、BP 神经网络
吴顺川等(2019)[129]	σ_θ、σ_c、σ_t、σ_θ/σ_c、σ_c/σ_t、W_{et}	主成分分析法、概率神经网络
赵国彦等(2019)[130]	σ_c、σ_c/σ_t、σ_c/σ_t、W_{et}、K_v	主成分分析法、最优路径森林
刘志祥等(2019)[131]	σ_θ/σ_c、σ_c/σ_t、W_{et}	遗传算法、极限学习机
Ghasemi 等(2020)[132]	σ_θ/σ_c、σ_c/σ_t、W_{et}	C5.0 决策树

续表 1-6

提出者	指标	算法
Zhou 等（2020）[133]	σ_θ、σ_c、σ_t、σ_θ/σ_c、σ_c/σ_t、W_{et}	萤火虫算法、人工神经网络
Xue 等（2020）[134]	σ_θ、σ_c、σ_t、σ_θ/σ_c、σ_c/σ_t、W_{et}	粒子群算法、极限学习机
谢学斌等（2020）[135]	σ_θ、σ_θ/σ_c、σ_c/σ_t、W_{et}	改进 CRITIC 法、XGBoost
田睿等（2020）[136]	σ_θ、σ_c、σ_t、W_{et}	深度神经网络
汤志立和徐千军（2020）[137]	H、σ_θ、σ_c、σ_t、W_{et}、σ_θ/σ_c、σ_c/σ_t、$(\sigma_c-\sigma_t)/(\sigma_c+\sigma_t)$	支持向量机、K 近邻、决策树、多层感知机、随机森林、XGBoost、梯度提升树、极限树、AdaBoost

注：φ_k 为单轴压缩试验岩石破坏弹射颗粒的动能；φ_0 为岩石加载过程储存的最大能量。

1.3.1.6 基于数值模拟的长期岩爆风险评估

在对岩爆机理认识的基础上，很多数值模拟方法被用于长期岩爆风险评估。该类方法的核心是建立岩爆风险参数（如岩爆位置、等级等）与数值指标间的量化关系，优点是能同时考虑地应力、岩石参数、本构关系、开挖活动等参数的影响。通过分析数值指标在空间的分布范围，可有效确定岩爆发生位置及其破坏深度。大部分学者均从能量或强度的角度提出岩爆风险数值评价指标，具体见表 1-7，并归纳如下。

1. 基于能量理论的数值指标

Cook[138]认为能量释放是产生岩爆的根本原因，提出用能量释放率（energy release rate，ERR）指标来评价矿山开采岩爆风险，并从南非多个矿山岩爆案例中发现岩爆发生频率及规模与能量释放率呈正相关；Wiles[139]认为矿柱破坏释放能量主要是顶底板和矿柱岩体刚度差异造成的，并提出用于评价矿柱岩爆风险的局部能量释放密度（local energy release density，LERD）指标，但在使用该指标前需采用强度理论判断岩体是否破坏；Mitri 等[140]根据能量储存率与临界能量密度之比提出岩爆潜能指标（burst potential index，BPI），其中能量储存率包括由扰动应力和原岩应力引起的能量密度存储量，临界能量密度为岩石单轴压缩下峰前应力应变曲线下的面积，当能量储存率接近临界能量密度时，岩爆发生概率极大；苏国韶等[141]采用单元破坏前后弹性应变能密度峰值与谷值之差提出局部能量释放率（local energy release rate，LERR）；陈卫忠等[142]采用岩体实际储存能量与极限能量之比来评价岩爆风险；Zhang 等[208]提出破坏接近度（failure approaching index，FAI）岩爆评估指标，该指标值越大表示破坏越严重，岩爆风险越高；邱士利等[143]提出相对能量释放指数(relative energy release index,RERI),并发现爆坑深度随指标值增大而呈线性减小;杨凡杰等[144]为反映岩爆发生的动力过程,提出单位时间相对能量释放率指标(unit time relative local energy release index,URLERI),当该指标值大于 1 时则认为发生了岩爆;Cai[5]采用矿山采动后围岩累积应变能来评价岩爆风险,并根据地震震级与能量关系评估不同采深的岩爆震级;Xu 等[209]引入常规三轴加卸荷试验岩石极限储能率,提出岩爆能量释放率指标(rock burst energy release rate,RBERR),该指标表征单元破坏释放能量占最大存储能量的比值,指标值越大代表释放的相对能量越多,岩爆风险越高;Xue 等[145]认为岩爆风险与最大能量密度成正比,而与最大能量密度位置与临空面距离成反比,由此提出能量密度判据,该指标值越大表示岩爆风险越高,当高于某临界值时则发生岩爆。

2. 基于强度理论的数值指标

Ryder[35]针对剪切断裂或滑移引起的岩爆提出超剪应力(excess shear stress,ESS)指标,对于含断层或节理岩体,当该指标值大于 15 MPa 时,或对于完整岩体,当指标值大于 30 MPa 时,可能发生岩爆,而当指标值小于 5 MPa 时,则不会发生岩爆;Simon[62]提出用岩爆潜能率(burst-potential ratio,BPI)和失衡指数(out-of-balance index,OBI)两个指标来评价断层滑移型岩爆,前者为断层峰后剪切刚度与其周围岩体峰后剪切刚度的比值,若该比值大于 1,则断层滑移型岩爆发生,后者为外加剪应力和剪切强度之差与剪切强度的比值,比值越大表示岩爆风险越高;Castro 等[26]考虑了偏应力的影响,提出用脆性剪切率(brittle shear ratio,BSR)指标来评价应变型岩爆风险,并认为当 BSR>0.7 时,有强烈岩爆风险,当 0.6<BSR<0.7 时,有中等岩爆风险,当 0.45<BSR<0.6 时,有轻微岩爆风险,当 0.35<BSR<0.45 时,无岩爆风险。

表 1-7　基于数值模拟的长期岩爆风险评估方法

提出者	指标	公式
Cook(1966)[138]	能量释放率(ERR)	$\Delta W_r / \Delta V$
Ryder(1988)[35]	超剪应力(ESS)	$|\tau| - \sigma_n \tan \varphi_d$
Wiles(1998)[139]	局部能量释放密度(LERD)	$\Delta W_p / V$
Simon(1999)[62]	岩爆潜能率(BPI)	$|K_p' / K_e'|$
Simon(1999)[62]	失衡指数(OBI)	F_{ob} / F_{res}
Mitri 等(1999)[140]	岩爆潜能指标(BPI)	ESR / W_c

续表 1-7

提出者	指标	公式
苏国韶等（2006）[141]	局部能量释放率（LERR）	$U_{imax} - U_{imin}$
陈卫忠等（2009）[142]	岩体实际储存能量与极限能量之比	U/U_0
Zhang 等（2011）[208]	破坏接近度（FAI）	$\begin{cases} \omega & 0 \leqslant \omega < 1 \\ 1 + \bar{\gamma}_p/\bar{\gamma}_p^r & \omega = 1,\ \bar{\gamma}_p/\bar{\gamma}_p^r \geqslant 0 \end{cases}$
Castro 等（2012）[26]	脆性剪切率（BSR）	$(\sigma_1 - \sigma_3)/\sigma_c$
邱士利等（2014）[143]	相对能量释放指数（RERI）	$\dfrac{(U_{imax} - U_{imin})/U_{imax}}{[U_{max}(p) - U_{min}(p)]/U_{max}(p)}$
杨凡杰等（2015）[144]	单位时间相对能量释放率指标（URLERI）	$\dfrac{(U_t - U_{t+1})/(\mathrm{d}t \times U_t)}{[U_{max}(p) - U_{min}(p)]/U_{max}(p)}$
Cai（2016）[5]	采动后累计弹性应变能	$\dfrac{1}{2}(\sigma_1\varepsilon_1 + \sigma_2\varepsilon_2 + \sigma_3\varepsilon_3)V_{ele}$
Xu 等（2017）[209]	岩爆能量释放率（RBERR）	$\dfrac{U_{imax} - U_{imin}}{f(p_c)}$
Xue 等（2018）[145]	能量密度判据	U_{dmax}/d

注：ΔW_r 为开挖过程释放的能量；ΔV 为开挖体积；$|\tau|$ 为剪应力或滑移面上绝对剪应力；σ_n 为滑动面上的正应力；φ_d 为动摩擦角；ESR 为能量储存率；W_c 为临界能量密度；ΔW_p 为矿柱破坏释放的能量；V 为矿柱体积；K_p'、K_r' 分别为断层及围岩峰后剪切刚度；F_{ob} 为外加剪应力与剪切强度之差；F_{res} 为剪切强度；U_{imax}、U_{imin} 分别为单元 i 破坏前后弹性应变能密度峰值及谷值；U、U_0 分别为储存能量与极限能量；ω 表示危险性系数；$\bar{\gamma}_p$ 为塑性剪应变；$\bar{\gamma}_p^r$ 为极限塑性剪应变；σ_3 为最小主应力；$U_{max}(p)$、U_{imin} 分别为静水压力 p 试验峰值与残余应力状态对应的弹性性能密度；U_t、U_{t+1} 分别为单元屈服后计算步为第 t 步和第 $t+1$ 步的单元弹性性能密度；$\mathrm{d}t$ 为动力计算步的时间步长；$f(p_c)$ 为常规三轴试验极限储能率与围压 p_c 的函数；U_{dmax} 为最大能量密度；d 为最大能量密度位置与临空面距离；σ_2 为中间主应力；ε_1、ε_2、ε_3 分别为最大、中间及最小主应变；V_{ele} 为单元体积。

1.3.1.7 基于非线性科学理论的长期岩爆风险评估

考虑到岩石损伤、变形、破坏的本质非线性特征，很多非线性科学理论被用于解决岩石力学问题[146]。目前，用于长期岩爆风险评估的非线性科学理论主要为突变理论。运用突变理论解决岩爆评估问题的关键是选择合适的突变判据（如变形、能量等）及相应势函数，然后通过数学变换转化成突变模型的标准形式，进而得出岩爆突变准则。

潘一山等[147]采用尖点突变模型分析圆形硐室岩爆的发生过程，并得到岩爆发生后收敛位移突跳值和释放的能量。费鸿禄等[148]认为岩爆是硐室远处弹性区的聚积能量突然向硐室近处软化区释放引起的，并基于软化区和弹性区的势能方程建立圆形硐室在静水压力作用下的岩爆突变模型。单晓云等[149]基于室内巷道岩爆相似模拟试验记录的声发射事件率，运用尖点突变理论建立巷道岩爆评估模型。左宇军等[150]通过建立硐室层裂屈曲岩爆的突变模型，得到岩爆在准静态及动力扰动下的演化规律。潘岳等[151]通过建立硐室岩爆的折迭突变模型，得出岩爆释放地震能方程及发生条件。Wang 等[152]基于尖点突变模型分析矿柱岩爆机制及发生准则，发现顶底板与矿柱的刚度比对矿柱岩爆影响较大，并推导出变形突跳和能量释放公式。李长洪等[153]根据岩石单轴压缩试验声发射振铃计数率，将灰色理论和尖点突变模型相结合对岩爆进行评估。

1.3.1.8 长期岩爆风险评估方法性能分析

尽管已有大量方法用于长期岩爆风险评估，但各类方法均存在自身优缺点及适用性，具体内容见表 1-8。

表 1-8 长期岩爆风险评估方法优缺点

方法	优点	不足
经验判据法	简单实用、易于理解、数据易获取	根据不同现场经验可能会得到不同、甚至相互矛盾的阈值划分方法；不同方法评估结果可能不一致或互相矛盾
多指标集结法	综合多因素影响，简单易操作	岩爆等级阈值划分存在一定主观性；集结成单一指标后含义不够明确
不确定性理论	考虑多因素综合影响及评估过程存在的不确定性，能同时处理定性和定量信息	较难确定各指标对应不同岩爆等级的阈值；各指标对应的隶属度函数难以精确确定；需确定各指标权重
综合排序法	综合多因素影响，可与模糊理论结合以处理不确定性问题	较难确定已知岩爆等级的标准样本；需确定各指标权重
机器学习法	综合多因素影响，具有很强的非线性问题处理能力	需大量现场岩爆案例数据；难以处理不确定性问题；结果受模型参数影响较大
数值模拟法	能模拟岩体脆性破坏行为及能量聚集、转移及释放过程，可确定岩爆等级、发生位置及爆坑深度	本构模型及岩石力学参数较难可靠确定；难以确定各风险等级具体阈值；需确定岩爆风险评估指标
突变理论	公式推导严谨，理论性强	难以得到精确的岩爆势函数表达式；仅适用于少数简单的工程环境

对于单指标经验判据法，由于各指标对应的不同岩爆等级阈值主要根据现场经验确定，因此采用不同现场岩爆案例可能会得到不同的阈值划分方法，如 Russenes[44]、Brown 和 Hoek[48] 都提出采用 σ_θ/σ_c 指标评价岩爆风险，但各等级对应的阈值各不相同。甚至有些阈值划分方法互相矛盾，如彭祝等[57]和许梦国等[154]都采用 σ_c/σ_t 指标，但岩爆等级阈值却基本相反。此外，由于各方法均只从某一角度对岩爆风险进行评价，不能全面反映岩爆的诱发机制，因此采用该类不同方法评估岩爆风险有时会得到不一致或互相矛盾的结果。如对于高应力条件下的软岩，根据强度理论岩爆风险很高，而根据能量理论岩爆风险却可能很低。

多指标综合决策法可弥补单指标经验判据法的缺陷，能考虑多个因素的综合影响。对于不同类型的多指标综合决策法，由于其各有自身优势及局限性，在实际应用时需根据方法适用条件具体确定。例如，若已获得各集结指标数据，则可采用多指标集结法；若评估指标同时含有定性和定量信息，且需考虑评估过程中的不确定性，则可优先采用不确定性方法；若已事先确定已知岩爆等级的标准样本，则可采用综合排序法；若已建立岩爆案例数据库，则可优先采用机器学习法；若条件可满足同时采用多种方法，则推荐将各方法的评估结果进行对比分析以确定最终结果。

数值模拟法能同时考虑应力、岩石本构特性、开挖尺寸、动力扰动、支护等因素的综合影响，可模拟岩体脆性破坏行为，揭示开挖扰动后岩体能量聚集、转移与释放过程，进而可根据岩爆风险数值指标确定岩爆等级、发生位置及爆坑深度。然而，由于岩石是一种极为复杂的非均质性材料，因此基于数值模拟的岩爆风险评估的可靠性受到一定的限制。此外，岩爆风险等级具体阈值需根据大量工程实例进行确定。故在运用数值模拟法进行岩爆风险评估时，需能有效模拟硬岩的脆性破坏行为，确定岩爆风险评估的数值指标及其等级阈值，并最好能描述岩石的非均质性。

突变理论首先通过力学推导得到势函数公式，然后根据突变类型转化成标准形式，进而确定岩爆突变控制因素及评估准则。然而，由于岩爆的复杂性，在很多情况下系统势函数难以精确描述。此时，常用方法是将监测数据或数值模拟结果拟合成多项式形式，并以该多项式作为对应的势函数，但是这种方法也可能存在较大的拟合误差。因此，若能得到岩爆势函数表达式，可优先采用突变理论进行岩爆风险评估。

1.3.2 短期岩爆风险评估

短期岩爆风险评估通常在开挖阶段进行，旨在利用现场监测技术监测岩体开挖响应数据，由此根据监测数据时序前兆特征或建立相应模型评估近期岩爆发生的风险。根据短期岩爆风险评估结果，可用来分析岩爆风险随时间的动态变化过程，进而对不同时间不同区域的岩爆风险进行预警。

1.3.2.1 基于时序前兆特征的短期岩爆风险评估

目前，已有多个微震指标用于短期岩爆风险评估，如视体积、视应力、能量指数、施密特数、事件数、事件率、b 值、最大震级等[19, 201, 155]。通过分析岩爆发生前后微震活动随时间的变化规律，可获得一些岩爆前兆信息。

Brady 和 Leighton[156]发现 Star 矿中等岩爆发生前存在微震异常行为，微震活动先快速增加而后急剧减少。Mendecki[157]发现南非金矿在岩爆等岩体失稳前存在累计视体积上升、能量指数和施密特数下降等前兆特征。Alcott[158]提出一种基于微震能量、视应力和地震矩的岩爆风险评估方法，首先根据这些指标阈值将微震事件分为地震触发重力驱动型、应力调整驱动型和变形驱动型等 3 类，然后通过 Brunswick 矿的岩爆案例记录发现，当事件由地震触发重力驱动型转变为应力调整驱动型，再进一步转变为变形驱动型时，岩爆风险增加。Tang 和 Xia[159]根据冬瓜山铜矿微震活动规律，发现微震成核区刚度与成核区外围岩刚度比值的变化率大于 0 时，岩爆发生概率增加。陈炳瑞等[160]根据锦屏二级水电站岩爆发生前微震信息，发现微震事件和能量在空间上由离散转为集中，在时间上呈迅速增加趋势，且视体积增加，能量指数降低。Xu 等[161]认为微震事件的集中程度可作为深部硬岩隧道应变型岩爆发生的有效前兆特征，且成功评估了 2240 个案例中 63%的岩爆发生地点。于群[162]在 3S(应力积累、应力阴影及应力转移)理论的基础上，基于微震事件密度、微震能量密度、累积视体积、能量指数、b 值等前兆特征，提出深埋隧洞岩爆多元预警方法。Ma 等[163]发现 Creighton 和 Kidd 矿 b 值在主震前开始下降，而在靠近主震或在主震期间显著上升，即在主震发生前，b 值随时间的变化存在一个拐点，该拐点可作为评价主震风险的前兆特征。Hosseini[164]采用一种被动地震速度层析成像法评估岩爆风险，利用该技术可确定矿区周围的应力重分布情况，对高应力区和应力变化趋势进行连续识别，可确定高岩爆风险区域。虽然作者以煤矿岩爆案例进行分析，但该技术也适用于硬岩矿山。Xue 等[165]采用每日事件数 N 和 b 值评估岩爆风险，发现当 $(\lg N)/b$ 大于 1 时，岩爆发生可能性更大。

1.3.2.2 基于数学模型的短期岩爆风险评估

基于微震监测数据，很多数学模型被用于短期岩爆风险评估，主要包括分形理论、机器学习和概率方法等。具体归纳如下。

1.基于分形理论的短期岩爆风险评估

一些学者采用分形理论，根据岩爆发生前后微震事件分形维数的变化来进行短期岩爆风险评估。谢和平和 Pariseau[166] 利用分形的数目-半径关系分析 Galena 矿微震事件的空间分布，发现在岩爆临近前，微震事件集聚程度增加，而分形维数则不断减小，且在岩爆临近时达到最低值。于洋[167] 发现对于隧洞钻爆法开挖即时型岩爆，微震事件时间分形维数表现为先增大而在临近岩爆时明显降低，空间分形维数明显减小且在临近岩爆时达到最小，微震能量分形维数明显增加且在岩爆临近前会高于某临界值。Feng 等[168] 发现当临近即时型岩爆时，日微震能量分形维数增加，由此可根据能量分形维数变化建立短期即时型岩爆风险动态预警系统。

2. 基于机器学习的短期岩爆风险评估

随着基于微震监测数据岩爆案例的累积，一些机器学习方法被用于建立短期岩爆风险评估模型。Heal[8] 从澳大利亚和加拿大 13 个地下硬岩矿山搜集了 254 组岩爆数据，该数据集包括应力集中系数、开挖跨度、支护系统能力、地质结构因子、质点峰值速度(peak particle velocity, PPV)等 5 个指标和实际岩爆破坏等级，首先根据前 4 个指标提出岩爆易损性指标 RVI，然后基于 RVI 和 PPV 指标采用逻辑斯蒂回归算法评估岩爆潜在破坏概率。基于 Heal[8] 建立的数据库，Zhou 等[169] 采用随机梯度提升算法进行评估，测试集(49 个案例)评估精度为 61.22%；Li 等[170] 将岩爆破坏等级 R2 和 R3 合并为一个等级，然后结合岩石工程系统理论和 BP 神经网络算法进行评估，测试集(24 个案例)评估精度为 71%。

冯夏庭等[19] 根据锦屏二级水电站隧洞岩爆案例汇集了 93 组数据，该数据集包括累积事件数、累积释放能量对数、累积视体积对数、事件率、能量率对数、视体积率对数、孕育时间等 7 个指标和实际岩爆风险等级，且基于累积事件数、累积释放能量对数、累积视体积对数和孕育时间指标采用人工神经网络算法对岩爆风险进行评估，8 个现场实际案例均被准确评估。基于冯夏庭等[19] 建立的数据库，Feng 等[171] 结合平均影响值算法、改进的萤火虫算法及概率神经网络算法进行评估，测试集(10 个案例)评估精度为 100%；Liang 等[172] 采用随机森林、AdaBoost、梯度提升树、XGBoost 和 LightGBM 等 5 种集成学习算法进行评估，发现随机森林和梯度提升树算法具有更好的综合评估性能，其中随机森林在所有测试集样本(30 个)中获得最高的准确率(80%)，而梯度提升树在高风险样本(中等及强烈风险，12 个)中获得最高的准确率(91.67%)。

3. 基于概率方法的短期岩爆风险评估

Feng 等[173] 提出一种隧道岩爆概率实时动态预警方法，主要步骤如下：确定岩爆预警区域；选择岩爆预警微震指标；建立包含微震指标和岩爆风险等级的数据库；通过聚类分析获得各指标对应不同等级概率密度函数的特征值；根据各指标概率密度函数建立岩爆等级概率评估公式；采用粒子群算法确定各指标最优权重；动态更新微震监测信息及岩爆案例数据库。

1.3.2.3 基于经验方法的短期岩爆风险评估

根据大量现场实践经验,获得了一些短期岩爆风险评估的经验方法,主要归纳如下。

1. 加拿大 GRC 方法(1992)

该方法由加拿大地质力学研究中心(Geomechanics Research Centre, GRC)的 Kaiser 等[174]提出,用于评估岩爆造成的岩体和支护破坏等级。首先,确定岩体破坏等级和支护破坏等级的划分方法,分别见表 1-9 和表 1-10。

表 1-9 岩体破坏等级划分方法[174]

等级	一般描述	岩体破坏现象
R0	岩体条件未发生改变	无岩爆造成的新破坏
R1	开挖面未破坏,但初步出现可见卸压迹象	岩体出现新的较小破裂(可能内部存在松动);可能弹射少量片状岩块
R2	开挖面轻微破坏;仅弹射松动岩块	未支护开挖面边墙出现轻微脱落(仅弹射松动岩体,而较少新破裂岩体);支护的开挖面(可能由金属网支护)弹射小碎片和较少岩块;岩体出现很少新的破裂面
R3	开挖面较小破坏;弹射松动和新破裂的岩块	未支护巷道承受<200 kg由岩块冒落或新破裂岩块(剥落)造成的破坏;仅用锚杆和金属网支护的巷道出现小到大片偶有大块的岩石脱落(<1000 kg);破碎和弹射岩体造成金属网中等鼓胀;出现明显的新破裂面,并可能弹射猛烈
R4	开挖面中等破坏;松动和新破裂岩块猛烈弹射	未支护的巷道在多个位置出现破坏;仅用锚杆和金属网支护的巷道被大量弹射岩块破坏(<10000 kg),但仍可通行;岩体严重破坏并猛烈弹射
R5	开挖面严重破坏并坍塌	未支护的巷道完全封闭;仅用锚杆和金属网支护的巷道严重破坏且不能通行;大量岩体弹射(>10000 kg);岩体严重破碎和断裂

表 1-10 支护破坏等级划分方法[174]

等级	一般描述	支护破坏	喷射混凝土破坏
S0	支护系统未发生改变	无新的破坏或加载	无新的破坏或加载
S1	支护未破坏,但初步出现可见卸压迹象	各支护元件均未发生破坏	喷射混凝土出现新的裂纹,很细小或分布广泛

续表 1-10

等级	一般描述	支护破坏	喷射混凝土破坏
S2	支护轻微破坏；支护加载非常明显但仍维持全部功能	锚杆上的托盘和木质垫圈变形，显示了加载迹象；金属网上独立绞股线破断；金属网鼓胀，但仍可较好支护岩体	喷射混凝土开裂，并出现小片状脱落；喷射混凝土明显得到来自破裂岩体的荷载
S3	支护中等破坏；支护出现明显加载和局部功能损失；除钢带和喷射混凝土区域外，承托功能基本损失	锚杆上托盘、木质垫圈、木枕严重变形，显示明显加载迹象；锚杆端部缩入岩体；锚杆端部金属网伴随绞股线破断而撕裂，且在重叠边界金属网撕裂或张开	喷射混凝土破裂，经常从岩体和支护系统上剥落；大块碎片脱落；悬吊构件大部分完整
S4	支护实质破坏；除钢带系统外，承托和悬吊功能受到更大损失	金属网常被撕裂，并对锚杆托盘产生拉力，如果未拉出，则完全鼓胀；很多锚杆失效；岩石在支护元件间弹射；钢带被鼓胀金属网严重加载	喷射混凝土严重破碎和断裂，与岩体分离，碎片弹落于地面或悬挂于加固系统上；悬吊构件间的连接经常失效或悬吊构件局部失效
S5	支护严重破坏；支护承托、悬吊和加固功能失效	大部分岩层支护元件断裂或破坏；大部分锚杆失效，且岩石从锚索剥落；喷射混凝土失去功能；无钢带金属网严重撕裂和破坏；钢带系统严重受压且常被破坏	喷射混凝土完全失效

　　然后，建立描述开挖面状况的初始条件(initial condition，IC)指数。IC 指数综合了岩墙质量(rockwall quality，RWQ)、破裂潜能(failure potential，FP)、局部开采刚度(local mine stiffness，LMS)和支护有效性(support effectiveness，SE)等影响因素。其中，岩墙质量考虑了开挖面附近岩体质量差异，且根据岩体破裂程度及节理条件等采用 1~5 进行评分；破裂潜能考虑了高应力条件下岩体的破裂倾向，且根据应力强度比、应力诱发破裂迹象、潜在失稳块体等采用 1~3 进行评分；局部开采刚度考虑了相邻空区应力重分布对开采区域的影响，且根据非常硬(位于原岩应力条件)至非常软(位于多个空区之间)的条件采用 1~5 进行评分；支护有效性考虑了支护系统防治破坏能力及岩爆前受载水平，且根据支护受载或卸压程度采用 1~3 进行评分。进而 IC 指数可计算为：

$$IC = \frac{1}{4}\left(\frac{RWQ}{5} + \frac{FP}{3} + \frac{LMS}{5} + \frac{SE}{3}\right) \tag{1-1}$$

通常区分好和差的开挖面初始条件临界 IC 值为 2.5，即当 IC≤2.5 时，开挖面更不易受到岩爆破坏。

随后，根据 Nuttli 震级和震源与岩爆破坏位置距离计算折合距离，计算公式为：

$$SD = \frac{R}{10^{\frac{M_N}{3}}} \qquad (1-2)$$

式中：R 为震源与岩爆破坏位置距离；M_N 为 Nuttli 震级。

最后，根据 Creighton 矿现场 20 个岩爆微震事件和造成超过 100 个破坏位置的实测数据，建立了 IC 指数和折合距离 SD 与岩体破坏等级和支护破坏等级的关系。

2. 南非 SIMRAC 方法(2000)

该方法在南非矿山安全研究咨询委员会(Safety in Mines Research Advisory Committee，SIMRAC)的项目报告(编号：GAP 608)中进行了详细描述[175]。首先，确定评估指标体系。该方法评估指标涵盖 4 个方面，分别为岩层震动水平、开挖易损性、人员暴露情况和信息质量。其中岩层震动水平指开挖工作面可能遭遇的震动强度；开挖易损性指在高强度震动作用下开挖工作面的抗冲击能力；人员暴露情况指工作人员在作业面的暴露时间分布；信息质量指用于风险评估的数据或信息质量。各类指标具有相同的重要性。每个大类指标又包含若干子类，具体见表 1-11。

表 1-11　SIMRAC 方法指标体系

指标大类	子类
岩层震动水平 P_1	最大震级 M_{max} 与震源距离关系 p_1、事件平均重现时间 p_2、微震事件分布 p_3
开挖易损性 P_2	能量释放率 p_1、局部地质结构 p_2、支护 p_3、岩层条件 p_4、逃生方式 p_5、原位放大效应 p_6(暂不采用)
人员暴露情况 P_3	人员暴露时间分布 p_1
信息质量 P_4	矿山规划/地质结构/布局 p_1、微震监测 p_2、微震早期预警 p_3、评价周期和范围 p_4、经验参考 p_5、通信质量 p_6

然后，对每个子类按风险排序采用 1~5 分数值进行打分。其中 1 表示非常低的风险，而 5 表示不可接受的高风险。以子指标 P_1p_1 为例，评分方法见表 1-12。其他指标评分方法请参照原报告[175]。

表 1-12　指标 $P_1 p_1$ 评分方法

$M_{\max}$	与震源距离/m					
	0~20	20~50	50~100	100~200	200~500	>500
>4	5	5	5	5	4	3
3~4	5	5	5	4	3	2
2~3	5	5	4	3	2	1
1~2	5	4	3	2	1	1
0~1	4	3	2	1	1	1

随后，分别计算各大类的子类得分平均值为：

$$P_i = (p_1 + p_2 + \cdots + p_n)/n \qquad (1-3)$$

最后，综合各大类得分，利用乘法算子计算综合得分为：

$$P_{\text{combined}} = P_1 \times P_2 \times P_3 \times P_4 \qquad (1-4)$$

根据综合得分，确定具体风险等级。当 $P_{\text{combined}} < 4$ 时，等级为 1；当 $P_{\text{combined}} < 36$ 时，等级为 2；当 $P_{\text{combined}} < 144$ 时，等级为 3；当 $P_{\text{combined}} < 400$ 时，等级为 4；当 $P_{\text{combined}} < 625$ 时，等级为 5。

1.3.2.4　短期岩爆风险评估方法性能分析

与长期岩爆风险评估方法相比，短期岩爆风险评估方法相对较少。尽管短期岩爆风险评估难度更大，但很多学者从不同角度也提出了一些评估方法。不同方法均有各自优势与不足，具体内容见表 1-13。

表 1-13　短期岩爆风险评估方法优缺点

方法	优点	不足
前兆特征法	简单直观、易于理解	不同工程地质条件下得到的岩爆前兆特征可能不同；不同岩爆风险的评估阈值很难精确确定；根据不同前兆特征得出的岩爆风险等级可能不同
分形理论	能深度挖掘微震事件及其能量的时空分形特征	不同岩爆风险对应的微震事件或能量分形维数临界值难以精确确定
机器学习法	能有效学习已有数据知识，分类能力强	需建立包含微震指标的岩爆案例数据库；结果受模型参数影响较大
概率法	能同时评估岩爆风险及其发生概率	需建立包含微震指标的岩爆案例数据库；各指标对应的不同等级的概率密度函数较难准确确定
经验法	易于操作和理解	各指标评分存在较强主观性；该经验是否具有普适性值得商榷

根据岩爆孕育过程中震源参数的时序特征，可获得一些岩爆前兆信息。然而，不同学者根据不同工程地质条件下岩爆案例获得的前兆特征并不总是一致。由此可知，这些岩爆前兆特征可能并不具有普适性。同时，一些学者采用分形理论对微震事件进行预处理后，根据其时间、空间及能量分形维数在岩爆发生前后的变化规律，也可获得一些岩爆前兆特征。但是，这些前兆特征对应于不同岩爆风险等级的具体预警阈值仍需大量岩爆实例的检验。目前，由于岩爆短期风险评估的复杂性，尚未有根据单一岩爆前兆特征对所有条件下的岩爆进行有效评估的实例。因此，在实际应用中，应将多种震源参数时间序列前兆特征与基于分形理论的微震事件分形维数前兆特征相结合，建立短期岩爆风险多元动态预警系统，并根据大量现场岩爆实例确定不同岩爆风险等级的具体预警阈值。

机器学习法和 Feng 等[173]提出的概率方法均需建立包含微震指标的岩爆案例数据库。对于机器学习法，岩爆数据库主要用于训练模型使其获得已有岩爆数据知识，进而对未知的岩爆风险数据进行评估；对于 Feng 等[173]提出的概率评估法，岩爆数据库主要用于确定各指标对应的不同等级的概率密度函数及最终概率预警公式。因此，若已建立基于微震监测的岩爆案例数据库，可同时采用这两类方法进行短期岩爆风险评估。

经验法主要根据现场岩爆案例经验总结归纳获得。由于地质条件、工程布置、开挖方法、支护方式等不同，不同国家或企业总结的岩爆评估或管理经验可能不尽相同。在具体应用中，应参照其他工程经验，并结合自身具体岩爆情况，制定针对自身工程特性的短期岩爆风险经验评估法。

1.3.3 岩爆风险控制措施

国内外学者从不同角度提出了多种岩爆风险防控策略。Kaiser 等[22]提出了岩爆风险防控的战术型和战略型方法，其中战术型方法指控制由微震事件造成的破坏，战略型方法指控制微震事件的震级、位置和时间。冯涛[176]从空间角度将岩爆防控措施分为区域防治和局部解危，其中前者的目的是消除岩爆的产生条件，后者是对已形成的岩爆高风险区域进行控制。唐礼忠等[177]从减少能量储存、控制能量释放、采用合理支护和矿床岩爆监测等 4 个方面提出深埋硬岩矿床的岩爆防控措施。Malek 等[178]介绍了加拿大 Creighton 镍矿的岩爆防控策略，主要包括微震监测系统、强化支护、回采顺序、地震风险分析及地质力学技术。冯夏庭等[179]从能量角度提出减少能量聚集、预释放和转移能量及吸收能量的岩爆"三步走"防控策略，并在此基础上建立了基于微震信息时空演化的岩爆动态调控理论。Riemer 和 Durrheim[180]介绍了南非深部矿山的岩爆防控实践经验，并提出了预防、保护和预测等 3 个策略，其中预防策略主要为采矿设计，保护策略主要为岩体支护，预测策略主要是根据微震监测数据来预测岩爆风险。任凤玉等[181]采用钻孔软化围岩、锚杆支护、开掘卸压工程等手段对二道沟金矿采场岩爆进行防控。Mazaira 和 Konicek[182]指出深部地下硬岩工程岩爆防控措施包括工程布局优化、岩体预处理及岩爆倾向条件支护等。Morissette 等[183]认为采矿方法选择、回采顺序、岩体卸压及支护技术对降低岩爆风险至关重要。吴伟伟等[184]将岩爆防控手段分为主动治理和被动治理，其中主动治理手段为卸压，被动治理手段为加强支护。李春林[21]将岩爆治理思路分为 2 步：第一步是吸收造成岩爆的能量；第二步将多余能量用于岩石破碎。Potvin 等[185]提出矿山地震风险管理的 4 个步骤，分别为数据收集、采动地震响应、控制措施及地震风险评估，其中控制措施包括岩层支护、人员暴露、采矿设计和岩体预处理。Simser[186]介绍了加拿大硬岩矿山岩爆防控思路，主要措施包括采矿设计、岩爆倾向支护、微震监测及隔离策略等。刘畅等[187]提出的深井开采的岩爆防治措施，分别为强采强充、减小采场暴露面积及加强支护。刘鹏等[188]提出了 3 种超千米竖井岩爆防控对策，包括降低掘进速率、均匀布置应力释放孔及锚喷支护，并认为这 3 种方式分别从不同角度、位置对岩爆进行了防控。Delonca 等[189]通过数值模拟研究了锚喷支护与卸压爆破对应变型岩爆的防控机制和效果，结果表明在强岩爆风险下，协同使用支护系统和卸压爆破能实现岩爆的有效防控。Gao 等[190]分别研究了围岩表面支护与钻孔卸压致裂对深部岩爆风险的控制效果，结果表明大直径卸压钻孔致裂能有效降低工作面岩爆风险，而表面支护则能显著降低岩爆发生强度。康红普等[191]系统阐述了煤矿千米深井巷道支护–改性–卸压的协同控制原理，认为支护–改性–卸压三者存在协同互补关系，能够显著降低围岩变形量，该研究成果对硬岩矿山岩爆防控具有积极的借鉴意义。He 等[192]提出软结构卸压致裂与围岩支护耦合的岩爆防控技术，基于数值模拟研究了围岩与支护构件对钻孔卸压致裂的响应特征，发现软结构致裂能有效实现耗能效果，同时保持围岩支护的稳定性，当软质结构出现损伤时，传递到巷道围岩的岩爆能量显著降低。Mazaira 等[182]指出深部地下硬岩工程岩爆防控措施包括工程布局优化、岩体预处理及岩爆倾向条件支护等，并分析了这些岩爆防控措施的内在机理。唐贵强[193]提出卸压爆破与支护协同防控岩爆方案，发现卸压爆破可大幅度降低岩爆发生概率，与之相协同的支护手段则能显著减小岩爆破坏程度。Li 等[194]研究了巷道围岩高强度支护与水压致裂耦合技术，发现经过水压致裂的顶底板位移和围岩应力集中水平显著降低，微震事件数量和能量集中度均有所减少，岩爆风险得到有效防控。

从空间范围来说，岩爆防控方法主要包括区域防控和局部防控两个方面。区域防控旨在避免采矿工作区域大范围应力集中，主要技术包括合理布置矿山开拓系统，优化采场、硐室和巷道的结构参数和方位，确定最佳的回采顺序，充填采空区，防止大范围应力长期超过岩体强度，使岩体内积聚的应变能多次小规模释放，防止应变能集中释放。局部防控旨在对有潜在岩爆灾害的危险地段进行控制，主要技术包括钻孔卸压、松动爆破、释能支护等，通过卸压转移岩体应力、爆破致裂岩体耗散储存能量、支护吸收岩爆冲击动能，达到局部防控岩爆的目的。区域防治措施在完备程度上具有彻底性，在时间上具有长期性，在空间上具有区域性，因此在矿山生产设计时应优先考虑。然而，由于矿山地质条件、工程环境因素、开采技术情况的复杂性，加上人们对深部矿床开采岩爆灾害发生机理的认识还有待完善，矿山生产时造成局部地段存在岩爆危害的倾向难以避免，因此在实际生产中，往往是区域防治和局部防治并存，多种岩爆防治措施综合运用。合理综合运用这些防治措施可有效降低深部矿山的岩爆灾害，但由于工程岩体岩爆灾害发生具有很大的复杂性和不确定性，矿山在采取防治措施时不能对症下药，而主要依靠主观经验判断。因此，岩爆防控技术及其内在机理仍亟须进行深入研究。

从时间维度来说，岩爆防控可分为设计阶段预防和施工阶段防控两部分。在设计阶段，要进行合理的开采设计，确定优化的开采顺序和开挖步骤，巷道设计应尽量避开易发生岩爆的高应力集中区，尽量使巷道轴线与最大主应力方向平行布置，以减小应力集中系数。巷道断面设计应尽量减小应力集中和应变能积聚。要进行合理的爆破设计，尽量减少爆破震动的影响，避免岩爆各种诱发因素的发生。在施工阶段，要对采空区进行及时有效的充填，尽量减少采空区的空顶面积和体积，减少岩爆可能发生的空间。对关键部位围岩采用锚网喷、让压锚杆等柔性或先柔后刚的支护措施，允许围岩的适量位移和应变能的逐步释放。改善围岩应力条件，根据工程实践经验，采用短进尺掘进，减小药量，控制光面爆破效果，以减小围岩表层应力集中。施工阶段的防治措施主要思路为加固围岩、软化围岩、应力释放和人员设备防护，先根据设计阶段的岩爆预测结果制定初步的防治措施，再根据已开挖段实际岩爆情况和已采用措施的防治效果，综合确定未开挖段的防治措施。

尽管当前岩爆风险防控技术研究已取得丰硕成果，但尚未形成深部硬岩矿山岩爆风险防控标准设计指南。因此，岩爆风险防控未来发展方向可归纳如下。

①建立针对不同类型岩爆的防控技术体系。由于不同类型岩爆的孕育机制不同，因此所采取的防控措施存在较大差异。在实践中，可根据工程地质条件及微震事件分布对岩爆类型进行预判，进而采取针对性的防控措施。

②提出针对不同岩爆风险等级的防控技术及其参数。不同风险等级的岩爆所引起的危害不同，因而所采取的防控措施类型及其参数具有较大差别。因此，首先需对岩爆风险等级进行定义，然后提出合理的岩爆风险评估方法，进而对不同风险等级区域采取针对性的防控技术方案。

③研究将岩爆破坏能量变害为利的技术。高储能是诱发岩爆的重要因素之

一。然而，岩石内部储存的高能量也有利于硬岩的破碎。因此，可尝试改变常规卸压或释能防控岩爆手段，而采取高储能调控技术对硬岩进行有序致裂。该技术不仅有利于矿石的高效开采，同时也可对岩爆灾害进行有效防控。

④加强多种技术成体系联合防控岩爆的研究。单一技术防控岩爆效果较为有限，可尝试运用系统工程思维，将多种技术相结合对岩爆风险进行防控。例如，将采矿设计与卸压技术相结合建立深部矿床卸压开采理论。

⑤确定岩爆防控的有效时机。由于进行岩爆防控需要大量成本，因而掌握岩爆防控的有效时机极为重要。为实现该目标，在开采过程中需加强对岩爆的时空强进行有效预测，从而使岩爆防控更加科学高效。

⑥创建岩爆防控技术效果评价方法。尽管已有多种岩爆防控技术，但岩爆防控的具体效果仍值得进一步探究。在实践中，可采用现场监测、数值模拟及实地观测等手段进行综合评价。

1.4　岩爆研究进展与热点分析

考虑到岩爆研究已在各方面都取得长足进展，有必要对其进行文献综述以认清现有研究的进展及热点。以往学者从不同角度对岩爆研究进行了综述，例如 Zhou 等[195]总结了岩爆评价方法；Afraei 等[196]对岩爆智能分类模型进行了综述；Keneti 和 Sainsbury[197]回顾了大量已发表的岩爆案例并总结了其成因；Feng 等[17]概述了他们团队在深部金属矿山岩爆监测、预警和控制等方面取得的成就。然而，这些传统的文献综述只专注于分析某一特定领域的研究内容，很少有人从整体角度对近年来岩爆研究内容进行全面系统的综述。

文献计量学分析是一种基于数理统计学对学术文献进行定量分析的有效方法，能阐明该知识领域的科学发展过程及结构联系[198]。因此，可采用该方法对岩爆研究进行客观全面的分析。目前，已有大量软件用于文献计量学研究，如 BibExcel，SCIMAT，VOSviewer 和 CiteSpace。其中，由 Chen[199]开发的 CiteSpace 是分析和可视化共被引网络的有效工具，可对文献数据进行可视化处理以促进对前人研究的理解。

本章借助 CiteSpace 软件对 2000—2019 年岩爆研究内容进行文献计量学综述，以全面分析该领域现有知识体系。考虑到硬岩(如花岗岩)[200]和软岩(如煤岩)[201]中的岩爆现象显著不同，故本章仅对硬岩岩爆研究进行综述，以分析当前岩爆整体研究状态，并识别研究热点及演化趋势。

1.4.1　文献计量学研究方法

研究方法框架图见图1-4。该方法主要包括2个步骤,具体描述如下。

1. 搜集相关文献数据

首先以合适的方式收集相关文献资料。本章采用 Web of Science Core Collection 数据库获取目标文献数据。该数据库是国际公认最全面、最权威的科学引文数据库,收录了世界上最具影响力的论文[202]。因此,该数据库论文数量和质量能保证综述结果的可靠性。

然后,确定数据检索策略。考虑到软岩岩爆主要发生在煤矿,检索词确定为:TS(topic search)=(rockburst * OR "rock burst" NOT coal),其中"*"表示模糊搜索。语言、文件类型和时间间隔分别限制为:"English""article AND review"和"2000—2019"(大约20年,检索日期为2019年4月15日)。基于这种检索策略,共获取430篇论文。

在检索到相关文献后,导出有效数据以进行文献计量学分析。数据包括所有文献的完整记录(标题、摘要、关键词等)和参考文献,并以文本格式保存以满足文献计量学软件要求。

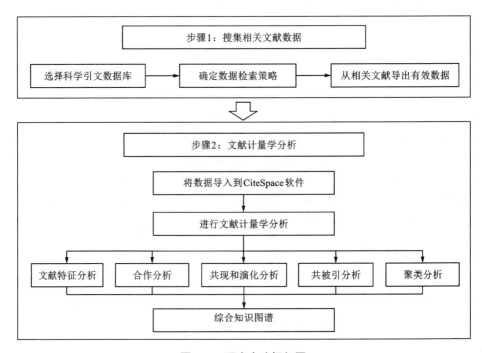

图1-4　研究方法框架图

2. 文献计量学分析

本章采用 5.3.R4 版 CiteSpace 进行文献计量学分析。首先，将文献数据导入该软件；然后，进行文献计量学分析以实现预期目标。本章主要从 5 个方面进行分析，包括文献特征分析、合作网络分析、关键词共现分析、共被引分析和聚类分析。最后，根据这些结果建立综合知识图谱。

当使用 CiteSpace 生成一些图时，中介中心性(betweenness centrality) 是定量衡量图中节点重要性的常用指标。中介中心性值越大(大于 0.1) 的节点表示其在可视化网络中起核心作用，称为转折点，并用镶边标识。此外，图中节点和连线的颜色对应从过去到现在的不同年份。详细的颜色表示见图 1-5。由于本章导入的是英文文献数据，故 CiteSpace 生成的图都自动用英文表示。

2000 2001 2002 2003 2004 2005 2006 2007 2008 2009 2010 2011 2012 2013 2014 2015 2016 2017 2018 2019

图 1-5　CiteSpace 输出图的颜色含义

1.4.2　文献计量学结果分析

1.4.2.1　文献特征分析

根据硬岩岩爆文献检索结果，每年文献发表数量和引用次数见图 1-6。由图 1-6 可知，2000—2009 年文献数量变化较为平缓，而 2009—2018 年则出现显著增长。近 10 年来，发表数量由 2009 年的 6 篇增长为 2018 年的 83 篇，年平均增长率达 33.9%。引用数量则由 2009 年的 58 次增长为 2018 年的 1221 次，年平均增长率达 40.3%。由此可知，自 2009 年以来，硬岩岩爆研究领域开始得到更多关注。

1.4.2.2　合作分析

随着全球化的发展，学术交流与合作越来越普遍。识别合作关系有助于了解当前研究现状。本章通过构建国家、机构和作者合作网络，分别从宏观、中观和微观等 3 个层面阐述合作关系。在合作网络图中，节点大小表示由国家、机构或作者发表的文献总数，节点间连线的粗细表示合作关系的强度。

1. 国家合作分析

硬岩岩爆研究主要国家合作网络见图 1-7。根据该网络图可识别该领域的领先国家。文献数量前 5 的国家分别为中国(238 篇)、加拿大(47 篇)、俄罗斯

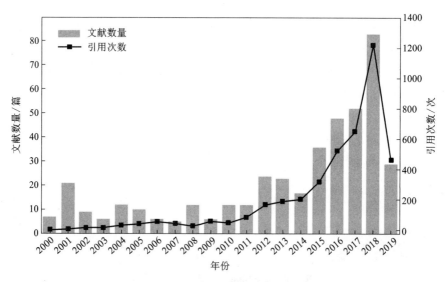

图 1-6　2000—2019 年硬岩岩爆文献发表数量和引用次数

（35 篇）、澳大利亚（33 篇）和南非（29 篇）。这表明这些国家在硬岩岩爆研究方面做出了突出贡献。与其他国家相比，中国在近 20 年对硬岩岩爆的发展做出了突出的贡献。2000—2019 年中国发表的文献数量见图 1-8。在国际合作方面，中国、加拿大、澳大利亚学者之间及与其他国家学者的合作较为密切。

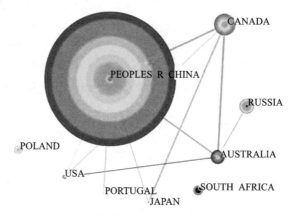

图 1-7　硬岩岩爆研究主要国家合作网络图

此外，根据中介中心性识别关键节点。图 1-7 中具有较高中心性的国家标记为紫色镶边，表明该国在岩爆研究中发挥着重要作用。中国（中心性值为 0.24）、

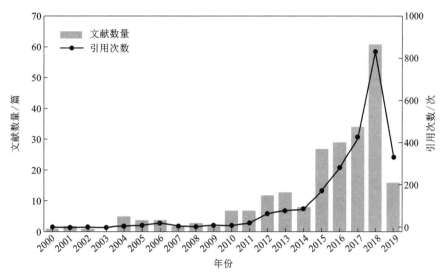

图 1-8　2000—2019 年中国硬岩岩爆文献发表数量和引用次数

澳大利亚(中心性值为 0.11)和加拿大(中心性值为 0.03)是该网络的 3 个关键节点。特别地,中国在硬岩岩爆国际合作与交流中扮演着重要角色。

2.机构合作分析

硬岩岩爆研究主要机构合作网络图见图 1-9。由图 1-9 可知,大部分研究机构来自中国、加拿大和澳大利亚。其中,来自中国的研究机构主要包括中国科学院(57 篇)、中国矿业大学(32 篇)、东北大学(32 篇)、中南大学(31 篇)和大连理工大学(12 篇);来自加拿大的研究机构主要包括 Laurentian University(14 篇)、McGill University(9 篇)、Queen's University(8 篇)和 University of Toronto(5 篇);来自澳大利亚的研究机构主要包括 University of Adelaide(7 篇)、University of Western Australia(7 篇)和 Monash University(6 篇)。此外,其他一些研究机构包括俄罗斯的 Russian Academy of Sciences(23 篇),南非的 University of the Witwatersrand(12 篇)和美国的 Colorado School of Mines(7 篇)。中国科学院文献发表数量居世界首位。

在中介中心性方面,中国科学院(中心性值为 0.39)、中南大学(中心性值为 0.20)、中国矿业大学(中心性值为 0.16)和东北大学(中心性值为 0.15)是机构合作网络中的关键节点。近 20 年来,这些机构对硬岩岩爆研究做出了较大贡献。

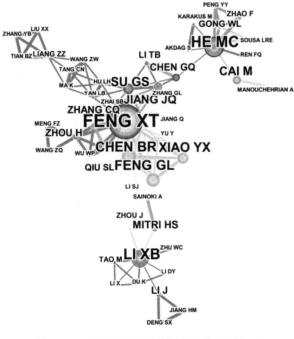

图 1-9　硬岩岩爆研究主要机构合作网络图

3. 作者合作分析

硬岩岩爆研究主要作者合作网络图见图 1-10。该网络能有效发掘作者间的合作关系，并区分有影响力的作者。根据该网络节点大小，可明显看出发表文献

图 1-10　硬岩岩爆研究主要作者合作网络图

最多的前 3 位作者分别为 Xiating Feng（31 篇）、Manchao He（17 篇）和 Xibing Li（15 篇）。此外，他们也是 3 个大型合作网络的中心作者。网络的中心作者比其他作者有更多的合作行为。例如，Xiating Feng 是包含 Bingrui Chen、Guangliang Feng、Guoshao Su 等作者的最大合作网络的中心作者；Manchao He 是包含 Ming Cai、Luis Ribeiro E. Sousa、Weili Gong 等作者的第二大合作网络的中心作者；Xibing Li 是包含 Hani S. Mitri、Jian Zhou、Longjun Dong 等作者的第三大合作网络的中心作者。

在作者合作网络中，可由中介中心性表示研究人员的影响力。根据中介中心性值可知，Xiating Feng（中心性值为 0.15）和 Manchao He（中心性值为 0.10）在硬岩岩爆研究领域具有较大的影响力。

1.4.2.3　关键词共现和演化分析

关键词是论文的核心和精髓，能简明代表性地描述研究内容。因此，高频关键词常用于识别某一研究领域的热点问题[203]。关键词共现网络可显示所选文献关键词的共现程度。通过该网络，可发现研究热点及前沿。此外，通过分析关键词随时间的演变，可了解该领域研究方向的转变趋势。关键词共现和演化分析结果如下。

1. 关键词共现分析

硬岩岩爆研究关键词共现网络图见图 1-11。在该网络图中，节点大小与出现频率成正比。频率超过 20 的关键词包括："prediction"（49 次）、"failure"（47 次）、"rock"（45 次）、"tunnel"（43 次）、"stress"（39 次）、"fracture"（34 次）、"mine"（32 次）、"behavior"（31 次）、"damage"（28 次）、"mechanism"（28 次）、"strength"（27 次）、"Jinping Ⅱ hydropower station"（27 次）、"model"（26 次）、"acoustic emission"（25 次）、"rock mechanics"（25 次）、"earthquake"（21 次）、"energy"（21 次），"compression"（20 次）、"numerical simulation"（20 次）。此外，关键词"rockburst"和"rock burst"不能反映当前研究趋势，故将其移除。关键词"prediction"和"rockburst prediction"表示同一含义，因此将其合并。尽管也有一些具有相同含义的关键词，但由于它们数量较少，且不影响总体结果，故不进行合并。

很明显，关键词"prediction"在近 20 年出现频率最高。合理的岩爆预测有利于提前采取有效措施，保证施工安全。岩爆预测方法主要包括经验方法[204, 205, 206]、数值模拟[207, 208, 209]、数学算法[210, 211, 212]和监测技术[17, 213, 214]等。此外，关键词"mechanism"出现较为频繁，这表明岩爆机理研究也是一个热点话题。岩爆发生机制是预测和防治的基础[215]。许多学者通过室内试验和现场案例分析岩爆孕育机理。例如，He 等[216]通过模拟真三轴卸荷条件下岩爆演化过程来

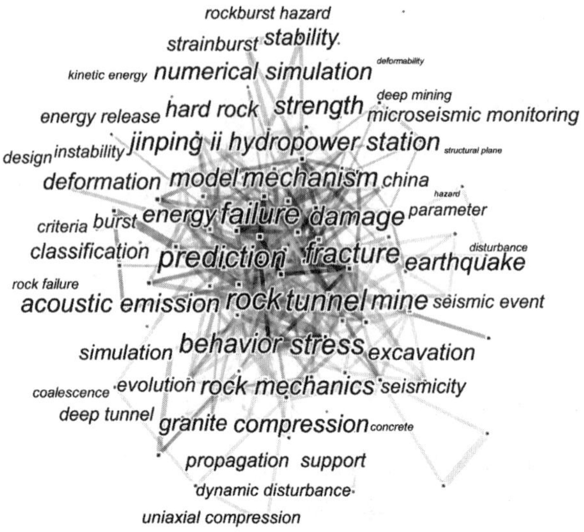

图 1-11　硬岩岩爆研究关键词共现网络

了解岩爆机制；Gong 等[217]通过试验模拟剥落破坏引起的岩爆过程来分析岩爆机理；Xiao 等[218]基于微震监测技术，通过识别岩体破坏类型(拉伸、剪切或混合破坏)研究岩爆演化机制。其他学者也从不同角度提出了许多理论来说明岩爆机制，如能量理论[219]、强度理论[220]和二体交互理论[221]等。

此外，"tunnel"和"mine"也是经常出现的关键词，这表明目前硬岩岩爆主要出现在隧道和矿山中。特别地，关键词"Jinping Ⅱ hydropower station"出现频率很高。该水电站包含 7 条隧洞，埋深 1900~2400 m，已发生数百起岩爆[19]。这使得锦屏二号水电站成为岩爆研究的重要场所，并发表了大量相关成果。

2. 关键词演化分析

关键词共现网络未考虑时间因素，不能反映其随时间的变化趋势。为对关键词进行时间演化分析，建立关键词共现网络时区图，见图 1-12。图中底部数字表示相应关键词首次出现的年份。根据关键词随时间变化频率可知，2009 年是一个重要的时间转折点。2000—2009 年，高频关键词相对较少。2009 年以后，许多新的关键词开始不断涌现，这标志着硬岩岩爆研究进入了快速发展阶段。为更清楚地表示，表 1-14 列出了 2000—2009 年和 2010—2019 年硬岩岩爆研究出现频率最高的前 15 个关键词。

根据图 1-12 和表 1-14 关键词随时间共现和演化情况，可得到硬岩岩爆研究总体发展趋势。2000—2009 年，硬岩岩爆研究发展较为稳定。学者们主要关注岩爆机理和岩爆演化过程中的岩石破坏或破裂研究。关键词"mining"中心性值达

0.43，由此可推断，采矿过程中遇到的岩爆对理解其机理起着重要作用。这一时期的研究为以后岩爆研究的繁荣发展奠定了坚实基础。2010—2019 年，硬岩岩爆研究得到快速全面发展。一方面，岩爆机理的基础研究取得了进一步突破。许多学者通过室内试验和数值模拟成功再现了岩爆的发生，加深了对岩爆机理的认识[216,222]。另一方面，在解决现场岩爆问题上也取得了很多成就。例如，微震监测已逐渐成为国内外岩爆监测预警的重要手段[218]；岩爆倾向区域岩层的支护理念得到了根本改变，Cai[223]提出了岩爆支护的 7 条重要原则，包括避免岩爆原则、柔性支护原则、解决最薄弱环节原则、集成系统支护原则、简单性原则、成本效益原则和观测施工原则；Malan 和 Napier[224]提出一种新的深部缓倾斜扁平状采场岩爆支护的设计方法。此外，这一时期具有高中心性的关键词包括"failure"（中心性为 0.13）、"behavior"（中心性为 0.13）、"acoustic emission"（中心性为 0.11）、"fracture"（中心性为 0.10）、"strength"（中心性为 0.10）。通常这些关键词反映了岩爆研究的热点方向。由此可知，研究岩石的破坏或破裂行为对更好理解岩爆机理、预测岩爆风险和制定支护策略具有重要作用 。

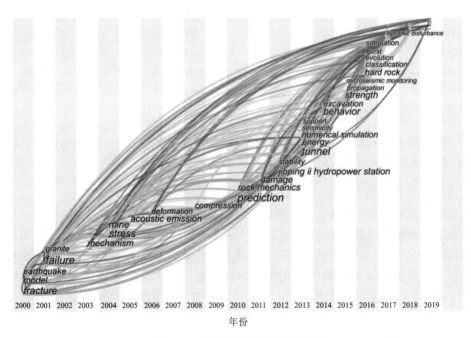

图 1-12　关键词共现网络时区图

表1-14 2000—2009年和2010—2019年硬岩岩爆研究出现频率最高的前15个关键词

2000—2009年			2010—2019年		
关键词	频次	中心度	关键词	频次	中心度
earthquake	6	0.08	prediction	49	0.06
rock	5	0.06	failure	45	0.13
model	4	0.03	tunnel	43	0.04
stress	4	0.05	rock	40	0.06
fracture	4	0	stress	35	0.07
granite	4	0.01	behavior	31	0.13
mining	2	0.43	fracture	30	0.10
deformation	2	0	mine	30	0.16
failure	2	0	damage	30	0.18
compression	2	0	jinping Ⅱ hydropower station	27	0.09
optimization	2	0	Strength	27	0.10
mechanism	2	0	mechanism	26	0.04
acoustic emission	2	0	rock mechanics	25	0.07
mine	2	0	acoustic emission	23	0.11
microseismicity	2	0	model	22	0.06

1.4.2.4 共被引分析

若两篇论文同时被同一篇论文引用，则它们之间形成一种共被引关系。同时，作者和期刊共被引也可类似定义。具体结果如下。

1. 文献共被引分析

通过文献共被引分析，可识别在硬岩岩爆研究中有影响力的论文。硬岩岩爆研究文献共被引网络见图1-13。每个节点表示一篇由第一作者姓名和出版年份标识的论文。节点尺寸反映被引用的总次数，且尺寸越大说明该论文被引用次数越多。引用次数越多表明该论文得到广泛认可，可认为其在该领域较为重要。表1-15列出了被引用次数前10的文献。需要注意的是，CiteSpace从所选的430篇论文中获得的被引频次可能与Google Scholar的被引频次有所不同。

由表1-15可知，被引用次数前10的文献内容主要集中在岩爆试验研究、锦屏二级水电站现场岩爆案例分析、岩爆倾向区域岩层支护和岩爆数值模拟等方面。例如，He等[216, 230]提出了创新性的岩爆试验测试装置及方法，并对岩爆机制进行了大量的试验研究；Feng团队[20, 43, 225, 227, 229]在锦屏二级水电站现场岩爆案例分析方面进行了大量研究，在岩爆机理、预测和防治方面做出了突出贡献；

Kaiser 和 Cai[226]在岩爆条件下的岩石支护设计方面取得了重大成就，并编制了系统的岩爆支护手册；在岩爆数值模拟方面，Zhu 等[228]模拟了由动力扰动引发岩爆的演化过程，有助于认识动静组合条件下的岩爆机制；Jiang 等[229]从能量释放角度提出新的指标来预测岩爆强度。

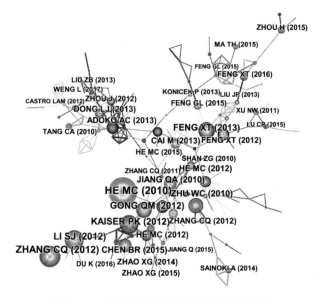

图 1-13　硬岩岩爆研究文献共被引网络图

表 1-15　被引用次数前 10 的文献　　　　　　　　　　单位：次

文献作者	引用次数	年引用次数	2015—2019 年引用次数	2018 年引用次数	Google Scholar 引用次数
He 等（2010）[216]	54	2.7	42	19	321
Zhang 等（2012）[20]	40	2	37	11	96
Li 等（2012）[225]	36	1.8	33	13	102
Kaiser 和 Cai（2012）[226]	33	1.65	31	15	160
Gong 等（2012）[227]	30	1.5	27	7	106
Zhu 等（2010）[228]	26	1.3	24	13	90
Jiang 等（2010）[229]	25	1.25	22	11	92
Chen 等（2015）[43]	25	1.25	25	8	60
Cai（2013）[223]	20	1	19	9	83
He 等（2012）[230]	19	0.95	17	5	51

为显示最新热点论文，同时列出了 2015—2019 年在硬岩岩爆研究中被引用次数前 10 的文献。这些文献与 2000—2019 年被引用次数前 10 的文献相同，只其中一些排名有所不同。这可能与 2015—2019 年间发表了大量文献有关。2015—2019 年及 2018 年这些文献的引用频率见表 1–15。其中，He 等（2010）[216] 的文献仍占据所有文献的榜首位置。这表明他们的研究成果对现在仍有重要影响。由此可推断，实验室岩爆过程的模拟研究仍是当前研究热点。

2. 作者共被引分析

作者共被引分析可用来确定在同一篇论文中同时被引用作者间的联系。硬岩岩爆研究文献作者共被引网络见图 1–14。每个节点表示一个作者，其大小表示该作者被引用的总次数。引用次数前 10 的作者分别为：Peter K. Kaiser（107 次，加拿大）、W. D. Ortlepp（104 次，南非）、Manchao He（91 次，中国）、Ming Cai（87 次，加拿大）、N. G. W. Cook（80 次，南非）、Evert Hoek（75 次，加拿大）、Xiating Feng（73 次，中国）、Chuanqing Zhang（57 次，中国）、C. D. Martin（51 次，加拿大）、Jinan Wang（48 次，中国）、Chunan Tang（43 次，中国）。这些学者大多在岩爆研究领域享有国际声誉，并获得广泛认可。此外，根据这些作者所处国家可知，加拿大、南非和中国在硬岩岩爆研究方面表现良好。特别是在加拿大和南非，岩爆研究历史非常悠久。

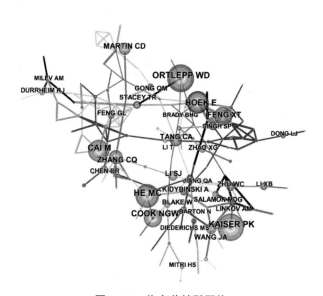

图 1–14 作者共被引网络

被引频次高的文献学者并不一定具有较高的中介中心性，而同时具有较高文献引用次数和中介中心性的作者很可能对该研究领域产生重要影响。在被引频次较高的前 10 位作者中,中介中心性值较高的作者包括 Evert Hoek(中心性为0.25)和 W. D. Ortlepp(中心性值为 0.17)。Evert Hoek 在岩石力学方面取得了巨大成就,为揭示岩爆机理奠定了坚实基础[231, 232]。Ortlepp 通过实例研究总结了岩爆的几种不同机理,对认识岩爆做出了重要贡献[34, 233]。这两位学者在这一领域都享有很高声誉,并做出了杰出贡献。

3. 期刊共被引分析

出版硬岩岩爆研究文献数量前 10 的期刊见表 1-16。由表 1-16 可知,*Tunnelling and Underground Space Technology* 出版数量最多,为 42 篇(9.767%);*International Journal of Rock Mechanics and Mining Sciences* 和 *Rock Mechanics and Rock Engineering* 并列第二,为 40 篇(9.302%)。排名前 3 的期刊出版数量均不少于 40 篇,表明这些期刊更能得到该领域学者的认可。

表 1-16　出版硬岩岩爆研究文献数量前 10 的期刊

期刊名称	主办国	数量/篇	百分比/%
Tunnelling and Underground Space Technology	英国	42	9.767
International Journal of Rock Mechanics and Mining Sciences	英国	40	9.302
Rock Mechanics and Rock Engineering	德国	40	9.302
Journal of the Southern African Institute of Mining and Metallurgy	南非	31	7.210
Journal of Mining Science	美国	30	6.977
Engineering Geology	荷兰	13	3.023
Shock and Vibration	埃及	13	3.023
Advances in Civil Engineering	埃及	10	2.326
Archives of Mining Sciences	波兰	9	2.093
Bulletin of Engineering Geology and the Environment	德国	9	2.093

期刊共被引网络用来识别被引次数最高的期刊,见图 1-15。每个节点大小代表一个期刊的引用频率。通常,被引次数越高的期刊代表在该领域越具有权威性和影响力。硬岩岩爆研究文献被引次数前 10 的期刊见表 1-17。由此可知,文献被引次数前 3 的期刊与发表数量前 3 的期刊相同。由此可推断这 3 种期刊在硬岩岩爆研究领域做出了巨大贡献。

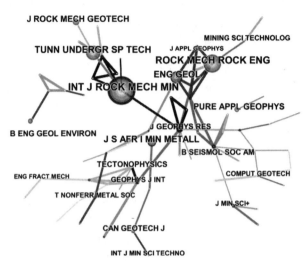

图 1-15　期刊共被引网络

表 1-17　被引次数前 10 的期刊

期刊名称	主办国	引用次数/次
International Journal of Rock Mechanics and Mining Sciences	英国	299
Rock Mechanics and Rock Engineering	德国	205
Tunnelling and Underground Space Technology	英国	186
Engineering Geology	荷兰	143
Journal of the Southern African Institute of Mining and Metallurgy	南非	123
Pure and Applied Geophysics	瑞士	105
Journal of Rock Mechanics and Geotechnical Engineering	中国	102
Bulletin of Engineering Geology and the Environment	德国	79
Bulletin of the Seismological Society of America	美国	67
Canadian Geotechnical Journal	加拿大	66

1.4.2.5　聚类分析

聚类分析是一种检测文本数据中隐藏语义主题的数据挖掘技术。CiteSpace 提供了使用文献标题、关键词或摘要中的名词短语进行聚类分析的功能。基于潜在语义索引、对数似然比或互信息算法可创建聚类标签[234]。研究数据可被划分为不同的单元，并可确定潜在研究主题及其相互关系。

本章采用语义索引算法，利用关键词生成聚类标签，可获得较理想结果。硬岩岩爆研究聚类结果见图1-16。由图1-16可知，该网络被分为6个主簇，分别为：rockburst prediction（#0）、rock mechanics（#1）、acoustic emission（#2）、microseismic monitoring（#3）、strainburst（#4）、numerical simulation（#5）。这6个主类包含了大部分文献，可看作是主要研究主题。这6个主类之间存在一些联结和部分重叠，由此可推断它们之间存在一些关联。

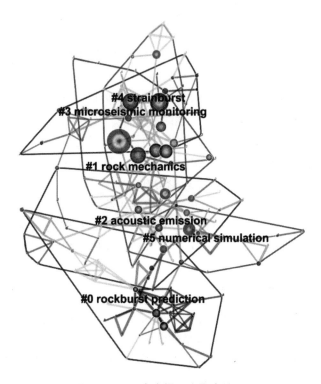

图1-16 硬岩岩爆研究聚类结果

每个主类具体特征见表1-18。其中，尺寸表示每个类包含的文献数量。#0类排第一，由36篇文献组成。轮廓系数是衡量聚类质量的重要指标[234]。轮廓系数越大(最大为1.0)表明该类的同质性越高。本章所有聚类的轮廓系数均超过0.82，并多在0.90以上，表明文献内容与所属主簇很匹配，聚类较合理[202]。平均年份表示每个类中文献的平均发表年份，可确定该类包含文献的新旧程度。本章6个主类所含文献平均发表年份都在2011年或之后，且各类的平均出版年非常接近。这表明在这6个方面硬岩岩爆研究都已取得全面发展。

表 1-18 硬岩岩爆研究 6 个主类特征

类编号	尺寸/篇	轮廓系数	聚类标签	平均发表年份
#0	36	0.994	rockburst prediction	2012
#1	28	0.935	rock mechanics	2011
#2	25	0.903	acoustic emission	2013
#3	25	0.911	microseismic monitoring	2013
#4	21	0.823	strainburst	2011
#5	17	0.942	numerical simulation	2011

根据图 1-16 和表 1-18 聚类结果,可识别主要研究主题。根据研究内容,岩爆研究主要分为 3 类,即岩爆机理、预测和防控。显然,岩爆预测(#0 类)是一个热点话题。此外,尽管没有建立岩爆机理的标签,但是岩石力学(#1 类)和声发射(#2 类)常用于岩爆机理研究。因此,岩爆机理也可认为是一个热门话题。岩爆研究方法主要分为 4 种,分别为理论分析、室内试验、数值模拟和现场监测。直观地,微震监测(#3 类)和数值模拟(#5 类)是主要研究方法。由于在进行室内岩爆模拟试验时,常使用声发射(#2 类)来识别岩石破裂信息,故室内试验也是一种重要研究方法。应变型岩爆(#4 类)是目前最流行的岩爆研究类型。

1.4.3 文献计量学分析结论

根据文献计量学分析结果,总结了 2000—2019 年的硬岩岩爆主要研究主题,这有利于提高对该领域现有知识体系的认识,具体如下。

①基于关键词共现分析和聚类分析识别当前研究热点。从研究内容来看,岩爆机理和预测是研究热点;从研究方法来看,室内试验、数值模拟和微震监测等方法运用更为频繁;从岩爆类型来看,应变型岩爆研究更为成熟。此外,岩石力学作为岩爆研究基础,被广泛用于揭示岩爆机理。

②根据关键词演化分析了解该领域发展趋势。硬岩岩爆研究演化趋势可分为 2 个阶段。第一阶段(2000—2009 年)主要研究岩爆机理和岩石破裂或破坏特征。第二阶段(2010—2019 年)在前一阶段基础上进一步快速全面发展。在这一阶段,不仅对岩爆机理进行了更为深入的研究,而且提出了大量岩爆预测和防控方法,以解决现场岩爆问题。研究方向逐渐从理论走向实践,最终目标是对岩爆进行预测和防治。

③通过文献共被引分析确定了被引次数前 10 的文献。这些文献得到广大研究者的认可,对该领域的发展起到重要的推动作用。被引次数前 10 的文献研究

内容主要集中在室内试验研究、现场案例分析、岩爆倾向区域岩层支护和数值模拟等方面。

④通过合作及共被引分析识别出从事和关注该领域研究的主要国家、机构、作者和期刊。尤其值得注意的是，中国的研究机构和作者为硬岩岩爆研究做出了突出贡献。随着矿山、隧道等地下工程开挖深度的迅速增加，中国发生的岩爆事故逐渐增多。因此，岩爆灾害已成为重大挑战，引起了国家和企业的高度关注。

第 2 章
岩爆倾向性指标与经验判据

岩爆倾向性是指岩体在一定条件下发生岩爆的可能性及剧烈程度。学者们根据强度、能量、脆性、刚度等不同理论对岩爆的现象和本质进行了解释，进而提出了一系列不同的岩爆倾向性指标和经验判据。本章详细阐述不同类型岩爆倾向性指标的基本理论、参数特征及其测定方法，梳理归纳各岩爆倾向性指标的经验判据和使用方法。

2.1 岩爆倾向性指标及测定方法 >>>

2.1.1 基于强度理论的岩爆倾向性指标

2.1.1.1 岩爆强度理论

岩爆强度理论从最直观的角度出发，认为岩爆是岩体材料的一种强度破坏现象。任何材料的强度破坏，都满足其荷载应力超过自身强度极限这一条件。学者们由此出发，最先使用强度理论来解释岩爆现象和规律。Griffith 强度理论认为岩石材料内部存在微小的缺陷或裂纹，这些微小结构会产生应力集中，放大外部应力的作用，导致岩石发生破坏。岩爆的形成可以看作是裂纹起裂、扩展、直至失稳破坏的过程，并且这一过程以裂隙局部的张拉破坏为主导。Mohr-Coulomb 理论则认为岩石在破坏前会沿着一定的摩擦面滑动，岩石的破坏主要是剪切破坏，岩石的抗剪强度等于岩石内聚力与剪切面上正应力产生的摩擦力之和。若用摩尔-库仑准则解释，岩爆则为剪应力作用产生的剪切破坏。

尽管强度理论已广泛应用于各种岩石工程，但在实际的深部井巷和采场周围经常出现局部应力超过其强度极限的现象。在这种情况下岩体大多发生缓慢的渐进式破坏，少数会发生突然破坏。这说明强度理论对于岩爆及其规律的认识还不充分,岩体强度达到极限平衡条件只是岩爆孕育的基本要素之一。强度理论最大的缺点在于其无法反映岩爆的动力特征,不能区分岩爆与普通的岩体破坏。

2.1.1.2　岩爆倾向性强度指标

岩石强度理论研究岩石在复杂应力状态下发生破坏的规律。相应地,岩爆倾向性强度指标指在静力学状态下,通过分析岩石的应力状态和强度特性之间的关系来评价岩爆风险。这类指标由围岩应力状态参数和岩石强度特性参数共同定义。

1966 年,Hawkes[235]提出通过比较岩石抗压强度与围岩最大主应力来评估岩爆倾向性,指标计算方法为:

$$S_1 = \frac{3\sigma_1}{\sigma_c} \tag{2-1}$$

式中:σ_1 为最大主应力;σ_c 为岩石单轴抗压强度。

1972 年,Turchaninov[47]提出将巷道最大轴向应力和最大切向应力之和与岩石抗压强度相比较,判断岩爆是否发生,指标计算方法为:

$$S_2 = \frac{\sigma_L + \sigma_\theta}{\sigma_c} \tag{2-2}$$

式中:σ_L 为巷道最大轴向应力;σ_θ 为巷道最大切向应力。

1974 年,Russenes[44]提出切向应力指标,通过直接比较最大切向应力与岩石抗压强度评估岩爆风险,简化了 Turchaninov 指标。此后,Brown 和 Hoek 等(1980)[48]、徐林生等(1999)[236]又进一步研究了切向应力指标,提出了新的判别方法。切向应力指标的计算方法为:

$$S_3 = \frac{\sigma_\theta}{\sigma_c} \tag{2-3}$$

1974 年,Barton[237]提出了两项新的岩爆倾向性强度指标,通过岩石抗压强度或抗拉强度与围岩最大主应力的比值判别岩爆倾向性。由于围岩最大主应力这一关键应力状态参数需要在地应力测试的基础上得到,因此该指标也称为地应力指标。此后,陶振宇(1988)[49]、Zhang 等(2003)[238]又进一步研究丰富了地应力指标的判别方法。地应力指标的计算方法为:

$$S_4 = \frac{\sigma_c}{\sigma_1} \tag{2-4}$$

$$S_5 = \frac{\sigma_t}{\sigma_1} \tag{2-5}$$

式中:σ_t 为岩石抗拉强度。

1990 年,李燕辉[239]提出以围岩最大主应力、侧压系数、主应力水平夹角为

应力状态参数,以岩石弹性模量为强度特性参数,计算岩爆变量系数:

$$S_6 = \frac{\lambda \cos(\alpha) \sigma_1}{E} \qquad (2-6)$$

式中:λ 为侧压系数;α 为主应力水平夹角;E 为弹性模量。

1994 年,Yoon[205] 提出通过比较岩石的单轴抗压强度与自重应力来评估岩爆风险:

$$S_7 = \frac{\sigma_c}{\gamma H} \qquad (2-7)$$

式中:γ 为岩石容重;H 为埋深。

2.1.2 基于能量理论的岩爆倾向性指标

2.1.2.1 岩爆能量理论

岩爆能量理论首先由 Cook[240] 于 20 世纪 60 年代在对南非金矿岩爆的调查研究中提出。岩爆能量理论认为,在岩体开挖过程中,当岩体系统被破坏释放的能量超过破坏所需能量时,多余的能量使剥离的岩块脱离母岩而具有一定的动能,此时便发生岩爆。岩爆的形成过程是岩体中的能量从储存、释放直至最终使岩体破坏而脱离母岩的过程。因此,能量理论认为岩爆的本质在于岩体获得了动能,岩爆的过程是能量的快速释放,岩爆的发生与否及其表现形式取决于岩体中是否储存了足够的能量,是否具有释放能量的条件以及能量释放的方式。

能量理论体现了岩爆的动力特性,并且能够基于能量转化和释放过程的特征对岩石的断裂机制和破坏模式进行分析和识别。然而,岩爆过程涉及复杂的能量转化,能量理论聚焦于岩石破坏耗散的能量,但忽略了摩擦热、应力波、声能等能量耗散形式。此外,能量理论难以描述岩石破坏的临界条件,因此不能对岩石由稳定状态向不稳定状态的转变过程进行分析和判断。这说明仅依靠能量理论,不足以说明围岩体系平衡状态的性质及破坏条件,特别是围岩释放能量的条件。

2.1.2.2 岩爆倾向性能量指标

能量理论从能量平衡的角度出发,认为岩爆是一种能量驱动的岩石破坏现象。当岩体破坏过程中释放的能量超过消耗的能量时,多余能量使岩块具有一定动能,即发生岩爆。因此,岩爆倾向性能量指标是在能量平衡规律下,通过分析岩石的能量储存和耗散特性来评价岩爆风险的。

1973 年,Motyczha[154] 提出岩爆动能比指数 η,通过比较单轴压缩岩石破坏弹射颗粒的动能和加载过程中储存的最大能量 φ_0 来评价岩爆风险。岩石破坏的动能通过对岩片弹射质量和速度进行统计分析得到,加载过程中的最大能量利用应力和应变的最大值进行估算。具体计算方法为：

$$\eta = \varphi_{\mathrm{k}} / \varphi_0 \tag{2-8}$$

$$\varphi_{\mathrm{k}} = \sum_{i=1}^{n} \frac{1}{2} m_i v_i^2 \tag{2-9}$$

$$\varphi_0 = \frac{1}{2} \sigma_{\max} \varepsilon_{\max} \tag{2-10}$$

式中：φ_{k} 为单轴压缩岩石破坏弹射颗粒的动能；φ_0 为加载过程中储存的最大能量；m_i 和 v_i 分别为岩石碎片的质量和速度；$\sigma_{\max}$ 和 $\varepsilon_{\max}$ 分别为岩样加载过程中应力和应变的最大值。

由于岩石弹射颗粒的动能较难准确测定，该指标的应用十分有限。宫凤强等[241]提出远场弹射质量比这一指标，通过比较岩石弹射碎片在试验机远场和近场的质量比，来间接反映其动能释放比例。远场质量定义为掉落在试验机压头范围之外但在测试平台范围之内的岩石碎块质量，近场质量定义为掉落在试验机压头范围之内的岩石碎块质量。远场弹射质量比的计算方法为：

$$M_{\mathrm{E}} = \frac{m_1}{m_1 + m_2} \tag{2-11}$$

式中：m_1 和 m_2 分别为试验过程中岩样的远场质量和近场质量。

1980 年，Goodman[50] 通过比较岩石单轴压缩试验全应力应变曲线峰值左、右侧曲线与横坐标之间的面积来评估岩爆风险，见图 2-1。该指标称为冲击能量指数 W_{CF}[242]，即通过比较峰前应变能 u 和峰后破坏能 u_{a} 来评价岩爆倾向性。

$$W_{\mathrm{CF}} = u / u_{\mathrm{a}} \tag{2-12}$$

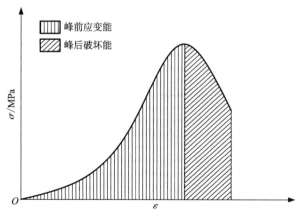

图 2-1　指标 W_{CF} 的参数计算示意图

1981 年，Kidybiński[53] 提出弹性应变能指数 W_{et}，通过岩石弹性应变能与耗散应变能的比值来判断岩爆倾向性。1994 年，Aubertin 等[243] 提出另一种弹性应变能指标 W_{et}^{BIM}，通过峰前的总应变能和弹性应变能的比值来评价岩爆风险。这两种弹性应变能指标的计算方法为：

$$W_{et} = u_e / u_d \tag{2-13}$$

$$W_{et}^{BIM} = u / u_e \tag{2-14}$$

式中：u_e 和 u_d 分别为岩石压缩过程中的弹性应变能和耗散应变能；u 为卸载点前的总应变能。

指标计算所需的弹性应变能、耗散应变能和卸载点前的总应变能均通过单轴一次加卸载试验中的应力应变曲线计算获得，卸载点所处应力一般取峰值应力的 80% 左右，见图 2-2。计算方法为：

$$u = \int_0^{\varepsilon_u} \sigma(\varepsilon) \, d\varepsilon \tag{2-15}$$

$$u_e = \int_{\varepsilon_i}^{\varepsilon_u} \sigma_u(\varepsilon) \, d\varepsilon \tag{2-16}$$

$$u_d = u - u_e \tag{2-17}$$

式中：$\sigma(\varepsilon)$ 和 $\sigma_u(\varepsilon)$ 分别为加载和卸载过程的应力应变曲线函数；ε_i 为永久应变；ε_u 为卸载点应变。

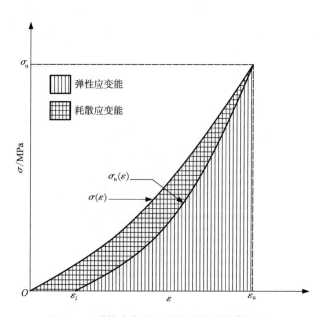

图 2-2　弹性应变能和耗散应变能计算方法

1994 年，Kwasniewski[51] 提出线弹性能指数 W_{LE}，计算方法如图 2-3 所示。利用岩石单轴压缩强度与单轴一次加卸载试验中的卸载切线模量确定弹性能密度，进而评估岩爆风险。

$$W_{LE} = \sigma_c^2 / 2E_u \tag{2-18}$$

式中：E_u 为单轴一次加卸载试验中的卸载切线模量。

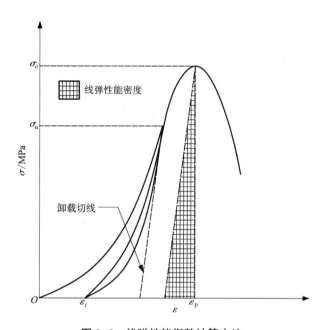

图 2-3　线弹性能指数计算方法

1997 年，刘小明和李焯芬等[56] 在分析弹脆性岩石全过程应力应变曲线的基础上，提出岩爆损伤能量指数 W_D。通过岩石试样破坏阶段中弹性应变能的释放量和该阶段岩石损伤耗散的能量来判断岩爆倾向性。该指标认为若岩石内部的弹性应变能全部转化为损伤耗散能量，则岩爆不可能发生；如果部分弹性应变能从岩石内部向外界释放，转化为声能、热能、动能等形式，则有可能发生岩爆。岩爆损伤能量指数的计算方法如下：

$$W_D = \frac{-\Delta u_e}{\Delta u_d} \tag{2-19}$$

$$\Delta u_e = u_e^B - u_e^C \tag{2-20}$$

$$\Delta u_d = \int_{D_B}^{D_C} Y dD \tag{2-21}$$

式中：Δu_e 和 Δu_d 分别为试样破坏阶段的弹性应变能释放量和损伤耗散能量；u_e^B

和 u_e^C 分别为破坏阶段开始点和终止点的弹性应变能密度；Y 为 σ 和 D 的函数；D 为 ε 的函数。

2002 年，唐礼忠等[244]在分析现有弹性应变能指标和冲击能量指标的基础上，认为弹性应变能指标 W_{et} 没有涉及岩石的峰后强度区，不能反映岩石破坏阶段能量释放和耗散的相对关系；而冲击能量指标 W_{CF} 在峰值前岩石应变能的计算中没有扣除塑性应变能，因此对于塑性较强的岩石存在高估岩爆倾向性的可能。因此，为了同时表征岩石的弹性应变能储能能力和岩石弹性储能与破坏耗能的相对关系，提出剩余能量指数 W_R：

$$W_R = \Delta u / u_a \tag{2-22}$$
$$\Delta u = u_e^P - u_a \tag{2-23}$$

式中：Δu 为剩余能量；u_e^P 为峰值前岩石储存的弹性应变能；u_a 为峰后破坏能，即峰后稳定破坏所耗散的能量。

出于同样的设计思路，同时为了便于指标值的测试和获取，唐礼忠等[245]又提出了另一种新的岩爆倾向性指标：

$$k = \frac{\sigma_c}{\sigma_t} \cdot \frac{\varepsilon_f}{\varepsilon_b} \tag{2-24}$$

式中：σ_c 和 σ_t 分别为岩石的单轴抗压强度和单轴抗拉强度；ε_f 和 ε_b 分别为峰值前和峰值后的总应变量。

2010 年，蔡朋等[55]认为隧洞岩爆段岩样在单轴压缩过程中会表现出非稳定破坏传播的 II 型应力应变曲线特性，而非岩爆段岩样则表现出稳定破坏传播的 I 型应力应变曲线特性，因此基于 I 型应力应变曲线能量演化规律提出的能量指标并不能准确反映出岩爆过程中的能量转化关系。在此基础上，他们从 II 型全过程曲线所揭示的岩体破坏过程中能量储存和释放的特征出发，提出了一种新的岩爆倾向性指标：

$$C = \frac{\varphi_{sp}}{\varphi_{st}} \cdot \frac{\varphi_r}{\varphi_d} \tag{2-25}$$

式中：φ_d 为岩样破坏所消耗的能量；φ_r 为岩样破坏所释放的能量；φ_{sp} 和 φ_{st} 分别为岩样储存的应变能中可释放的弹性应变能和不可释放的塑性应变能。

该指标参数的计算方法见图 2-4。

2018 年，宫凤强等[52]认为冲击能量指标中峰前应变能只有弹性应变能转化为峰后破坏能，因此峰前应变能的耗散应变能不应参与冲击能量指数的计算。他在此基础上提出一种改进的冲击能量指数 A'_{CF}，通过比较峰前弹性应变能 u_e 和峰后破坏能 u_a 来判断岩爆倾向性：

$$A'_{CF} = u_e / u_a \tag{2-26}$$

2019 年，Gong 等[206]通过在不同应力水平下进行卸载，获得不同应力水平的

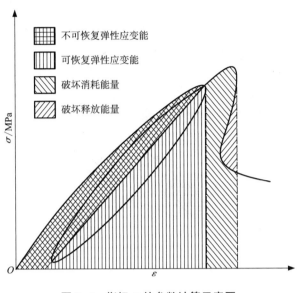

图 2-4　指标 C 的参数计算示意图

弹性应变能和耗散应变能，发现岩石的能量储耗与荷载水平存在良好的线性规律，进而拟合确定岩样的峰值弹性应变能、峰值耗散应变能等关键参数，并进一步提出峰值弹性应变能指标：

$$W_{et}^{P} = u_e^P / u_d^P \tag{2-27}$$

式中：u_e^P 和 u_d^P 分别为应力应变曲线峰值前的弹性应变能和耗散应变能。

改进的冲击能量指数 A_{CF}' 与峰值弹性应变能指标 W_{et}^P 中峰值能量的计算方法见图 2-5。

除了上述指标，岩体完整性系数 K_v 及 RQD 值由于能够从完整性方面间接反映岩石的储能能力，也常被用于评估岩爆倾向性。K_v 及 RQD 值的计算方法为[246]：

$$K_v = \left(\frac{v_{pm}}{v_{pr}}\right)^2 \tag{2-28}$$

$$RQD = \frac{L_{10}}{L} \times 100\% \tag{2-29}$$

式中：v_{pm} 和 v_{pr} 分别为岩体和岩样的纵波波速；L_{10} 和 L 分别为长度大于 10 cm 的岩芯长度和岩芯取样总长度。

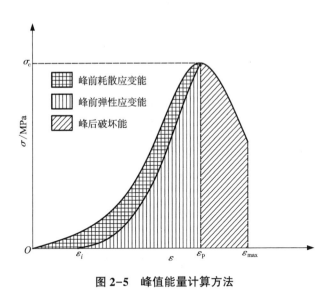

图 2-5　峰值能量计算方法

2.1.3　基于动静组合理论的岩爆倾向性指标

2.1.3.1　岩爆动静组合理论

岩爆动静组合理论最早由李夕兵和古德生[247]在 2001 年的香山会议上提出，该理论认为岩体在开挖过程中，实际上受到动静组合载荷的作用，探讨岩爆灾害必须研究高应力储能岩体在外力扰动下的力学行为。尤其是随着岩石工程走向深部，围岩开挖前处于高静应力状态，开挖过程中不可避免承受机械或爆破开挖带来的开采扰动、卸载扰动以及应力调整扰动作用，属于典型的动静组合受力状态[248]。因此，用动静组合加载力学研究深部开采岩石力学问题更加符合深部围岩开采的实际情况。徐则民[249]通过对岩爆的现场实录及室内实验结果进行分析，认为岩爆不仅仅是围岩对开挖引起的应力分异结果的响应，更可能是对整个开挖过程及其结果的综合响应，而这种响应已经超出岩石静力学的范畴。Li 等[220]认为岩爆本质上属于硬岩介质承受"静应力+动力扰动"的动静组合加载力学问题，其动力扰动可以分为局部应力调整引起的轻微扰动和爆破作业引起的强烈扰动两类。李四年[250]基于数值模拟得到的岩石失稳规律，指出岩爆是能量由静态积聚逐渐转化为动态释放的过程，是兼有静、动态两种属性的过程。

2.1.3.2　岩爆倾向性动静力学指标

2014 年，殷志强等[251]从岩爆是静载和动载共同诱发的工程事实出发，认为现有岩爆倾向性指标只考虑了静载作用,在反映岩爆破坏阶段的能量释放特征时具有一定的局限性。因此,通过考虑动静组合加载下岩石破坏过程中能量储存和释放特征,提出了一种新的岩爆倾向性指标:

$$D_s = \frac{\varphi_{sa}}{\varphi_{sc}} \cdot \frac{\varepsilon_{sa}}{\varepsilon_{sc}} \tag{2-30}$$

式中:φ_{sa}、φ_{sc}、ε_{sa}、ε_{sc} 分别为动静组合加载应力应变曲线峰前储存能量、峰后消耗能量、峰前总应变及峰后总应变。

指标 D_s 既考虑了 Ⅰ 型应力应变曲线岩石峰前弹性应变能和峰后破坏能的相对关系,又体现了 Ⅱ 型应力应变曲线岩石破坏过程中弹性应变能释放和积聚的相对关系,因此能够同时对 Ⅰ 型和 Ⅱ 型应力应变曲线进行岩爆倾向性判别,参数的计算方法见图 2-6。

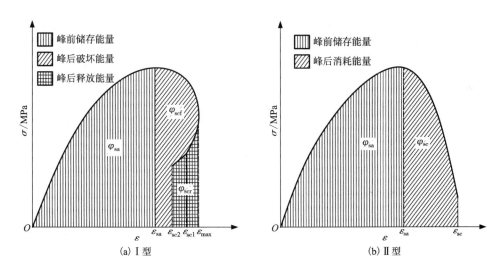

图 2-6 不同类型应力应变曲线下指标 D_s 参数计算示意图

2014,李夕兵等[54]基于对深部硬岩荷载特征的认识以及室内动静组合加载试验的岩爆现象,提出以是否有内部弹性储能释放作为判断岩爆发生与否的依据。他们认为不论岩石自身应力状态、储能水平、外界扰动有多大,产生岩爆的前提是岩石系统自身的弹性储能有一部分多余而驱动岩石弹射[14]。在此基础上,提出了基于动静能量的岩爆倾向性指标:

$$D = E_s - E_c \tag{2-31}$$

式中:E_s 为岩石内部储存的弹性能;E_c 为岩石发生破坏所需的表面能。

在不考虑岩石破坏过程中产生热能、辐射能的情况下,岩石发生破坏所需表面能计算公式为:

$$E_c = \gamma S_R = \gamma f(E_d) \tag{2-32}$$

式中：γ 为单位面积表面能；S_R 为岩石破坏生成新裂纹面的总面积；E_d 为外界扰动能。

2.1.4 基于脆性理论的岩爆倾向性指标

2.1.4.1 岩爆脆性理论

脆性理论认为岩爆是一种剧烈的岩石脆性破坏现象，岩爆的本质是硬岩的无序脆性破裂。目前已得到的重要共识是，岩石破裂是其在外部荷载作用下内部微裂纹不断生成、扩展、交叉贯通的渐进破坏过程；岩石作为一种非均质材料，其内部包括各种微缺陷，如微裂纹、孔洞、软弱夹杂等，在外部压力作用下微缺陷尖端或周围会产生应力集中，当应力超过该缺陷附近的局部强度时便会生成微裂纹，随外力增加，微裂纹会进一步沿最大主应力方向扩展。当岩石内部微裂纹密度达到某一关键水平且局部剪应力足够大时，微裂纹便会沿优势破坏面交叉贯通进而产生宏观破坏。岩石的破裂过程实质上是一个在非平衡条件下细观破裂逐渐演化至宏观破裂的非线性过程，具有明显的跨尺度特征。结合微裂纹发育过程，普遍将脆性岩石的应力应变曲线划分为 5 个阶段：裂纹闭合阶段、线弹性变形阶段、裂纹稳定扩展阶段、裂纹不稳定扩展或裂纹交叉贯通阶段、峰后阶段。同时，裂纹起裂应力、裂纹损伤应力和峰值强度是岩石单轴压缩过程中的 3 个关键应力水平。裂纹起裂应力是线弹性变形阶段与裂纹稳定扩展阶段的分界应力，代表岩样内部微裂纹开始生成的应力水平；裂纹损伤应力是裂纹稳定扩展阶段与裂纹不稳定扩展阶段的分界应力，代表岩样开始产生永久轴向变形或内部裂纹不稳定扩展的应力水平；峰值强度是表征岩石强度的重要特征参量，但其却不是岩石材料的固有属性，而是取决于加载条件和岩样尺寸等。

伍法权等[252]认为开挖条件下脆性岩体的岩爆破坏主要为张拉破裂或张剪切破裂，采用 Griffith 理论对脆性岩石的岩爆机制进行研究是合理有效的，并基于脆性理论解释了岩爆破坏中动力效应主导的成因：脆性岩石的张拉破裂耗能较小，张剪和压剪破裂的耗能较高，岩爆破裂过程中所消耗的能量主要转化为新生裂纹的表面能和破裂碎片的动能。Tarasov 和 Potvin 等[253]认为室内岩样沿潜在宏观破坏面的剪切破裂是一种渐进的破坏行为，破坏面根据抗剪阻力和变形不同可划分为 3 个不同的区域：①破裂进行区；②摩擦区，破裂进行区之后岩桥被剪断，该区仅由摩擦力提供抗剪阻力；③完整区，破裂进行区之前岩桥未被剪断，该区依靠岩石自身内聚力提供抗剪阻力。随着破裂进行区不断沿潜在宏观破坏面向前发展，摩擦区逐渐增大，完整区逐渐减小，从最初抗剪阻力由内聚力提供发展至结束由摩擦力提供。破裂进行区前端沿潜在宏观破坏面分布的一系列张拉裂纹是促使其不断向前发展的重要保证，相关学者将这种岩桥与张拉裂纹相间分布的特殊结构称为多米诺或 Ortlepp 剪切结构。在外力作用下，破坏面之间的相对位移造成岩桥块体旋转，类似多米诺骨牌效应。图 2-7(a)解释了产生一型曲线的剪切破裂机制。破裂进行区前端岩桥块体依靠岩石内聚力提供抗剪阻力，伴随上下岩块相对滑移，岩桥旋转剪碎并吸收大量能量后，抗剪阻力转而由破碎岩桥的摩擦

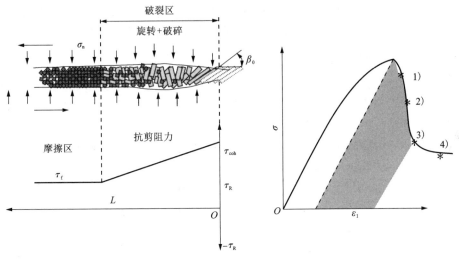

(a) 一型曲线的剪切破裂机制

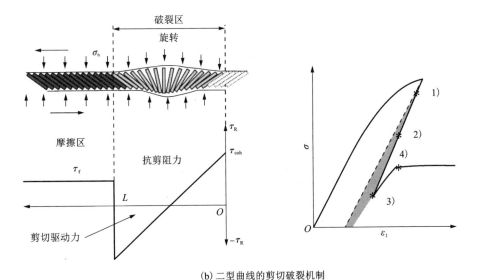

(b) 二型曲线的剪切破裂机制

图 2-7 脆性岩石剪切破裂机制[253]

力提供，该过程不断发展直至完整区全部变为摩擦区，最终岩样形成宏观破裂。图 2-7(b)解释了产生二型曲线的剪切破裂机制，不同于产生一型曲线的岩桥块体的运动状态，破裂进行区端部岩桥在上下岩块相对滑移作用下仅发生旋转而不发生破碎，进而形成一种"风扇"结构。当岩桥块体旋转角度小于 90°时，就会阻碍相对滑移；当其旋转角度超过 90°时，在正应力作用下会转而形成一种破坏主动力，旋转完毕后该主动力立即消失并重新产生阻碍上下岩块滑动的摩擦力。这种特殊的"风扇"结构具有自平衡机制并且可以自发地向前发展，其结果是导致岩石产生二型曲线。岩石二型曲线破裂特征可较好地解释岩爆的破裂机制。

2.1.4.2　岩爆倾向性脆性指标

岩石脆性是指岩石在较小的变形下发生破裂的性质，能够反映岩石在加卸载条件下的力学行为和破坏特征。因此，基于脆性理论的岩爆倾向性指标通过衡量岩石的脆性特征来评价岩爆风险。岩石脆性指标十分丰富，通常由岩石力学试验过程中应力和应变的关键值来定义，包括岩石的抗压强度、起裂应力和抗拉强度及单轴一次加卸载过程中的峰值应变、弹性应变和永久应变等。

1962 年，Baron[254]最早提出可逆应变能比指标，即通过应力应变曲线中岩样失效前的可逆能量和总能量之比来定义岩石的脆性，见图 2-8。

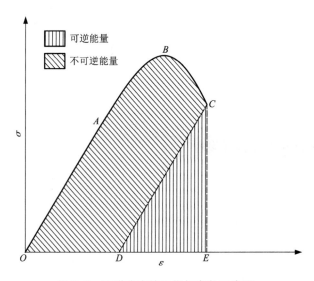

图 2-8　可逆应变能比指标参数示意图

计算公式为：

$$B_1 = \frac{A_r}{A_t} \tag{2-33}$$

式中：A_r 为可逆能量，可通过三角形 DCE 的面积计算；A_t 为总能量，可通过图形 $OABCE$ 的面积计算。

1966 年，Coates[255] 提出用可逆应变比指标来定义岩石的脆性，即用应力应变曲线中岩样失效点前的可逆应变和总应变之比来表示其脆性：

$$B_2 = \frac{\varepsilon_r}{\varepsilon_t} \qquad (2-34)$$

式中：ε_r 为可逆应变，即图 2-8 中 DE 长度；ε_t 为总应变，即 OE 长度。

1974 年，Hucka[256] 研究认为岩石抗压强度和抗拉强度之间的差异会随着脆性的增加而增加，因此提出脆性压拉比指标，计算方法为：

$$B_3 = \frac{\sigma_c - \sigma_t}{\sigma_c + \sigma_t} \qquad (2-35)$$

同时，Hucka 还基于对 Mohr 包络线的分析，提出一种基于内摩擦角的脆性压拉比等效指标：

$$B_4 = \sin \theta \qquad (2-36)$$

式中：θ 为岩石内摩擦角。

根据 Griffith 强度理论，彭祝等[57]、许梦国等[154] 直接使用岩石抗压强度和抗拉强度的比值来评价岩爆倾向性，该指标称为岩爆评估的强度脆性指数：

$$B_5 = \frac{\sigma_c}{\sigma_t} \qquad (2-37)$$

上述脆性指标均是为了表征岩石脆性的通用指标，尽管一般情况下认为岩石的脆性越强其岩爆倾向性越高，但这些指标针对岩爆风险评估的实际可用性并不相同。指标 $B_1 \sim B_4$ 并未在应用中发展出可靠的经验判据，而强度脆性指数 B_5 则在岩爆风险评估中得到应用，并发展出两种不同的经验判据。

1991 年，谭以安等[257] 从岩石变形的角度出发，利用全过程应力应变曲线峰值强度前的总应变和永久应变来表征岩石脆性。该指标也称为岩爆评估的变形脆性指数：

$$B_6 = \frac{\varepsilon_p}{\varepsilon_i} \qquad (2-38)$$

式中：ε_p 为峰值强度前的总应变；ε_i 为峰值强度前的永久应变。

1997 年，Wu 等[258] 提出通过单轴压缩试验中岩石的动态破坏时间来判断岩爆倾向性：

$$B_7 = D_T \qquad (2-39)$$

式中：D_T 为岩石的动态破坏时间。

2019 年，Gong 等[259] 同样从时间角度对岩石的力学特征进行分析，提出一种岩爆倾向性的加卸载响应比理论，认为岩石材料的加卸载应变曲线可以分为下降、稳定和上升 3 个阶段, 不同岩爆倾向性的岩石材料上升阶段起始点的位置存在差异, 据此提出了用于岩爆倾向性评价的滞后时间比指标:

$$T_R = \frac{T_1}{T_b} \tag{2-40}$$

式中: T_1 为滞后时间, 即加卸载应变曲线中从上升阶段起始点到峰值强度点的时长; T_b 为整个加载周期的总时长。

2.1.5 基于刚度理论的岩爆倾向性指标

2.1.5.1 岩爆刚度理论

刚度理论本质上属于能量理论的范畴, 不同于能量理论从整体上分析岩爆系统的能量储存和耗散特征, 刚度理论将岩爆系统分为加载系统和受载体系两部分进行分析。刚度理论认为若工程中开挖扰动面附近塑性区岩体刚度大于周围弹性围岩刚度, 则当塑性区岩体达到其极限承载力时, 就会发生岩爆[260]。岩爆的刚度理论源自 Cook 提出的刚性试验机理论, 当试验机刚度不足时, 岩石在荷载过程中将发生剧烈破坏(即认为发生岩爆, 无法获得全应力-应变曲线), 而在刚性试验机上岩石破坏过程较为平缓(即认为未发生岩爆, 可以获得全应力-应变曲线)。针对这一试验现象, Cook[59]认为由于在普通试验机上试验时加载刚度小于试件全应力-应变曲线后半段斜率, 试验机中积蓄的能量足以使岩石破坏。将其推广到岩爆研究中, 将岩体结构看作荷载体, 将围岩看作加载系统, 认为当符合以下两个条件时就会发生岩爆: ①荷载体所受载荷达到强度极限; ②荷载体刚度大于加载系统刚度。

Salamon[261]通过将弹簧与岩样串联组成的加载系统用来简化试验机与岩样组成的加载系统, 推导出岩样稳定破坏的条件为 $k+\lambda>0$, 其中 k、λ 分别为弹簧(试验机)和岩样的刚度, 并指出岩柱群的刚度矩阵与顶底板的刚度也必须符合类似的条件才能保证岩柱的稳定破坏, 否则就有可能发生岩爆等非稳定性破坏。Black[60]指出如果岩体结构的刚度大于围岩加载系统, 一旦破坏产生, 储存在围岩加载系统中的应变能就会迅速释放并施加到岩体结构上, 导致岩爆产生, 并将该理论用于加利纳矿岩柱稳定性的分析。刚度理论在强度理论基础上有所进步, 指出除满足强度条件外必须满足刚度条件, 但局部矿井结构达到峰值强度后的刚度难以确定, 围岩加载系统的刚度也不便于直接获得。因此, 岩爆刚度理论的实际应用十分受限。

2.1.5.2 岩爆倾向性刚度指标

岩爆刚度理论的关键问题在于两个方面: 一是岩爆加载系统和荷载体的范围

划分；二是加载系统和荷载体的刚度计算方法。根据不同的划分标准可以提出不同的岩爆倾向性指标。

1990 年，Homand 等[61]通过将岩石单轴压缩过程中应力应变曲线的峰前斜率近似视为岩爆加载系统刚度，将峰后斜率视为荷载体刚度，对岩爆风险进行判断。

$$P_1 = |G/M| \tag{2-41}$$

式中：G、M 分别为应力应变曲线峰前上升段线性部分及峰后下降段的斜率。

1999 年，Simon[62]针对矿柱型岩爆的风险评估，提出将矿柱视为荷载体，将顶底板围岩视为加载系统，进而通过矿柱峰后刚度与顶底板围岩刚度的比值来评价岩爆风险。

$$P_2 = |K_{pr}/K_e| \tag{2-42}$$

式中：K_{pr}、K_e 分别为矿柱及顶底板围岩刚度。

2.2　岩爆倾向性判据 >>>

为了便于在工程实践中使用岩爆倾向性指标，快速判断岩爆发生与否或量化其可能的风险等级，学者们通过观察分析岩爆相关的工程案例和室内试验现象，发展了一系列岩爆倾向性经验判据。

2.2.1　强度经验判据

强度经验判据是指根据岩爆倾向性强度指标对岩爆风险进行判别的方法，其基本判别方法为应力集中程度越大，岩石强度越低，岩爆风险越高，部分强度经验判据见表 2-1。其中切向应力指数 σ_θ/σ_c 和地应力指数 σ_c/σ_1 的经验判据最为丰富，不同学者对这两种指标提出的判别方法存在差异，但指标值与岩爆风险的相关变化趋势相同。σ_θ/σ_c 的指标值越大，岩爆风险越高；而 σ_c/σ_1 则是指标值越小，岩爆风险越高。

表 2-1　强度经验判据

指标	来源	判别方法
$3\sigma_1/\sigma_c$	Hawkes（1966）[235]	<0.2, 低；0.2~0.4, 较高；0.4~0.6, 高；0.6~0.8, 非常高；0.8~1, 极高；>1, 失稳
$(\sigma_\theta+\sigma_L)/\sigma_c$	Turchaninov 等（1972）[47]	≤0.3, 无；0.3~0.5, 轻微；0.5~0.8, 中等；>0.8, 强烈

续表 2-1

指标	来源	判别方法
σ_θ/σ_c	Russenes (1974)[44]	<0.20，无；0.20~0.30，轻微；0.30~0.55，中等；>0.55，强烈
	徐林生等 (1999)[236]	<0.3，无；0.3~0.5，轻微；0.5~0.7，中等；>0.7，强烈
	Brown 和 Hoek 等 (1980)[48]	<0.34，无；0.34~0.42，轻微；0.42~0.56，中等；0.56~0.7，强烈；≥0.7，极强
σ_c/σ_1	Barton (1974)[237]	>5，无；2.5~5，轻微；<2.5，强烈
	陶振宇 (1988)[49]	>14.5，无；5.5~14.5，轻微；2.5~5.5，中等；<2.5，强烈
	Zhang 等 (2003)[238]	>10，无；5~10，轻微；2.5~5，中等；<2.5，强烈
σ_t/σ_1	Barton (1974)[237]	>0.33，无；0.16~0.33，轻微；<0.16，强烈
$\lambda\cos(\alpha)\sigma_1^2/E$	李燕辉 (1990)[239]	<0.1，无；0.1~0.3，弱；0.3~0.6，中等
$\sigma_c/\gamma H$	Yoon (1994)[205]	0~2.5，严重；2.5~5，轻微
σ_c/σ_{imax}	GB 50218—2014 (2014)[246]	>7，无；4~7，中等；<4，强烈
$\sigma_\theta K_v/\sigma_t$	尚彦军等 (2013)[64]	<1.7，无；1.7~3.3，轻微；3.3~9.7，中等；>9.7，强烈

2.2.2 能量经验判据

能量经验判据是指根据岩爆倾向性能量指标对岩爆风险进行评价的方法。岩爆倾向性能量指标的基本判别规律为储存的能量越多，耗散的能量越少，岩爆风险越高，部分能量经验判据见表 2-2。岩爆能量指标的种类十分丰富，在此基础上发展了诸多可行的经验判据，并广泛应用于工程实践。目前，学者们仍在持续研究岩爆能量新指标，并优化现有指标的计算方法和判别标准。

表 2-2　能量经验判据

指标	来源	判别方法
φ_k/φ_0	Motyczha (1973)[154]	<0.035，无；0.035~0.042，轻微；0.042~0.047，中等；>0.047，强烈

续表 2-2

指标	来源	判别方法
u_e/u_d	Kidybiński（1981）[53]	<2，无；2~5，中等；>5，强烈
	Zhang 等（2011）[262]	<2，无；2~3.5，轻微；3.5~5，中等；>5，强烈
u_e^P/u_d^P	Gong 等（2019）[206]	<2，无；2~5，中等；>5，强烈
u/u_a	Goodman（1980）[50]	>1，存在岩爆风险，且值越大，风险越高
u/u_a	谭以安（1992）[242]	<1，无；1~2，中等；>2，强烈
u/u_e	Aubertin 等（1994）[243]	>1.5，轻微；1.2~1.5，中等；1~1.2，强烈
u_e-u_a	宫凤强等（2018）[52]	<50 kJ/m³，无；50~150 kJ/m³，轻微；150~200 kJ/m³，中等；>200 kJ/m³，强烈
u_e/u_a	宫凤强等（2018）[52]	<2，无；2~5，岩爆；>5，强岩爆
m_1/m_1+m_2	Gong 等（2020）[241]	0，无；0~0.4，轻微；0.4~0.6 中等；0.6~1.0，强烈
$\dfrac{u_e}{u}\cdot\dfrac{\Delta u}{\Delta u_e}$	王超圣等（2017）[263]	岩爆风险随指标值的增大而增大
$\sigma_c^2/2E_u$	Kwasniewski 等（1994）[51]	<40，无；40~100，轻微；100~200，中等；>200，强烈
	Wang, J. A. 等（2001）[264]	<50，无；50~100，轻微；100~150，中等；150~200，强烈；>200，极强
$\Delta u/u_a$	唐礼忠等（2002）[244]	<0，无；≥0，岩爆
$\dfrac{\sigma_c}{\sigma_t}\cdot\dfrac{\varepsilon_f}{\varepsilon_b}$	唐礼忠等（2002）[245]	<20，无；20~130，中等；>130，强烈
$\dfrac{\varphi_{sp}}{\varphi_{st}}\cdot\dfrac{\varphi_r}{\varphi_d}$	蔡朋等（2010）[55]	<0.2，无；0.2~2.0，中等；≥2.0，较强
$-\Delta u_e/\Delta u_d$	刘小明等（1997）[56]	>1，发生岩爆
v_{pm}^2/v_{pr}^2	GB 50218—2014（2014）[246]	<0.55，无；0.55~0.60，轻微；0.60~0.80，中等；>0.80，强烈
	Wang 等（2019）[84]	<0.55，无；0.55~0.65，轻微；0.65~0.75，中等；>0.75，强烈
RQD	Li 等（2008）[265]	<0.25，无；0.25~0.5，轻微；0.5~0.7，中等；>0.7，强烈
	Wang 等（2019）[84]	<0.55，无；0.55~0.7，轻微；0.7~0.85，中等；>0.85，强烈

2.2.3 动静组合经验判据

动静组合经验判据是指根据岩爆倾向性动静组合指标对岩爆风险进行评价的方法。动静组合加载理论随着岩石工程走向深部而被提出，至今仍处于发展阶段。动静组合加载岩爆倾向性指标不仅与岩体本身特性有关，而且与其所承受的静载水平及动载能量密切相关，能更综合地考虑岩体在实际工程中的受力情况。尽管学者们已经就动静组合加载的试验方法和装置展开了诸多研究，但目前基于动静组合加载理论提出的岩爆倾向性指标仍然较少，未来仍有丰富的发展空间，现有的动静组合经验判据见表 2-3。

表 2-3　动静组合经验判据

指标	来源	判别方法
$\dfrac{\varphi_{sa}}{\varphi_{sc}} \cdot \dfrac{\varepsilon_{sa}}{\varepsilon_{sc}}$	殷志强等（2014）[251]	<10, 无; 10~20, 弱; ≥20, 强
$E_s - E_c$	李夕兵（2014）[54]	>0, 发生岩爆

2.2.4 脆性经验判据

脆性经验判据是指根据岩爆倾向性脆性指标对岩爆风险等级进行判别的方法。由于不同学者对岩石破裂行为研究的关注点不同，岩石脆性的定义以及表征岩石脆性的指标十分多样。由于在不同工程领域或针对不同工程问题发展出的脆性指标不具有良好的通用性[266]，因此针对岩爆风险评价问题实际可用的脆性指标并不丰富，并且不同学者所提出的判别方法也存在一定的矛盾和争议。岩爆脆性指标的基本判别规律为岩石的脆性越强，岩爆风险越高，部分脆性经验判据见表 2-4。

表 2-4　脆性经验判据

指标	来源	判别方法
$\dfrac{\sigma_c - \sigma_t}{\sigma_c + \sigma_t}$	Hucka 等（1974）[256]	岩爆风险随指标值的增大而增大
$\sin \theta$	Hucka 等（1974）[256]	岩爆风险随指标值的增大而增大

续表 2-4

指标	来源	判别方法
σ_c/σ_t	彭祝等（1996）[57]	>40，无；26.7~40，轻微；14.5~26.7，中等；<14.5，强烈
	许梦国等（2008）[154]	≤10，无；10~14，轻微；14~18，中等；>18，强烈
$\varepsilon_p/\varepsilon_t$	谭以安等（1991）[242]	≤1，无；1~1.5，轻微；1.5~2.0，中等；>2.0，强至极强
	许梦国等（2008）[154]	≤2，无；2~6，轻微；6~9，中等；>9，强烈
D_T	Wu 等（1997）[258]	>500，无；50~500，中等；<50，强烈
T_R	Gong 等（2019）[259]	>0.25，无；0.2~0.25，轻微；0.15~0.2，中等；<0.15，强烈

2.2.5 刚度经验判据

刚度经验判据是指根据岩爆倾向性刚度指标评价岩爆风险的方法。由于目前尚缺少一种较为通用、简便的局部矿山刚度及荷载体刚度计算方法，基于刚度理论的岩爆倾向性指标数量较少并且应用范围十分受限，相应经验判据的发展也并未取得显著成果。岩爆刚度指标的基本判别规律为荷载体刚度大于加载系统刚度时，刚度差越大，岩爆风险越高，部分刚度经验判据见表 2-5。

表 2-5 刚度经验判据

指标	来源	判别方法
$|G/M|$	Homand 等（1990）[61]	值越小风险越高
$|K_{pr}/K_e|$	Simon（1999）[62]	>1，发生矿柱型岩爆

2.3 工程应用

>>>

2.3.1 工程背景

某金矿位于我国山东省招远市和龙口市交界处，由 100 多条矿脉组成，开采深度超过千米，是我国最大的深井开采黄金矿山之一。矿床主要发育在张扭性断裂中，含矿热液沿断裂裂隙填充。矿体大多分布在断裂和石英矿脉走向的中间部位，在平面上表现为透镜状和脉状，矿区内构造演化和岩浆活动强烈。矿体形态变化大，上盘围岩破碎，在矿体上部覆盖有良田，开采时需加以保护。

随着井巷工程和采矿作业不断走向深部，围岩应力显著提高，工程地质和矿体赋存条件越来越复杂，矿岩剥落及岩爆现象日益严重，见图2-9。例如，2013年1月在-50 m中段发生了严重的岩爆现象。2013年1月3日，作业人员在进行检撬浮石架设支柱作业时，突然发生岩爆，整个车场的复线被掀起，岩爆冲击波将附近的两名人员冲到612穿，所幸两人并无大碍。岩爆产生的飞石将灯线打断，并损坏部分电缆，此时还不断有爆裂的声音，当班班长立即组织人员撤离并及时切断风水管路、电路。然后通过电话报告值班领导，当班领导得到消息后，第一时间赶到现场，会同班长一起到现场查看，发现现场破坏严重，并有继续发生岩爆的危险，当即决定暂停该地点作业，并在明显位置悬挂严禁入内标识牌。因此，岩爆对采矿生产的设备和人身安全造成严重威胁，极有必要对岩爆倾向性进行评估。

图 2-9　现场岩体剥落情况

2.3.2　指标值测定

为获得矿山岩爆倾向性指标值，首先实地采集岩样，将其加工成符合岩石力学测试规范的标准岩样，分别开展岩石单轴压缩试验、巴西劈裂试验、单轴一次加卸载试验。试验均依托于ZTR-276型电液伺服岩石试验系统，测试过程如图2-10所示。单轴压缩试验按工程岩体试验规程，将岩石试块加工成规格为ϕ50 mm×100 mm的单轴抗压强度的标准试件。试验过程中，采用载荷控制方式，加载速度为0.5 MPa/s，在试件快要破坏时控制方式转为轴向应变控制加载。单轴一次加卸载试验采用纵向应变控制，控制速率为 $(1 \sim 5) \times 10^{-6}$。巴西劈裂试验加载时采用枕形加载夹具，使圆盘形岩石试件两端与加载端面呈线性接触，试验机上平行于夹具端面加压，试件沿径向承受线荷载，从而产生垂直于该轴面的拉应力。试验采用位移控制，加载速率 3 mm/min。进而，获得岩石单轴抗压强度、抗拉强度以及单轴压缩过程中的峰前应变能和峰后破坏能、单轴一次加卸载过程中卸载点前的弹性应变能和耗散应变能等所需关键参数。

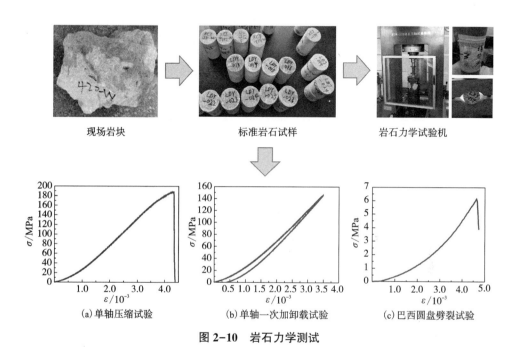

现场岩块　　　　　　标准岩石试样　　　　　岩石力学试验机

(a) 单轴压缩试验　　　(b) 单轴一次加卸载试验　　(c) 巴西圆盘劈裂试验

图 2-10　岩石力学测试

为获得矿区地应力场随深度的变化规律，分别在矿山 7 个水平处共计 18 个测试点进行地应力测量。利用线性回归法将各埋深所测地应力进行拟合，得到地应力随深度变化的计算公式：

$$\begin{cases} \sigma_1 = 0.0588H + 0.4612 \\ \sigma_2 = 0.0286H - 0.4346 \\ \sigma_3 = 0.0316H - 0.4683 \end{cases} \quad (2\text{-}43)$$

经过上述测试和计算，获得矿山 5 个关键深度位置的地应力状态参数和基本岩石力学参数，见表 2-6。进一步，计算得到不同深度测点的岩爆倾向性指标值，见表 2-7。

表 2-6 地应力及岩石力学参数测试结果

测点	深度/m	σ_c/MPa	σ_t/MPa	E/GPa	σ_1/MPa	σ_θ/MPa
1	550	159.98	5.36	57.57	32.80	81.49
2	670	52.04	7.75	38.66	39.86	98.87
3	670	124.14	6.52	44.33	39.86	98.87
4	770	183.55	6.86	53.00	45.74	113.35
5	910	109.43	6.47	48.57	53.97	133.62

表 2-7 岩爆倾向性指标值

测点	σ_θ/σ_c	σ_c/σ_1	W_{CF}	W_{et}	$\sigma_c^2/2E_u$	σ_c/σ_t	$\varepsilon_p/\varepsilon_i$
1	0.51	4.88	2.74	5.70	222.30	29.83	7.53
2	1.90	1.31	12.64	2.71	35.03	6.71	4.40
3	0.80	3.11	0.96	5.31	173.83	19.05	6.50
4	0.62	4.01	2.33	4.61	317.85	26.77	8.75
5	1.22	2.03	1.55	5.32	123.28	16.92	12.39

2.3.3 评估结果分析

在对 5 个不同深度测点岩爆倾向性进行评估的过程中，共采用了基于强度理论、能量理论和脆性理论的 7 项不同指标。不同指标判据的评价结果见表 2-8。

表 2-8 岩爆倾向性评价结果

指标	判别方法来源	测点 1	测点 2	测点 3	测点 4	测点 5
σ_θ/σ_c	Russenes[44]	中等	强烈	强烈	强烈	强烈
	徐林生等[236]	中等	强烈	强烈	中等	强烈
	Hoek 等[48]	中等	极强	极强	强烈	极强
σ_c/σ_1	Barton[237]	轻微	强烈	轻微	轻微	强烈
	陶振宇[49]	中等	强烈	中等	中等	强烈
	Zhang 等[238]	中等	强烈	中等	中等	强烈
W_{CF}	谭以安[242]	强烈	强烈	无	强烈	中等

续表 2-8

指标	判别方法来源	测点 1	测点 2	测点 3	测点 4	测点 5
W_{et}	Kidybiński[53]	强烈	中等	强烈	中等	强烈
	Zhang 等[262]	强烈	轻微	强烈	中等	强烈
$\sigma_c^2/2E_u$	Kwasniewski[51]	强烈	无	中等	强烈	中等
	Wang 等[264]	极强	无	强烈	极强	中等
σ_c/σ_t	彭祝等[57]	轻微	强烈	中等	轻微	中等
	许梦国等[154]	强烈	无	强烈	强烈	中等
$\varepsilon_p/\varepsilon_i$	谭以安等[242]	强烈	强烈	强烈	强烈	强烈
	许梦国等[154]	中等	轻微	中等	中等	强烈

根据岩爆倾向性强度理论，不同强度指标及不同判别方法下的岩爆风险评价结果存在一些差异。对于切向应力指数 σ_θ/σ_c，根据 Russenes[44] 提出的判别方法，测点 1 指标值大于 0.3 但小于 0.55，因此岩爆倾向性为中等，其余测点的强度指标值均大于 0.55，具有强烈岩爆风险；根据徐林生等[236] 提出的判别方法，测点 1 和测点 4 的强度指标值介于 0.5 和 0.7，因此具有中等岩爆倾向性，其余测点的强度指标值大于 0.7，因而具有强烈岩爆风险；不同于前两种判别方法，Brown 和 Hoek 等[48] 根据切向应力指数将岩爆风险分为 5 个等级，测点 2、测点 3 和测点 5 的指标值均大于 0.7，因此具有极强岩爆倾向性，其余两个测点的判别结果与 Russenes 判据的结果相同。对于指标 σ_c/σ_1，根据 Barton[237] 提出的判别标准，测点 2 和测点 5 指标值小于 2.5，因此具有强烈岩爆倾向性，其余 3 个测点的指标值均介于 2.5 和 5，因此其岩爆风险评价结果相同，均为轻微风险；根据陶振宇[49] 提出的判别方法，测点 1、测点 3 和测点 4 指标值均介于 2.5 和 5.5，因此其岩爆风险均为中等，其余两个测点的指标均小于 2.5，具有强烈岩爆倾向性；根据 Zhang 等[238] 提出的判别标准，5 个测点的岩爆倾向性评价结果与陶振宇判据结果相同。

岩爆能量指标十分丰富，本案例采用了冲击能量指数 W_{CF}、弹性应变能指数 W_{et}、线弹性能指数 $\sigma_c^2/2E_u$ 3 项岩爆能量指标。不同能量指标及不同判别方法的判别结果也存在明显差异。对于冲击能量指数 W_{CF}，根据谭以安[242] 提出的判别方法，测点 1、2、4 指标值均大于 2，因此具有强烈岩爆风险；测点 5 的指标值介于 1 和 2，其具有中等岩爆倾向性，而测点 3 的指标值小于 1，无岩爆风险。对于弹性应变能指数 W_{et}，Kidybiński[53] 提出的判别方法将风险划分为 3 个等级，而 Zhang 等[262] 提出的判别方法则是在 Kidybiński 判别方法的基础上平分了中等风险区间，进而划分了 4 个风险等级，测点 1、3、5 指标值均大于 5，因此 Kidybiński 和 Zhang 等的判别方法均认为其具有强烈岩爆风险；而对于测点 2 和测点 4，根据 Kidybiński 提出的判别方法，其指标值均介于 2 和 5，因此具有中等岩爆风险；Zhang 等提出的判别方法则认为，测点 2 的指标值介于 2 和 3.5、测点 4 的指标值介于 3.5 和 5，因此其岩爆倾向性分别为轻微和中等。对于线弹性能指数 $\sigma_c^2/2E_u$，根据 Kwasniewski 等[51] 提出的判别方法，测点 1 和测点 4 的指标值大于 200，因此具有强烈岩爆风险，测点 3 和测点 5 的指标值介于 100 和 200，因此其岩爆倾向性为中等，测点 2 的指标值小于 40，因此不具有岩爆风险；根据 Wang 等[264] 使用的判别标准，测点 2 的指标值小于 50，同样认为其不具有岩爆风险，测点 1 和测点 4 的指标值大于 200，认为其具有极强岩爆风险，测点 3 和测点 5 的指标值分别介于 150 与 200 和 100 与 150，因此其岩爆倾向性等级分别为强烈和中等。

根据脆性指标获得的岩爆风险评价结果差异也十分显著，不同指标及不同判别标准下的评价结果具有明显不同，甚至在指标值和风险等级的相关性上还存在直接矛盾。对于强度脆性指数 σ_c/σ_t，根据彭祝等[57] 提出的判别标准可知，岩爆风险等级随指标值的增大而减小。测点 1 和测点 4 指标值均大于 26.7 而小于 40，因此认为其具有轻微岩爆风险；测点 3 和测点 5 指标值介于 14.5 和 26.7，因此其岩爆倾向性为中等；而测点 2 指标值小于 14.5，认为其具有强烈岩爆风险。而根据许梦国等[154] 使用的判别方法，岩爆风险等级随强度脆性指数的指标值增大而增大。测点 1、3、4 指标值均大于 18，因此判断其均具有强烈岩爆风险；测点 5 指标值介于 14 和 18，具有中等岩爆风险；而测点 2 指标值小于 10，认为其不具有岩爆风险。对于变形脆性指数 $\varepsilon_p/\varepsilon_i$，根据谭以安等[242] 使用的判别标准，不同深度的 5 个测点指标值均大于 2，因此其均具有强烈岩爆风险；而根据许梦国等[154] 使用的判别标准，只有测点 5 具有强烈岩爆风险，测点 2 仅有轻微岩爆风险，其余 3 个测点的指标值均大于 6 而小于 9，因此岩爆倾向性为中等。

2.4　结果讨论

本章所提供的岩爆倾向性指标通常适用于工程设计或者开挖初期阶段的岩爆风险评价，可利用地应力、岩石强度、能量和脆性等关键特征参数评价工程中不同位置岩爆发生的长期倾向性。根据本章工程应用案例的结果可知，不同岩爆倾向性指标及其经验判据的风险评价结果有所不同，并可能存在显著差异；对于同一岩爆倾向性指标也可能存在不同的经验判据，在此基础上得到的风险评价结果可能有所不同，甚至相互矛盾。原因在于，一方面不同类型的岩爆倾向性指标只能在其理论范畴内对岩爆风险进行量化，并且为了计算和应用的可行性，这些指标部分体现其理论基础和相关机理；另一方面，学者们所提出的经验判据均是在研究和解决某一区域或某些区域的岩爆问题上总结而来，其经验性较强，原理性和普适性较差，并不适用于所有的岩爆风险评价问题。

因此，在使用岩爆倾向性指标和经验判据进行岩爆风险评价时，如果仅选择某一个或某一种类型的岩爆倾向性指标，评价结果的准确性往往较差。按照本章工程应用部分的示例，在指标参数允许的范围内，应尽可能选择多种不同类型的岩爆倾向性指标和经验判据，对岩爆风险展开综合分析。比较不同岩爆倾向性指标和经验判据的评估结果，最终结合岩爆风险评估的应用场景和需求，选择性地采纳更加保守或激进的评估结果。基于岩爆倾向性指标及经验判据，还可以将不同指标和判据的评价结果视为一组决策结果，使用基于决策理论方法对这些单指标评价结果进行综合，得到更加综合的多指标决策结果。

第 3 章
长期岩爆风险评估方法及其应用

长期岩爆风险评估的目的是根据岩体力学参数及原岩或采动应力评估不同应力条件下不同岩石类型岩爆发生的风险。该评估结果一方面可为工程是否需建立监测系统而进行短期岩爆风险评估提供参考，另一方面可为岩爆风险防控提供决策依据。考虑到不同类型评估方法均存在自身优缺点及适用性，故单一方法往往难以适用于所有的工程地质环境，也无法总能获得最优的评估结果。因此，本章从模糊多准则决策、机器学习及数值模拟 3 个角度分别提出基于犹豫模糊多准则决策、基于集成学习和基于 Monte Carlo 与数值模拟的长期岩爆风险评估模型。

3.1 基于犹豫模糊多准则决策的长期岩爆风险评估

>>>

在岩爆风险评估中，评估指标和模型是两个重要组成部分。尽管已有大量指标用于岩爆风险评估，但大部分指标值都采用平均值表示。由于岩石是一种极为复杂的非均质性材料，且其外部工程地质环境也往往存在一定的不确定性，因此采用这种表示方式具有一定局限性，即采用单一值不能充分描述这种条件下指标值的内在可变性。为弥补该缺陷，可采用 Torra 和 Narukawa[267] 提出的犹豫模糊集来全面描述这类不确定性决策信息。实际上，岩石力学参数需通过至少 3 次试验求平均值确定。例如，假设 3 次试验的单轴抗压强度值分别为 101 MPa、88 MPa 和 96 MPa，则平均值为 95 MPa。然而，如果选择 95 MPa 作为最终结果，那么原始数据将会有无限的组合，如 100 MPa、87 MPa 和 98 MPa 等组合。由于试验结果都来自不同的样品，故每次试验的结果都是真实有效的。这种情况与对于同一样本进行多次测量求平均值来消除误差存在本质不同。在这种条件下，犹豫模糊集更适用于描述这类犹豫模糊信息。以岩爆风险指标切应力指数为例，假设基于测试结果得出的值为 0.5、0.4 和 0.6，则最终的指标值可用犹豫模糊数 {0.5, 0.4, 0.6} 表示。显然，使用犹豫模糊数 {0.5, 0.4, 0.6} 比用单一平均值

0.5 更能全面客观地描述初始决策信息。因此，采用犹豫模糊集可更充分可靠地表示岩爆风险指标初始值。

尽管已有大量岩爆风险评估方法，但各种方法均存在自身优缺点。在综合分析不同方法特点后，本章选择多准则决策类方法对岩爆风险进行评估。其中一个重要原因是多准则决策方法更容易利用模糊理论扩展来处理不确定性问题。多准则决策方法包括多种类型，如基于距离的方法[268]、基于集结算子的方法[269]和基于可能度的方法[270]等。其中，基于距离的方法在多个领域使用，最为成熟[268]，包括 TOPSIS 法、VIKOR 法、TODIM 法等。其中，Hwang 和 Yoon[271]提出的 TOPSIS 法同时考虑用正理想解和负理想解来确定最终结果，易于理解和计算；Opricovic 和 Tzeng[272]提出的 VIKOR 法利用最大化群体效益和最小化个体遗憾来得到方案折中解；Gomes 和 Lima[273]提出的 TODIM 法基于前景理论，能够兼顾决策者的行为。由于这 3 种方法已在多个领域得到成功应用，因此可考虑利用犹豫模糊集对这些方法进行扩展来评估岩爆风险。

竖井是输送工人、材料和空气的通道。然而对于深部竖井开挖仍存在一些挑战。其中一个主要问题是累积应变能的突然猛烈释放而引起的高岩爆风险。强岩爆对矿井工人和设备安全构成严重威胁。尤其对于作业空间狭小和逃生路径受限的竖井，岩爆后果可能特别严重。因此，对深竖井岩爆风险进行评估以便提前采取合理措施预防或减少岩爆危害具有重要意义。

本节主要目的是提出一种新方法来评估犹豫模糊环境下的深竖井岩爆风险。首先，通过集成犹豫模糊集、组合赋权法和基于距离的决策法来建立多准则决策方法框架。然后，将该方法应用于某金矿深竖井的岩爆风险评估。最后，通过合理性和对比分析说明所提方法的有效性。

3.1.1　犹豫模糊集理论

3.1.1.1　犹豫模糊集定义

假设 A 为非空集合，在集合 A 上的犹豫模糊集 M 可被定义为[274]：

$$M = \{ <a, h(a)> | a \in A \} \qquad (3-1)$$

式中：η_j 为犹豫模糊数，表示 $a \in A$ 属于犹豫模糊集 M 的可能隶属度。

例如，若 $A = \{a_1, a_2\}$ 是一非空集合，$h(a_1) = \{0.2, 0.5\}$ 和 $F(x_{ij})$ 为属于 M 的犹豫模糊数，$h(a_1)$、$h(a_2)$ 分别表示 a_1 属于 M 的隶属度可能为 0.2 或 0.5，$w_j^2 = (1 - \eta_j) / \sum_{j=1}^{m} (1 - \eta_j)$ 属于 M 的隶属度可能为 0.3、0.5 或 0.6，那么 M 可表示为 $M = \{ <a_1, \{0.2, 0.5\}>, <a_2, \{0.3, 0.5, 0.6\}> \}$。

3.1.1.2 犹豫模糊数运算法则

假设两个任意的犹豫模糊数分别为 $d(x_{ij}, x_j^-)$ 和 h_2，则他们的运算法则为[274, 275]：

$$h_1 \oplus h_2 = \bigcup_{\mu_1 \in h_1, \mu_2 \in h_2} \{\mu_1 + \mu_2 - \mu_1 \mu_2\} \tag{3-2}$$

$$h_1 \otimes h_2 = \bigcup_{u_1 \in h_1, \mu_2 \in h_2} \{\mu_1, \mu_2\} \tag{3-3}$$

$$\lambda h_1 = \bigcup_{\mu_1 \in h_1} \{1 - (1-\mu_1)^\lambda\} \quad (\lambda > 0) \tag{3-4}$$

$$h_1^\lambda = \bigcup_{\mu_1 \in h_1} \{\mu_1^\lambda\} \quad (\lambda > 0) \tag{3-5}$$

$$h_1^C = \bigcup_{\mu_1 \in h_1} \{1 - \mu_1\} \tag{3-6}$$

例如，假设 $h_1 = \{0.3, 0.6\}$、$h_2 = \{0.2, 0.5\}$、$\lambda = 2$，则 $h_1 \oplus h_2 = \{0.44, 0.65, 0.68, 0.80\}$，$h_1 \otimes h_2 = \{0.06, 0.15, 0.12, 0.30\}$，$\lambda h_1 = \{0.51, 0.84\}$，$h_1^\lambda = \{0.09, 0.36\}$，$G_i$。

1. 犹豫模糊数距离

犹豫模糊数 h_1 和 h_2 间的欧氏距离计算公式为[276]：

$$d(h_1, h_2) = \sqrt{\frac{1}{L} \sum_{l=1}^{L} (\mu_1^l - \mu_2^l)^2} \tag{3-7}$$

式中：μ_1^l 和 μ_2^l 分别表示 h_1 和 h_2 中第 l 小的值，$l = 1, 2, \cdots, L$。

例如，当 $h_1 = \{0.3, 0.6\}$、$h_2 = \{0.2, 0.5\}$，则

$$d(h_1, h_2) = \sqrt{\frac{(0.3-0.2)^2 + (0.6-0.5)^2}{2}} = 0.1$$

2. 犹豫模糊数比较方法

假设任意犹豫模糊数 $h = \{\mu^1, \mu^2, \cdots, \mu^L\}$，则计分函数定义为[277, 278]：

$$F(h) = \sqrt[L]{\prod_{l=1}^{L} \mu^l} = (\mu^1 \times \mu^2, \cdots, \times \mu^L)^{1/L} \tag{3-8}$$

犹豫模糊数比较方法为：

$$\left. \begin{array}{l} h_1 > h_2, \quad \text{if } F(h_1) > F(h_2) \\ h_1 = h_2, \quad \text{if } F(h_1) = F(h_2) \\ h_1 < h_2, \quad \text{if } F(h_1) < F(h_2) \end{array} \right\} \tag{3-9}$$

例如，如果 $h_1 = \{0.3, 0.6\}$、x_{ij}，则 $F(h_1) = 0.4243$、x_{pj}。由于 $F(h_1) > F(h_2)$，$\Phi(C_i, C_p) = \sum_{j=1}^{m} \Gamma_j(C_i, C_p)$。

3.1.2 基于距离测度的犹豫模糊决策方法

本章提出一种基于距离测度的犹豫模糊决策方法，见图 3-1。由图 3-1 可

知，该方法包含 3 个步骤：①利用犹豫模糊集表示初始决策信息；②采用组合赋权法计算指标权重；③基于距离测度法获得排序结果。

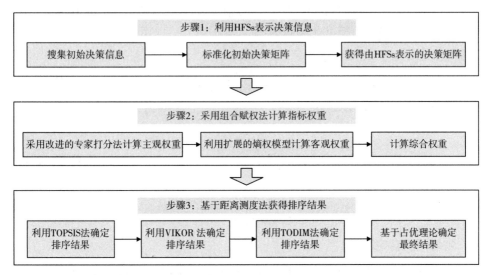

图 3-1　基于距离测度的犹豫模糊决策方法框架图

3.1.2.1　决策信息处理

首先，通过实验测试得到岩爆风险初始指标值。然后，对初始决策矩阵进行标准化，以便决策信息可由犹豫模糊集表示。具体步骤如下。

1. 获得初始决策信息

由于岩石力学参数至少需通过 3 次测试获得，因此一些岩爆风险指标具有多个可能的值。初始指标值可利用矩阵表示为：

$$S = \begin{bmatrix} s_{11} & s_{12} & \cdots & s_{1m} \\ s_{21} & s_{22} & \cdots & s_{2m} \\ \vdots & \vdots & \ddots & \vdots \\ s_{n1} & s_{n2} & \cdots & s_{nm} \end{bmatrix} \qquad (3-10)$$

式中：$s_{ij} = \{ s_{ij}^1, s_{ij}^2, \cdots, s_{ij}^k, \cdots, s_{ij}^K \}$（$k = 1, 2, \cdots, K$）；$s_{ij}^k$ 表示样本 C_i（$i = 1, 2, \cdots, n$）指标 $B_j(B_3)$ 的第 k 个值。

2. 标准化初始决策矩阵

由于指标值的尺度和单位不同，因此初始决策矩阵需先进行标准化处理。

对于效益型准则，标准化公式为：

$$x_{ij}^k = \frac{s_{ij}^k - \min\limits_{j}(s_{ij}^k)}{\max\limits_{j}(s_{ij}^k) - \min\limits_{j}(s_{ij}^k)} \tag{3-11}$$

式中：$x_{ij}^k(E_p)$ 表示样本 $C_i(i=1, 2, \cdots, n)$ 指标 $B_j(E_e)$ 的第 k 个标准值。

对于成本型准则，标准化公式为：

$$x_{ij}^k = \frac{\max\limits_{j}(s_{ij}^k) - s_{ij}^k}{\max\limits_{j}(s_{ij}^k) - \min\limits_{j}(s_{ij}^k)} \tag{3-12}$$

初始决策矩阵可表示为：

$$X = \begin{bmatrix} x_{11} & x_{12} & \cdots & x_{1m} \\ x_{21} & x_{22} & \cdots & x_{2m} \\ \vdots & \vdots & \ddots & \vdots \\ x_{n1} & x_{n2} & \cdots & x_{nm} \end{bmatrix} \tag{3-13}$$

式中：$x_{ij} = \{x_{ij}^1, x_{ij}^2, \cdots, x_{ij}^k\}$，为犹豫模糊数。

3.1.2.2 指标权重计算

基于犹豫模糊集扩展的专家打分法和熵权法，采用组合赋权法计算岩爆风险各指标综合权重。具体步骤如下。

1. 利用改进的专家打分法计算主观权重

首先，邀请一组专家使用 0 至 1 之间的实数，独立和匿名地给出他们对各岩爆风险指标重要度的评价。值越大表示该指标越重要。然后，将不同专家给出的指标分数转化为犹豫模糊数。例如，由 4 个专家给出的指标 B_j 分数分别为 0.8，0.6、0.8 和 0.3，则该指标值可表示为犹豫模糊数 $p_j = \{0.8, 0.6, 0.8, 0.3\}$。因此，专家评分结果可表示为：

$$P = [p_1, p_2, \cdots, p_m] \tag{3-14}$$

式中：$p_j = \{p_j^1, p_j^2, \cdots, p_j^U\}$，为 U 个专家对指标 B_j 的评价值。

基于式(3-8)，主观权重值可计算为：

$$w_j^1 = \frac{F(p_j)}{\sum\limits_{j}^{m} F(p_j)} \tag{3-15}$$

式中：$F(p_j)$ 为 p_j 的计分函数。

2. 利用扩展的熵权法计算客观权重

熵的概念首先由 Shannon[279] 提出，用来衡量信息的大小。熵值越小，说明信息越多，对结果的影响也越大。由于熵值是完全根据准则值计算的，因此熵权法是一种客观的赋权法。犹豫模糊数对应的各指标熵值 $\eta_j(j=1, 2, \cdots, m)$ 计算公式为：

$$\eta_j = -\frac{1}{\ln n}\sum_{i=1}^{n}\delta_{ij}\ln\delta_{ij} \tag{3-16}$$

式中：$\delta_{ij} = [1+F(x_{ij})]/\sum_{i=1}^{m}[1+F(x_{ij})]$；$F(x_{ij})$ 为 x_{ij} 的计分函数。

则客观权重 $w_j^2(j=1, 2, \cdots, m)$ 可计算为：

$$w_j^2 = (1-\eta_j)/\sum_{j=1}^{m}(1-\eta_j) \tag{3-17}$$

3. 确定指标综合权重

通过组合主、客观权重，综合权重可计算为：

$$w_j = \alpha \cdot w_j^1 + (1-\alpha) \cdot w_j^2 \tag{3-18}$$

式中：$0 \leq \alpha \leq 1$ 为主、客观权重相对重要度偏好系数。

3.1.2.3　排序结果确定

首先采用 3 种基于距离的犹豫模糊决策法分别获得排序结果，包括 TOPSIS、VIKOR 和 TODIM 法。然后，基于占优理论得到最终排序结果。具体计算步骤如下。

1. 基于 TOPSIS 法确定排序结果

首先，确定正理想解 X^+ 和负理想解 X^-：

$$X^+ = (x_1^+, x_2^+, \cdots, x_m^+) \tag{3-19}$$

$$X^- = (x_1^-, x_2^-, \cdots, x_m^-) \tag{3-20}$$

式中：$x_j^+ = \max_i(x_{ij})$；$x_j^- = \min_i(x_{ij})$。

然后，计算各方案的贴近度系数：

$$\theta_i = \frac{d_i^-}{d_i^- + d_i^+} \tag{3-21}$$

式中：$d_i^- = \sum_{j=1}^{n}w_j d(x_{ij}, x_j^-)$；$d_i^+ = \sum_{j=1}^{n}w_j d(x_{ij}, x_j^+)$。其中，$d(x_{ij}, x_j^-)$ 和 $d(x_{ij}, x_j^+)$ 可根据式 (3-7) 计算。

最后，基于 θ_i 值得到排序结果。θ_i 值越大，方案 C_i 越好。

2. 基于 VIKOR 法确定排序结果

首先，由式(3-19)、式(3-20)可得正理想解 X^+ 和负理想解 X^-。

于是，群体效用值 G_i 和个体遗憾值 H_i 可计算为：

$$G_i = \sum_{j=1}^{n}\frac{w_j d(x_j^+, x_{ij})}{d(x_j^+, x_j^-)} \tag{3-22}$$

$$H_i = \max_j \left(\frac{w_j d(x_j^+, x_{ij})}{d(x_j^+, x_j^-)} \right) \qquad (3-23)$$

然后,折中排序值 Z_i 可计算为:

$$Z_i = \frac{\beta(G_i - G^-)}{G^+ - G^-} + \frac{(1-\beta)(H_i - H^-)}{H^+ - H^-} \qquad (3-24)$$

式中: $G^+ = \max_i(G_i)$; $G^- = \min_i(G_i)$; $H^+ = \max_i(H_i)$; $H^- = \min_i(H_i)$; β 为最大群体效用权重。

最后,根据 Z_i 值确定排序结果。 Z_i 值越小,方案 C_i 越好。

3. 基于 TODIM 法确定排序结果

首先,指标 B_j 下方案 C_i 相对于方案 C_p 的优势度 $\Gamma_j(C_i, C_p)$ 可计算为:

$$\Gamma_j(C_i, C_p) = \begin{cases} \sqrt{\dfrac{w_{vj}}{\displaystyle\sum_{j=1}^m w_{vj}} d(x_{ij}, x_{pj})} & x_{ij} > x_{pj} \\ 0 & x_{ij} \sim x_{pj} \\ \dfrac{-1}{\lambda} \sqrt{\dfrac{\displaystyle\sum_{j=1}^m w_{vj}}{w_{vj}} d(x_{ij}, x_{pj})} & x_{ij} < x_{pj} \end{cases} \qquad (3-25)$$

式中: $w_{vj} = w_v / w_j$; w_v 为最大权重值; $d(x_{ij}, x_{pj})$ 为 x_{ij} 与 x_{pj} 间的距离。

然后,方案综合排序值 π_i 可计算为:

$$\pi_i = \frac{\displaystyle\sum_{p=1}^n \Phi(C_i, C_p) - \min\left[\displaystyle\sum_{p=1}^n \Phi(C_i, C_p)\right]}{\max\left[\displaystyle\sum_{p=1}^n \Phi(C_i, C_p)\right] - \min\left[\displaystyle\sum_{p=1}^n \Phi(C_i, C_p)\right]} \qquad (3-26)$$

式中: $\Phi(C_i, C_p) = \displaystyle\sum_{j=1}^m \Gamma_j(C_i, C_p)$。

最后,根据 π_i 值确定排序结果。 π_i 值越小,方案 C_i 越好。

4. 基于占优理论确定最终排序结果

综合考虑 TOPSIS、VIKOR 和 TODIM 法排序结果,根据占优理论,得到各方案最终排序结果。

3.1.3 工程应用

3.1.3.1 工程背景

某金矿位于山东省莱州市,是我国重要的黄金产区之一。矿床位于焦家断裂带，经过近 40 年的开采，浅层资源已逐渐枯竭。然而，近年来发现了大量深部和周边资源。为提供通往地下深部矿体的有效通道，该矿需要修建一条主竖井，净直径为 6.7 m，深度为 1527 m。井筒采用钻爆法施工。掘进进尺为 4.0 m，周期为 24 h。通常，每循环施工顺序包括钻眼、爆破、通风、出渣、衬砌等。然而，对于特殊的岩层，如突水或岩爆倾向区域，开挖过程和支护工艺需根据实际情况进行调整。

为指导深部井筒施工，在 -930 m 水平靠近井筒中心约 15 m 处平行竖井钻凿了一个垂直勘探钻孔，孔深至井底 -1570 m 位置处，全长 640 m。勘探孔与井筒相对位置关系见图 3-2。钻孔从 -930 m 至 -936.04 m 段直径为 130 mm，从 -936.04 m 至 -984.53 m 段直径为 114 mm，从 -984.53 m 至 -1570.46 m 段直径为 96 mm。该勘探孔至少存在以下 4 种功能：①探测深部地质条件，如岩性、地质构造、水文状况等；②测量地应力场；③评价竖井开挖过程工程灾害风险，如岩爆、坍塌、突水等；④ 如有必要，可安装微震监测传感器，监测竖井围岩破裂情况。

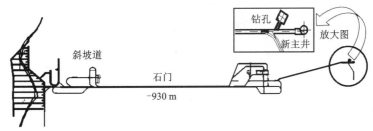

图 3-2　勘探孔与井筒相对位置关系

根据勘查结果，竖井岩性均为花岗闪长岩，脆性较高。根据勘探孔岩芯状况，饼化现象较为普遍(见图 3-3)，表明此处地应力较高。同时，在 -930 m 水平

图 3-3　勘探孔岩芯饼化现象

处竖井附近巷道围岩出现一些明显的板裂破坏现象,见图 3-4。这些情况表明在竖井施工过程中可能存在岩爆威胁。因此,为确定不同深度的岩爆风险,根据现场条件,在 -950 m、-1050 m、-1150 m、-1250 m、-1350 m、-1450 m 和 -1550 m 水平处共选择 7 个位置进行分析,并分别标记为 C_1、C_2、C_3、C_4、C_5、C_6 和 C_7。

图 3-4　-930 m 水平巷道围岩板裂破坏现象

3.1.3.2　评价指标值获取

1.评价指标选择

选择合适指标是评价岩爆风险的关键。尽管现有评价指标较为丰富,但尚未形成标准的评价指标体系。本章主要根据系统性、独立性及数据易获取性原则选择合适的评价指标。系统性原则指各指标需反映岩爆发生的必要条件,例如岩石内在特性及外部应力环境等;独立性原则指各指标间反映的信息不应重叠;数据易获取性原则指各指标值应能方便且易获取,最好能通过一些常规的岩石力学实验得到。

根据以上准则及竖井具体特点,本章选择 5 个岩爆风险评价指标,分别为岩石脆性系数(B_1)、弹性能量指数(B_2)、线弹性能(B_3)、切向应力指数(B_4)和岩体完整性系数(B_5)。其中,B_1 反映了岩石的脆性特征;B_2 反映了能量聚集与耗散的比例;B_3 反映了弹性能的大小;B_4 反映了应力与岩石强度比;B_5 反映了岩体完整性。这些指标的详细描述见表 3-1。

表 3-1　岩爆风险评价指标

指标	效益型/成本型	描述
B_1	成本型	$B_1 = \sigma_c / \sigma_t$，该指标表示岩石的脆性特征
B_2	效益型	$B_2 = E_e / E_p$，其中 E_e 为储存的弹性能，E_p 为耗散能，该指标表示单轴加卸载试验储存能与耗散能的比例
B_3	效益型	$B_3 = \sigma_c^2 / 2E_u$，其中 E_u 为卸载切线模量，该指标表示在单轴压缩试验达到峰值强度前所储存弹性能的大小
B_4	效益型	$B_4 = \sigma_\theta / \sigma_c$，其中 σ_θ 为最大切应力，根据 Kirsch 解，$\sigma_\theta = 3\sigma_1 - \sigma_3$，该指标反映了集中应力的影响
B_5	效益型	$B_5 = (V_m / V_r)^2$，其中 V_m、V_r 分别为岩体和岩石的弹性波波速，该指标反映了岩体完整性

岩爆风险通常可分为 4 个等级，分别为无(I_1)、轻微(I_2)、中等(I_3)和强烈(I_4)[113]。分级标准见表 3-2[77]。

表 3-2　岩爆风险分级标准[77]

指标	风险等级			
	I_1	I_2	I_3	I_4
B_1	>40	26.7~40	14.5~26.7	<14.5
B_2	<2.0	2.0~3.5	3.5~5.0	>5.0
B_3	<40	40~100	100~200	>200
B_4	<0.2	0.2~0.3	0.3~0.55	>0.55
B_5	<0.50	0.50~0.60	0.60~0.75	>0.75

2. 实验室测试

为获取岩石样本指标值，需进行一些基本试验，包括单轴压缩试验、巴西劈裂拉伸试验、单轴压缩加卸载试验、波速试验和地应力测试。

首先采用 INSTRON 1346 电液伺服试验机进行单轴压缩试验和单轴压缩加卸载试验，然后采用 INSTRON 1342 电液伺服试验机进行巴西劈裂拉伸试验。每类试验在各竖井深度均分别采用 3 个岩样进行 3 次测试。试样制作和试验程序参照国际岩石力学学会建议方法。特别地，根据 Kidybiński[53]的描述，对于单轴压缩加卸载试验，卸载临界点为峰值强度的 0.8~0.9。以 -950 m 水平岩样为例，单轴压缩应力-应变曲线见图 3-5，劈裂拉伸试验应力-应变曲线见图 3-6，单轴压缩加卸载试验应力-应变曲线见图 3-7。测试结果见表 3-3。

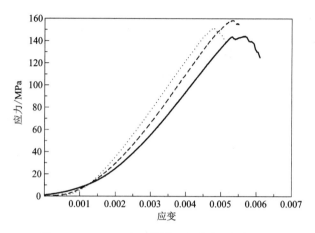

图 3-5　-950 m 水平单轴压缩应力-应变曲线

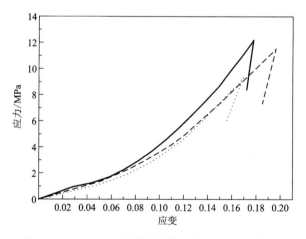

图 3-6　-950 m 水平劈裂拉伸试验应力-应变曲线

　　为获取岩体完整性系数，采用 CE-9201 岩土工程质量检测仪测量岩体完整性系数 V_m 和岩石完整性系数 V_r。其中，V_m 直接采用现场钻孔岩芯测试，V_r 采用单轴压缩试验样本测试。测试结果见表 3-3。

　　地应力场采用基于 Kaiser 效应的声发射技术进行测试。由于在打钻过程中钻进方位会发生一定改变，故首先应对钻孔岩芯进行空间重定位，然后利用重定位的岩芯，从垂直、水平与正北成 0°、45° 和 90° 共 4 个方向进行岩样加工。岩样均

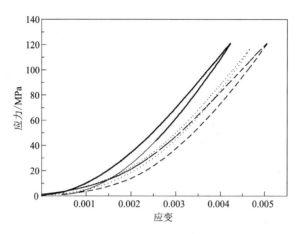

图 3-7 -950 m 水平单轴压缩加卸载试验应力-应变曲线

为 $\phi 25$ mm×50 mm 的圆柱形。随后采用 MTS 815 伺服液压试验机进行单轴压缩试验下的声发射试验,其中声发射信号采用美国 PCI-II 多通道声发射仪进行采集。根据不同方向岩样的声发射信号特征,可得地应力大小。不同深度的最大主应力 σ_1、中间主应力 $\sigma_2 = 0.7129$ 和最小主应力 $\sigma_3 = 0.5486$ 见表 3-3。用最小二乘法拟合方程为:

$$\left.\begin{array}{l} \sigma_1 = 3.047 + 0.0288H \\ \sigma_2 = 0.597 + 0.0269H \\ \sigma_3 = 2.232 + 0.0109H \end{array}\right\} \tag{3-27}$$

式中:H 为垂直深度,m。应力单位均为 MPa。

3. 计算岩爆风险指标值

根据表 3-1 及表 3-3 测试结果,可得不同深度的岩爆风险指标值,见表 3-4。以 C_1 为例,由于 $\sigma_c = \{144.219, 158.375, 151.875\}$,$\sigma_t = \{12.188, 11.529, 9.440\}$,故 $B_1 = \sigma_c / \sigma_t = \{11.833, 12.509, 15.277, 12.994, 13.737, 16.777, 12.461, 13.173, 16.089\}$,共有 9 个可能值。

为确定岩爆风险的具体等级,根据表 3-2 分级标准确定已知等级的标准样本。等级 I_1、I_2、I_3、I_4 的标准样本分别标记为 C_{I1}、C_{I2}、C_{I3}、C_{I4}。为便于计算,标准样本和其他样本指标值的数量保持一致,见表 3-4。

3.1.3.3 评估结果分析

1. 决策信息处理结果

首先根据式(3-11)、式(3-12),将初始指标值进行标准化。然后可得利用犹豫模糊数表示的标准决策矩阵,见表 3-5。

表 3-3 测试结果汇总

位置	σ_c /MPa	σ_t /MPa	E_e /J	E_p /J	E_s /GPa	V_m /(m·s⁻¹)	V_r /(m·s⁻¹)	σ_1 /MPa	σ_2 /MPa	σ_3 /MPa
C_1	{144.219, 158.375, 151.875}	{12.188, 11.529, 9.440}	{0.222, 0.192, 0.162}	{0.033, 0.026, 0.036}	{35.594, 40.705, 42.943}	2745	{2865, 2750, 2990}	32.78	25.65	14.52
C_2	{107.311, 174.637, 168.030}	{13.598, 12.486, 13.618}	{0.188, 0.202, 0.190}	{0.038, 0.018, 0.017}	{21.605, 35.215, 39.696}	2260	{2732, 2850, 3070}	41.83	28.35	17.18
C_3	{156.140, 208.887, 101.328}	{12.105, 11.359, 12.696}	{0.156, 0.166, 0.175}	{0.034, 0.016, 0.050}	{35.402, 38.483, 31.255}	2715	{2910, 2990, 3154}	35.37	31.05	16.64
C_4	{109.026, 197.349, 106.178}	{15.528, 12.831, 12.835}	{0.091, 0.133, 0.175}	{0.016, 0.010, 0.037}	{31.633, 41.495, 37.253}	2265	{2260, 2255, 3126}	38.95	33.75	16.85
C_5	{185.001, 183.989, 179.029}	{13.341, 9.967, 13.023}	{0.075, 0.146, 0.119}	{0.011, 0.029, 0.012}	{38.377, 34.687, 42.748}	2669	{2785, 2540, 2904}	41.23	36.45	16.44
C_6	{142.763, 149.707, 128.677}	{10.893, 11.865, 13.414}	{0.099, 0.110, 0.097}	{0.014, 0.011, 0.008}	{38.426, 36.942, 39.112}	2519	{2673, 2857, 2828}	40.63	39.15	14.02
C_7	{169.804, 178.870, 171.547}	{13.161, 10.664, 12.385}	{0.120, 0.182, 0.147}	{0.015, 0.016, 0.019}	{38.175, 39.398, 38.842}	2708	{2915, 2570, 2867}	45.84	41.85	17.56

表 3-4 岩爆风险指标值

样本位置	B_1	B_2	B_3	B_4	B_5
C_{11}	{40, 40, 40, 40, 40, 40, 40, 40}	{0, 0, 0, 0, 0, 0, 0, 0}	{0, 0, 0, 0, 0, 0, 0, 0}	{0, 0, 0}	{0, 0, 0}
C_{12}	{26.7, 26.7, 26.7, 26.7, 26.7, 26.7, 26.7, 26.7}	{2.0, 2.0, 2.0, 2.0, 2.0, 2.0, 2.0, 2.0}	{40, 40, 40, 40, 40, 40, 40, 40}	{0.2, 0.2, 0.2}	{0.5, 0.5, 0.5}
C_{13}	{14.5, 14.5, 14.5, 14.5, 14.5, 14.5, 14.5, 14.5}	{3.5, 3.5, 3.5, 3.5, 3.5, 3.5, 3.5, 3.5}	{100, 100, 100, 100, 100, 100, 100, 100}	{0.3, 0.3, 0.3}	{0.6, 0.6, 0.6}
C_{14}	{0, 0, 0, 0, 0, 0, 0, 0}	{5.0, 5.0, 5.0, 5.0, 5.0, 5.0, 5.0, 5.0}	{200, 200, 200, 200, 200, 200, 200, 200}	{0.55, 0.55, 0.55}	{0.75, 0.75, 0.75}
C_1	{11.833, 12.509, 15.277, 12.994, 13.737, 16.777, 12.461, 13.173, 16.089}	{5.727, 7.539, 5.167, 4.818, 6.385, 4.333, 3.909, 5.231, 3.500}	{292.172, 255.486, 242.171, 352.344, 308.103, 292.046, 324.016, 283.332, 268.566}	{0.581, 0.529, 0.552}	{0.918, 0.996, 0.843}
C_2	{7.892, 8.595, 7.880, 12.843, 13.987, 12.824, 12.357, 13.458, 12.339}	{3.947, 9.444, 10.059, 4.316, 10.222, 10.882, 4.000, 9.556, 10.177}	{266.504, 163.505, 145.048, 705.811, 433.027, 384.146, 653.415, 400.882, 355.629}	{1.009, 0.620, 0.645}	{0.684, 0.629, 0.542}
C_3	{12.899, 13.746, 12.298, 17.256, 18.390, 16.453, 8.371, 8.921, 7.981}	{3.588, 8.750, 2.120, 3.882, 9.375, 2.320, 4.147, 9.938, 2.500}	{344.327, 316.759, 390.013, 616.262, 566.923, 698.029, 145.011, 133.401, 164.252}	{0.573, 0.428, 0.883}	{0.871, 0.825, 0.741}
C_4	{7.021, 8.497, 8.494, 12.709, 15.382, 15.376, 6.838, 8.275, 8.273}	{4.688, 8.100, 1.460, 7.313, 12.300, 2.595, 9.938, 16.500, 3.730}	{187.884, 143.230, 159.540, 615.601, 469.293, 522.731, 178.196, 135.845, 151.314}	{0.917, 0.507, 0.942}	{1.004, 1.009, 0.525}
C_5	{13.867, 18.561, 14.206, 13.791, 18.460, 14.128, 13.420, 17.962, 13.747}	{5.818, 1.586, 5.250, 12.273, 4.035, 11.167, 9.818, 3.103, 8.917}	{445.910, 493.346, 400.316, 441.045, 487.963, 395.948, 417.586, 462.009, 374.888}	{0.580, 0.583, 0.599}	{0.918, 1.104, 0.845}

续表3-4

样本、位置	B_1	B_2	B_3	B_4	B_5
C_6	{13.106, 12.032, 10.643, 13.743, 12.618, 11.161, 11.813, 10.845, 9.593}	{6.071, 8.000, 11.375, 6.857, 9.000, 12.750, 5.929, 7.818, 11.125}	{265.202, 275.855, 260.550, 291.628, 303.343, 286.513, 215.450, 224.105, 211.671}	{0.756, 0.721, 0.838}	{0.888, 0.777, 0.793}
C_7	{12.902, 15.923, 13.711, 13.591, 16.773, 14.443, 13.035, 16.087, 13.851}	{7.000, 6.500, 5.316, 11.133, 10.375, 8.579, 8.800, 8.188, 6.737}	{377.648, 365.925, 371.163, 419.050, 406.042, 411.854, 385.440, 373.476, 378.822}	{0.707, 0.671, 0.699}	{0.863, 1.110, 0.892}

表3-5 标准化的决策矩阵

样本、位置	B_1	B_2	B_3	B_4	B_5
C_{11}	{0, 0, 0, 0, 0, 0, 0, 0, 0}	{0, 0, 0, 0, 0, 0, 0, 0, 0}	{0, 0, 0, 0, 0, 0, 0, 0, 0}	{0, 0, 0}	{0, 0, 0}
C_{12}	{0.333, 0.333, 0.333, 0.333, 0.333, 0.333, 0.333}	{0.121, 0.121, 0.121, 0.121, 0.121, 0.121, 0.121, 0.121, 0.121}	{0.057, 0.057 0.057, 0.057, 0.057, 0.057, 0.057, 0.057, 0.057}	{0.198, 0.198, 0.198}	{0.451, 0.451, 0.451}
C_{13}	{0.638, 0.638, 0.638, 0.638, 0.638, 0.638, 0.638}	{0.212, 0.212, 0.212, 0.212, 0.212, 0.212, 0.212}	{0.142, 0.142, 0.142, 0.142, 0.142, 0.142, 0.142}	{0.297, 0.297, 0.297}	{0.541, 0.541, 0.541}
C_{14}	{1, 1, 1, 1, 1, 1, 1, 1, 1}	{0.303, 0.303, 0.303, 0.303, 0.303, 0.303, 0.303}	{0.283, 0.283, 0.283, 0.283, 0.283, 0.283, 0.283}	{0.545, 0.545, 0.545}	{0.676, 0.676, 0.676}

续表 3-5

样本、位置	B_1	B_2	B_3	B_4	B_5
C_1	{0.704, 0.687, 0.618, 0.675, 0.657, 0.581, 0.689, 0.671, 0.598}	{0.347, 0.457, 0.313, 0.292, 0.387, 0.263, 0.237, 0.317, 0.212}	{0.414, 0.362, 0.343, 0.499, 0.437, 0.414, 0.459, 0.401, 0.381}	{0.576, 0.524, 0.547}	{0.827, 0.897, 0.760}
C_2	{0.803, 0.785, 0.803, 0.679, 0.650, 0.679, 0.691, 0.664, 0.692}	{0.239, 0.572, 0.610, 0.262, 0.620, 0.660, 0.242, 0.579, 0.617}	{0.378, 0.232, 0.206, 1.000, 0.614, 0.544, 0.926, 0.568, 0.504}	{1.000, 0.615, 0.639}	{0.616, 0.567, 0.488}
C_3	{0.678, 0.656, 0.693, 0.569, 0.540, 0.589, 0.791, 0.777, 0.801}	{0.218, 0.530, 0.129, 0.235, 0.568, 0.141, 0.251, 0.602, 0.152}	{0.488, 0.449, 0.553, 0.873, 0.803, 0.989, 0.206, 0.189, 0.233}	{0.568, 0.424, 0.875}	{0.785, 0.743, 0.668}
C_4	{0.825, 0.788, 0.788, 0.682, 0.616, 0.616, 0.829, 0.793, 0.793}	{0.284, 0.491, 0.089, 0.443, 0.746, 0.157, 0.602, 1.000, 0.226}	{0.266, 0.203, 0.226, 0.872, 0.665, 0.741, 0.253, 0.193, 0.214}	{0.909, 0.503, 0.934}	{0.905, 0.909, 0.473}
C_5	{0.653, 0.536, 0.645, 0.655, 0.539, 0.647, 0.665, 0.551, 0.656}	{0.353, 0.096, 0.318, 0.744, 0.245, 0.677, 0.595, 0.188, 0.540}	{0.632, 0.699, 0.567, 0.625, 0.691, 0.561, 0.592, 0.655, 0.531}	{0.575, 0.578, 0.594}	{0.827, 0.995, 0.761}
C_6	{0.672, 0.699, 0.734, 0.656, 0.685, 0.721, 0.705, 0.729, 0.760}	{0.368, 0.485, 0.689, 0.416, 0.546, 0.773, 0.359, 0.474, 0.674}	{0.376, 0.391, 0.369, 0.413, 0.430, 0.406, 0.305, 0.318, 0.300}	{0.749, 0.715, 0.831}	{0.800, 0.700, 0.714}
C_7	{0.678, 0.602, 0.657, 0.660, 0.581, 0.639, 0.674, 0.598, 0.654}	{0.424, 0.394, 0.322, 0.675, 0.629, 0.520, 0.533, 0.496, 0.408}	{0.535, 0.518, 0.526, 0.594, 0.575, 0.584, 0.546, 0.529, 0.537}	{0.701, 0.665, 0.693}	{0.778, 1.000, 0.804}

2.指标权重计算结果

基于改进专家打分法确定指标主观权重。首先邀请6名在岩爆风险管理领域具有丰富经验的专家以独立和匿名方式对各项指标重要度进行评估。他们采用0至1间实数来评价重要度。评价值越高，说明相应指标越重要。各专家评分结果见表3-6。然后，将这些指标分数转化为犹豫模糊数。例如，B_1评价值可表示为$p_1 = \{0.5, 0.6, 0.6, 0.7, 0.8, 0.7\}$。根据式(3-8)可得各指标得分的计分函数值$F(p_i)$，见表3-6第8行。最后，根据式(3-15)计算主观权重w_j^1，见表3-6最后一行。

表3-6 指标重要度评价结果

参数项	B_1	B_2	B_3	B_4	B_5
E_1	0.5	0.7	0.6	0.8	0.6
E_2	0.6	0.7	0.8	0.6	0.7
E_3	0.6	0.8	0.8	0.7	0.8
E_4	0.7	0.7	0.7	0.8	0.9
E_5	0.8	0.7	0.7	0.9	0.7
E_6	0.7	0.8	0.6	0.8	0.7
$F(p_i)$	0.6428	0.7319	0.6952	0.7605	0.7438
w_j^1	0.1798	0.2048	0.1945	0.2128	0.2081

根据扩展的熵权模型计算客观权重值。首先根据式(3-8)计算原指标值的计分函数值，见表3-7。然后，根据式(3-16)计算各指标熵值分别为：$\eta_1 = 0.9949$、$\eta_2 = 0.9973$、$\eta_3 = 0.9957$、$\eta_4 = 0.9946$、$\eta_5 = 0.9952$。最后，根据式(3-17)可得指标客观权重分别为：$w_1^2 = 0.2280$、$w_2^2 = 0.1204$、$w_3^2 = 0.1936$、$w_4^2 = 0.2429$、$w_5^2 = 0.2152$。

表3-7 指标计分函数值

样本	B_1	B_2	B_3	B_4	B_5
C_{I1}	0	0	0	0	0
C_{I2}	0.333	0.121	0.057	0.198	0.451
C_{I3}	0.638	0.212	0.142	0.297	0.541
C_{I4}	1	0.303	0.283	0.545	0.676

续表 3-7

样本	B_1	B_2	B_3	B_4	B_5
C_1	0. 652	0. 306	0. 410	0. 549	0. 826
C_2	0. 714	0. 451	0. 489	0. 733	0. 554
C_3	0. 671	0. 265	0. 450	0. 595	0. 730
C_4	0. 743	0. 354	0. 336	0. 753	0. 730
C_5	0. 614	0. 351	0. 615	0. 582	0. 856
C_6	0. 706	0. 513	0. 365	0. 764	0. 737
C_7	0. 637	0. 477	0. 549	0. 686	0. 855

假设 $\theta = 0.5$，根据式（3-18）可得各指标综合权重分别为：$w_1 = 0.2039$、$w_2 = 0.1626$、$w_3 = 0.1941$、$w_4 = 0.2279$、$w_5 = 0.2117$。

3. 排序结果分析

首先，采用 TOPSIS 法确定排序结果。通过式（3-9）比较犹豫模糊数的大小，可得正理想解为：

$$
\begin{cases}
x_1^+ = \{1, 1, 1, 1, 1, 1, 1, 1, 1\} \\
x_2^+ = \{0.368, 0.485, 0.689, 0.416, 0.546, 0.773, 0.359, 0.474, 0.674\} \\
x_3^+ = \{0.632, 0.699, 0.567, 0.625, 0.691, 0.561, 0.592, 0.655, 0.531\} \\
x_4^+ = \{0.749, 0.715, 0.831\} \\
x_5^+ = \{0.827, 0.995, 0.761\}
\end{cases}
$$

负理想解为：

$$
\begin{cases}
x_1^- = \{0, 0, 0, 0, 0, 0, 0, 0, 0\} \\
x_2^- = \{0, 0, 0, 0, 0, 0, 0, 0, 0\} \\
x_3^- = \{0, 0, 0, 0, 0, 0, 0, 0, 0\} \\
x_4^- = \{0, 0, 0\} \\
x_5^- = \{0, 0, 0\}
\end{cases}
$$

根据式（3-7）和式（3-21）可得与正理想解欧式距离：$d_{I1}^+ = 0.7717$、$d_{I2}^+ = 0.5348$、$d_{I3}^+ = 0.4015$、$d_{I4}^+ = 0.2051$、$d_1^+ = 0.2100$、$d_2^+ = 0.2126$、$d_3^+ = 0.2279$、$d_4^+ = 0.2149$、$d_5^+ = 0.1446$、$d_6^+ = 0.1372$、$d_7^+ = 0.1225$；与负理想解的欧式距离：$d_{I1}^- = 0$、$d_{I2}^- = 0.2392$、$d_{I3}^- = 0.3743$、$d_{I4}^- = 0.5754$、$d_1^- = 0.5672$、$d_2^- = 0.6435$、$d_3^- = 0.6188$、$d_4^- = 0.6832$、$d_5^- = 0.6390$、$d_6^- = 0.6368$、$d_7^- = 0.6583$。根据式（3-21）可得贴近度系数为：$\theta_{I1} = 0$、$\theta_{I2} = 0.3091$、$\theta_{I3} = 0.4825$、$\theta_{I4} = 0.7372$、$\theta_1 = 0.7298$、$\theta_2 = 0.7516$、

$\theta_3 = 0.7309$、$\theta_4 = 0.7608$、$\theta_5 = 0.8155$、$\theta_6 = 0.8228$、$\theta_7 = 0.8431$。由于 $\theta_7 > \theta_6 > \theta_5 > \theta_4 > \theta_2 > \theta_{14} > \theta_3 > \theta_1 > \theta_{13} > \theta_{12} > \theta_{11}$，可得排序结果为：

$$C_7 > C_6 > C_5 > C_4 > C_2 > C_{14} > C_3 > C_1 > C_{13} > C_{12} > C_{11}。$$

然后，采用 VIKOR 法确定排序结果。根据式（3-22）可得群体效用值为：$G_{I1} = 1.0002$、$G_{I2} = 0.7129$、$G_{I3} = 0.5486$、$G_{I4} = 0.3037$、$G_1 = 0.2820$、$G_2 = 0.2712$、$G_3 = 0.3054$、$G_4 = 0.2902$、$G_5 = 0.1764$、$G_6 = 0.1714$、$G_7 = 0.1467$。根据式（3-23）可得个体遗憾值为：$H_{I1} = 0.2279$、$H_{I2} = 0.1763$、$H_{I3} = 0.1498$、$H_{I4} = 0.1061$、$H_1 = 0.0712$、$H_2 = 0.0754$、$H_3 = 0.0767$、$H_4 = 0.0938$、$H_5 = 0.0790$、$H_6 = 0.0783$、$H_7 = 0.0741$。假设 $\theta = 0.5$，根据式（3-24）可得折中排序值为：$Z_{I1} = 1.0000$、$Z_{I2} = 0.6671$、$Z_{I3} = 0.4864$、$Z_{I4} = 0.2033$、$Z_1 = 0.0793$、$Z_2 = 0.0864$、$Z_3 = 0.1105$、$Z_4 = 0.1561$、$Z_5 = 0.0422$、$Z_6 = 0.0372$、$Z_7 = 0.0093$。由于 $Z_7 < Z_6 < Z_5 < Z_1 < Z_2 < Z_3 < Z_4 < Z_{I4} < Z_{I3} < Z_{I2} < Z_{I1}$，可得排序结果为：

$$C_7 > C_6 > C_5 > C_1 > C_2 > C_3 > C_4 > C_{14} > C_{13} > C_{12} > C_{11}。$$

随后，采用 TODIM 法确定排序结果。根据式（3-25）可得各指标下的方案相对优势度，分别见表3-8~表3-12。

表 3-8　指标 B_1 下的方案相对优势度

样本	C_{11}	C_{12}	C_{13}	C_{14}	C_1	C_2	C_3	C_4	C_5	C_6	C_7
C_{11}	0.000	-1.278	-1.769	-2.215	-1.792	-1.878	-1.831	-1.921	-1.742	-1.863	-1.770
C_{12}	0.261	0.000	-1.223	-1.809	-1.259	-1.379	-1.322	-1.440	-1.189	-1.356	-1.227
C_{13}	0.361	0.249	0.000	-1.333	-0.465	-0.692	-0.702	-0.818	0.108	-0.608	0.083
C_{14}	0.452	0.369	0.272	0.000	0.267	0.243	0.262	0.232	0.281	0.245	0.272
C_1	0.365	0.257	0.095	-1.309	0.000	-0.594	-0.539	-0.711	0.091	-0.521	0.060
C_2	0.383	0.281	0.141	-1.192	0.121	0.000	0.109	-0.558	0.149	0.085	0.133
C_3	0.373	0.270	0.143	-1.284	0.110	-0.533	0.000	-0.628	0.127	-0.585	0.122
C_4	0.392	0.294	0.167	-1.140	0.145	0.114	0.128	0.000	0.166	0.118	0.156
C_5	0.355	0.242	-0.530	-1.378	-0.446	-0.732	-0.624	-0.814	0.000	-0.683	-0.391
C_6	0.380	0.277	0.124	-1.203	0.106	-0.417	0.119	-0.578	0.139	0.000	0.119
C_7	0.361	0.250	-0.406	-1.335	-0.295	-0.651	-0.597	-0.768	0.080	-0.584	0.000

表 3-9　指标 B_2 下的方案相对优势度

样本	C_{I1}	C_{I2}	C_{I3}	C_{I4}	C_1	C_2	C_3	C_4	C_5	C_6	C_7
C_{I1}	0.000	−0.863	−1.142	−1.365	−1.407	−1.786	−1.496	−1.804	−1.700	−1.839	−1.755
C_{I2}	0.140	0.000	−0.748	−1.058	−1.125	−1.581	−1.280	−1.629	−1.502	−1.634	−1.536
C_{I3}	0.186	0.122	0.000	−0.748	−0.875	−1.417	−1.137	−1.503	−1.354	−1.466	−1.352
C_{I4}	0.222	0.172	0.122	0.000	−0.668	−1.249	0.173	−1.395	−1.226	−1.285	−1.150
C_1	0.229	0.183	0.142	0.109	0.000	−1.142	0.140	−1.238	−1.056	−1.189	−1.051
C_2	0.290	0.257	0.230	0.203	0.186	0.000	0.187	0.169	0.146	−0.800	−0.796
C_3	0.243	0.208	0.185	−1.064	−0.862	−1.153	0.000	−1.067	−0.899	−1.175	−1.108
C_4	0.293	0.265	0.244	0.227	0.201	−1.040	0.173	0.000	0.125	−1.017	−1.052
C_5	0.276	0.244	0.220	0.199	0.172	−0.898	0.146	−0.769	0.000	−0.932	−0.910
C_6	0.299	0.266	0.238	0.209	0.193	0.130	0.191	0.165	0.152	0.000	0.103
C_7	0.285	0.250	0.220	0.187	0.171	0.129	0.180	0.171	0.148	−0.634	0.000

表 3-10　指标 B_3 下的方案相对优势度

样本	C_{I1}	C_{I2}	C_{I3}	C_{I4}	C_1	C_2	C_3	C_4	C_5	C_6	C_7
C_{I1}	0.000	−0.542	−0.855	−1.208	−1.462	−1.773	−1.761	−1.570	−1.787	−1.382	−1.683
C_{I2}	0.105	0.000	−0.662	−1.079	−1.358	−1.697	−1.687	−1.491	−1.703	−1.272	−1.594
C_{I3}	0.166	0.128	0.000	−0.852	−1.188	−1.581	−1.575	−1.375	−1.570	−1.089	−1.450
C_{I4}	0.234	0.209	0.165	0.000	−0.840	−1.387	−1.393	−1.210	−1.321	−0.704	−1.174
C_1	0.284	0.264	0.231	0.163	0.000	−1.147	−1.173	0.205	−1.029	0.096	−0.846
C_2	0.344	0.329	0.307	0.269	0.223	0.000	0.129	0.193	−1.052	0.235	−1.097
C_3	0.342	0.327	0.306	0.270	0.228	−0.667	0.000	0.178	−1.123	0.237	−1.153
C_4	0.305	0.289	0.267	0.235	−1.058	−0.997	−0.915	0.000	−1.242	−1.076	−1.187
C_5	0.347	0.330	0.305	0.256	0.200	0.204	0.218	0.241	0.000	0.220	0.120
C_6	0.268	0.247	0.211	0.137	−0.492	−1.210	−1.222	0.209	−1.135	0.000	−0.972
C_7	0.327	0.309	0.281	0.228	0.164	0.213	0.224	0.230	−0.620	0.189	0.000

表 3-11　指标 B_4 下的方案相对优势度

样本	C_{I1}	C_{I2}	C_{I3}	C_{I4}	C_1	C_2	C_3	C_4	C_5	C_6	C_7
C_{I1}	0.000	−0.932	−1.142	−1.547	−1.553	−1.840	−1.689	−1.881	−1.599	−1.834	−1.736
C_{I2}	0.212	0.000	−0.659	−1.234	−1.242	−1.596	−1.427	−1.645	−1.299	−1.580	−1.464
C_{I3}	0.260	0.150	0.000	−1.043	−1.054	−1.462	−1.284	−1.516	−1.119	−1.437	−1.308
C_{I4}	0.352	0.281	0.238	0.000	−0.308	−1.091	−0.945	−1.164	−0.410	−0.994	−0.790
C_1	0.354	0.283	0.240	0.070	0.000	−1.060	−0.895	−1.136	−0.397	−0.978	−0.777
C_2	0.419	0.364	0.333	0.249	0.241	0.000	0.177	−0.871	0.233	−0.755	0.201
C_3	0.385	0.325	0.293	0.215	0.204	−0.778	0.000	−0.948	0.205	−0.936	−0.904
C_4	0.429	0.375	0.345	0.265	0.259	0.199	0.216	0.000	0.251	−0.850	0.217
C_5	0.364	0.296	0.255	0.093	0.091	−1.022	−0.899	−1.103	0.000	−0.906	−0.677
C_6	0.418	0.360	0.327	0.227	0.223	0.172	0.213	0.194	0.206	0.000	0.141
C_7	0.396	0.334	0.298	0.180	0.177	−0.883	0.206	−0.951	0.154	−0.617	0.000

表 3-12　指标 B_5 下的方案相对优势度

样本	C_{I1}	C_{I2}	C_{I3}	C_{I4}	C_1	C_2	C_3	C_4	C_5	C_6	C_7
C_{I1}	0.000	−1.460	−1.599	−1.787	−1.980	−1.626	−1.862	−1.931	−2.023	−1.869	−2.023
C_{I2}	0.309	0.000	−0.652	−1.031	−1.342	−0.748	−1.161	−1.327	−1.411	−1.171	−1.411
C_{I3}	0.338	0.138	0.000	−0.799	−1.175	−0.510	−0.965	−1.193	−1.258	−0.977	−1.257
C_{I4}	0.378	0.218	0.169	0.000	−0.875	0.166	−0.591	−1.024	−0.995	−0.600	−0.995
C_1	0.419	0.284	0.249	0.185	0.000	0.240	0.143	0.191	−0.517	0.140	−0.540
C_2	0.344	0.158	0.108	−0.784	−1.132	0.000	−0.909	−1.105	−1.208	−0.930	−1.210
C_3	0.394	0.246	0.204	0.125	−0.676	0.192	0.000	−0.877	−0.817	−0.353	−0.824
C_4	0.409	0.281	0.253	0.217	−0.901	0.234	−0.877	0.000	−0.920	−0.929	−0.954
C_5	0.428	0.299	0.266	0.211	0.109	0.256	0.173	0.195	0.000	0.169	0.060
C_6	0.396	0.248	0.207	0.127	−0.662	0.197	0.075	0.197	−0.798	0.000	−0.797
C_7	0.428	0.299	0.266	0.211	0.114	0.256	0.174	0.202	−0.281	0.169	0.000

根据式(3-26)可得方案综合排序值为：$\pi_{I1} = 0$、$\pi_{I2} = 0.2832$、$\pi_{I3} = 0.4930$、$\pi_{I4} = 0.7576$、$\pi_1 = 0.8274$、$\pi_2 = 0.9221$、$\pi_3 = 0.8296$、$\pi_4 = 0.9044$、$\pi_5 = 0.9260$、$\pi_6 = 0.9862$、$\pi_7 = 1$。由于 $\pi_7 > \pi_6 > \pi_5 > \pi_4 > \pi_3 > \pi_{I4} > \pi_2 > \pi_1 > \pi_{I3} > \pi_{I2} > \pi_{I1}$，可得排序结果为：$C_7 > C_6 > C_5 > C_4 > C_3 > C_{I4} > C_2 > C_1 > C_{I3} > C_{I2} > C_{I1}$。

最后，根据占优理论可得最终排序结果。排名第 i 的样本分配 $12-i$ 分。例如，第一名分配 11 分。因此，各样本的总体分数为：$O_{I1} = 3$、$O_{I2} = 6$、$O_{I3} = 9$、$O_{I4} = 16$、$O_1 = 16$、$O_2 = 19$、$O_3 = 18$、$O_4 = 21$、$O_5 = 27$、$O_6 = 30$、$O_7 = 33$。由于 $O_7 > O_6 > O_5 > O_4 > O_2 > O_3 > O_1 = O_{I4} > O_{I3} > O_{I2} > O_{I1}$，最后排序结果为：$C_7 > C_6 > C_5 > C_4 > C_2 > C_3 > C_1 = C_{I4} > C_{I3} > C_{I2} > C_{I1}$。由此可知，这 7 个深度的岩体均存在强烈岩爆风险。

3.1.4　结果讨论

3.1.4.1　合理性分析

第一，标准样本 I_1、I_2、I_3、I_4 的岩爆风险评估结果为 $C_{I4} > C_{I3} > C_{I2} > C_{I1}$，这与事实相符。

第二，评估结果表明竖井这 7 个深度处岩爆风险均为强烈，可用 3 个理由说明其合理性：①根据 -930 m 处现场条件，巷道围岩板裂现象较为普遍（见图 3-4），且钻孔岩芯存在多处饼化现象，这些迹象表明该区域岩爆风险较高。②基于实验室测试，岩石能量储存能力较大，为岩爆提供了较好的内在条件；所选择岩体的完整性系数较大，且地应力也相对较高，为岩爆创造了可靠的外在条件；这种情况下岩爆风险通常较高。③与新城金矿相距约 30 km 处的玲珑金矿深部开采常发生岩爆和板裂破坏现象[15, 200]，而玲珑金矿与新城金矿在岩性、开采深度及采矿方法方面均非常接近，从这个角度来看，新城金矿岩爆风险也可能较高。

第三，评估结果表明 7 个深度位置岩爆风险排序为 $C_7 > C_6 > C_5 > C_4 > C_2 > C_3 > C_1$。根据大量研究与工程经验，岩爆频率与深度成正比。然而，也存在一些特殊情况。由于 -1050 m 水平地应力相对更大，故 -1050 m 处评估的岩爆风险高于 -1150 m 处，这也与实际情况较为吻合。

根据以上分析，用本章提出的方法评估的结果较为合理。然而，需要指出的是，岩爆风险评估的具体等级受表 3-2 的分级标准影响很大。

3.1.4.2　对比分析

1. 决策信息处理方法对比

大部分文献均采用实数值来表示决策信息[77, 107, 113]。然而，由于岩体的各向异性，岩爆风险指标具有不止一个可能的值，仅采用一个平均值描述指标值可能会使原始信息丢失。在工程地质领域中，一些模糊集也常被用来描述决策信息的不确定性，如三角模糊集[212]、梯形模糊集[280]、中智集[281]、粗糙集[282]等。尽管这些模糊集能在一定程度上表示指标值的不确定性，但在几个测试结果中犹豫不决的情况仍不能得到充分的描述。与其他指标值表示方法相比，犹豫模糊集能更好地描述岩爆风险的初始信息。一方面，所有原始的指标值都可在犹豫模糊集中表示，从而能可靠地描述初始决策信息。另一方面，犹豫模糊集中存在多个不同值，从而能解释即使在相同深度和岩性条件下岩爆发生位置的不确定性，而当用平均值来表示初始指标值时，这种现象则无法得到解释。总之，犹豫模糊集的使用丰富了工程地质领域决策信息的表达方式。对于与岩石或土壤相关的客观评价信息，当某指标存在多个评价值时，犹豫模糊集可更可靠地表达此类信息。对于主观评价信息，当一组决策者之间存在不同意见时，也可采用犹豫模糊集来更完整地表示这些意见。

2. 权重计算方法对比

组合赋权法同时考虑客观事实和主观偏好信息，因而被优先采用。专家打分法是一种经典的主观赋权法。由于各专家评分相互独立，因此评分信息更适合用犹豫模糊集来描述，而非平均值。基于犹豫模糊集改进的专家打分法更适合确定主观权重值。熵权模型是一种典型的客观赋权法，但不能处理犹豫模糊信息。因此，可先利用犹豫模糊集对传统的熵权法进行扩展计算客观权重值。然后，将主、客观权重相结合计算综合权重。这为岩爆风险指标综合权重确定提供了理论依据。

3. 排序方法对比

与其他类型多准则决策方法相比，基于距离测度的决策方法使用最为频繁[268]。本章集成基于犹豫模糊集扩展的 TOPSIS、VIKOR 和 TODIM 决策方法来确定最终排序结果。理由有三：①它们都是基于距离测度的经典决策方法，除确定距离测度外无须再获取其他信息；②即使它们都是基于距离测度的方法，但仍考虑了不同的角度，如 TOPSIS 和 VIKOR 法分别计算方案与正理想解和负理想解间的距离，而 TODIM 法计算方案间的距离；③由于 TOPSIS 和 VIKOR 法建立在完全理性的基础上，而 TODIM 法建立在有限理性的基础上，因此无论决策者是完全理性或有限理性，都可得到最终排序结果。此外，考虑到犹豫模糊集的优势，所提出基于距离的模糊犹豫排序方法可获得更合理的排序结果，这是在犹豫模糊环境下对多准则决策方法的改进。

综上，本章所提出的方法的优势归纳如下。

①岩爆风险初始指标值用犹豫模糊集而不是平均值表示，可更充分地描述犹豫不决的决策信息。

②综合采用改进的专家打分法和基于犹豫模糊集扩展的熵权模型可更全面合

理地确定指标权重。

③基于 3 种基于距离的犹豫模糊多准则决策方法的排序结果，并根据占优理论集成为最终结果，同时结合这些方法的优点，可得到可行的评估结果。

④将所提出的方法应用于深竖井岩爆风险评价中，得到了有效排序结果及具体岩爆风险等级。此外，该方法可用于工程地质领域的其他类似问题，如地质灾害风险评价和灾害管理方案的选择等。

3.2　基于 SMOTE 和集成学习的长期岩爆风险评估

随着岩爆数据的大量积累，可采用机器学习算法开发先进的岩爆风险评估模型。机器学习能深度挖掘变量之间的隐性关系，可有效处理非线性问题。集成学习是机器学习的一个分支，通过将多个单一模型的差异化评估结果按集成策略确定最终结果。由于具有优秀的评估性能，集成学习受到广泛关注，并用于岩性分类[283]、滑坡风险评估[284]、岩芯图像处理[285]等多个工程地质领域。典型的集成学习方法包括：RF[286]、AdaBoost[287]、GBDT[288]、XGBoost[289] 和 LightGBM[290]。这些集成学习算法通过将多棵决策树集成为强分类器使各决策树误差相互补偿，来提高评估性能。尽管已有大量机器学习算法用于岩爆风险评估，但目前还没有同时采用这 5 种集成学习算法进行长期岩爆风险评估的对比研究。

考虑到岩爆数据库各类别数据量分布较不均衡，而不平衡数据集将极大制约集成学习算法的评估效果。SMOTE 算法[291]能较好地处理数据集的不平衡分布问题。该方法可根据原始数据少数类样本特征，按一定规则合成新样本，使数据集保持均衡。因此，将 SMOTE 和集成学习算法结合能更有效地对不平衡岩爆数据集进行评估。

本节主要目的是采用 SMOTE 和集成学习算法对长期岩爆风险进行评估。首先，建立了长期岩爆风险数据库；其次，采用 SMOTE 对不平衡岩爆数据集进行预处理；然后，利用随机森林（RF）、AdaBoost、梯度提升树（GBDT）、XGBoost 及 LightGBM 集成学习算法对长期岩爆风险进行评估；最后，在分析比较各集成学习算法的评估性能后，选择最优算法对某金矿深部开采长期岩爆风险进行评估。

3.2.1　基于 SMOTE 和集成学习的岩爆风险评估模型

3.2.1.1　SMOTE 算法原理

对于不平衡数据集，由于在训练过程中对少数类样本获取的信息太少，机器学习分类算法往往难以获得较好效果。解决此类问题的一个重要手段是从数据角度出发，利用欠采样或过采样技术对原始数据进行预处理。最简单的过采样技术是对少数类样本进行随机复制而使各类别数据保持均衡，然而该方法易导致过拟合问题，即模型缺乏泛化能力而无法对未知数据进行有效评估。为此，Chawla 等[291]提出 SMOTE 方法，根据少数类样本特征人工合成新样本来平衡原始数据集。计算流程如下。

①根据样本不平衡比例，确定采样倍率 N（新增少数类样本数量与原数据集少数类样本数量的倍数）。

②对于少数类样本 X，根据欧式距离得到与该样本最近的 $k(k>N)$ 个少数类样本。

③从 k 个少数类样本中随机选取 N 个样本 X_a，根据式（3-28）插值得到 N 个新样本：

$$X_{new}=X+\theta(X_a-X) \tag{3-28}$$

式中：θ 为 0~1 间的随机数。

④对于每个少数类样本，均进行步骤（2）~（3）操作，即得到新的数据集。

SMOTE 算法是根据距离生成与原少数类样本相似的新样本，而非简单地复制，因此模型能学习更多特征信息而提高了泛化能力。

3.2.1.2　集成学习算法原理

集成学习通过按照一定策略对多个有差异的基学习器进行组合来达到评估目的。由于决策树算法计算速度快，准确性高，能处理多类型数据，且无须任何参数假设，因此大多数集成学习算法均采用决策树作为基学习器。根据基学习器间的交互关系，集成学习方法主要分为两种类型：装袋（Bagging）型[292]和提升（Boosting）型[293]。对于 Bagging 型方法，各基学习器间相互独立，以并行方式实现。Bagging 集成学习方法流程见图 3-8。首先，采用自助重采样技术从原数据集中得到训练样本集。随后，使用各样本集对基础学习者进行独立训练。最后，根据投票法获得评估结果。基于 Bagging 思想，主要代表算法为随机森林算法。

对于 Boosting 型方法，基学习器间存在相互依赖关系，随后的基学习器加强了对前一轮基学习器误分类样本的关注。Boosting 集成学习方法流程见图 3-9。首先，采用原始数据集训练基学习器；然后，根据前一基学习器的分类误差调整随后基学习器的样本分布，重复该过程直至达到指定迭代次数；最后，通过组合所有基学习器结果得到最终评估结果。基于 Boosting 思想，主要代表算法为 AdaBoost、GBDT、XGBoost 及 LightGBM 算法。

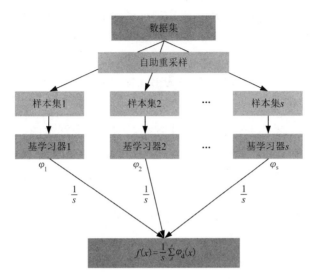

图 3-8　**Bagging** 集成学习方法流程图

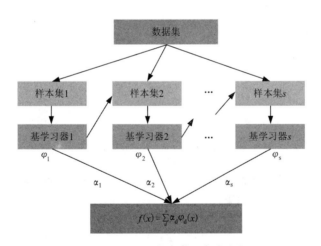

图 3-9　**Boosting** 集成学习方法流程图

1. 随机森林算法

随机森林算法是 Breiman[286] 提出的一种典型的 Bagging 族算法。但是，随机森林算法在特征选择上与 Bagging 方法不同。该算法从原始特征中随机选取特征，有利于提高模型的泛化能力。随机森林算法计算步骤如下。

① 从原数据集 $\{x_i, y_i\}_{i=1}^m$ [其中 $x_i = (x_{1i}, x_{2i}, \cdots, x_{Bi})$ 为特征，B 为特征总数，

y_i 为标签, m 为样本总数] 中(有放回的)随机抽取数据, 组成训练样本集。

②随机选取 b 个特征($b \leq B$), 采用训练样本集对决策树进行训练。

③重复步骤①~②, 得到各决策树评估结果, 根据投票法确定最终结果:

$$f(x) = \text{majorityvote} \left\{ T_n(x) \right\}_{n=1}^{N} \tag{3-29}$$

式中: majorityvote 为多数投票; $T_n(x)$ 为第 n 棵决策树评估结果, $n = 1, 2, \cdots, N$。

2. AdaBoost 算法

AdaBoost 算法通过改变样本权重来提高对错误分类样本的关注, 能显著提升集成模型评估效果, 但易受噪声影响。同时, AdaBoost 根据错误率调整决策树的权重, 即增加准确率高的决策树权值, 使其在模型集成时发挥更大作用。AdaBoost 算法计算步骤如下[287]。

①赋予各训练样本相同初始权重, 即 $\omega_1 = (\omega_{1,1}, \omega_{1,2}, \cdots, \omega_{1,m})^{\text{T}}$, $\omega_{1,i} = 1/m$。

②采用决策树 $T_n(x)$ 对赋权样本进行训练, 并得到分类误差 e_n:

$$e_n = \sum_{i=1}^{m} \omega_{n,i} I(T_n(x) \neq y_i) \tag{3-30}$$

式中: $I(\cdot)$ 为示性函数。

③根据分类误差更新训练样本权重, 其中分类错误样本得到更大权重, 权重更新公式为:

$$\omega_{n+1,i} = \frac{\omega_{n,i}}{\sum\limits_{i=1}^{m} \omega_{n,i}} \exp(-\alpha_n y_i T_n(x)) \tag{3-31}$$

$$\alpha_n = 0.5 \log \left(\frac{1-e_n}{e_n} \right) + \log(B-1) \tag{3-32}$$

④根据分类错误率得到各决策树的权值, 错误率越小的决策树权值越大, 将所有决策树加权得到最后结果:

$$f(x) = \sum_{n=1}^{N} \alpha_n T_n(x) \tag{3-33}$$

3. GBDT 算法

GBDT 算法首先选择将前一决策树的残差作为下一决策树的输入。然后, 新增决策树, 目的是减少残差, 使得在每次迭代中模型损失都沿负梯度方向减小。最后, 将各决策树结果相加确定最终结果。GBDT 主要计算步骤如下[288]。

①初始化损失函数的常数值 γ:

$$F_0(x) = \arg \min_{\gamma} \sum_{i=1}^{m} L(y_i, \gamma) \tag{3-34}$$

式中：$L(y_i, \gamma)$ 为损失函数。

②计算损失函数负梯度方向残差：

$$\hat{y}_i = -\left[\frac{\partial L(y_i, F(x_i))}{\partial F(x_i)}\right]_{f(x)=f_{n-1}(x)} \tag{3-35}$$

式中：n 为迭代次数（决策树数量），$n = 1, 2, \cdots, N$。

③通过拟合样本数据获得初始模型 $T(x_i; \alpha_n)$，参数 α_n 根据最小二乘法计算：

$$\alpha_n = \arg\min_{\alpha, \beta} \sum_{i=1}^{m} (\hat{y}_i - \beta T(x_i; \alpha))^2 \tag{3-36}$$

④使损失函数最小化，当前模型权值计算式为：

$$\gamma_n = \arg\min_{\gamma} \sum_{i=1}^{m} L(y_i, F_{n-1}(x) + \gamma T(x_i; \alpha_n)) \tag{3-37}$$

⑤模型更新为：

$$F_n(x) = F_{n-1}(x) + \gamma_n T(x_i; \alpha_n) \tag{3-38}$$

⑥通过 N 次迭代后 GBDT 模型为 $F_N(x)$，由此得到最终结果。

4. XGBoost 算法

基于 GBDT 结构，Chen 和 Guestrin[289] 提出 XGBoost 算法。由于该算法在 Kaggle 机器学习比赛中表现非常出色，因此受到广泛关注。目标函数为：

$$O = \sum_{i=1}^{n} L(y_i, F(x_i)) + \sum_{k=1}^{t} R(f_k) + C \tag{3-39}$$

式中：$R(f_k)$ 为在 k 次迭代时的正则化项；C 为常数项，通常可被选择性省略。

正则化项 $R(f_k)$ 表示为：

$$R(f_k) = \alpha H + \frac{1}{2}\eta \sum_{j=1}^{H} w_j^2 \tag{3-40}$$

式中：α 为叶子的复杂度；H 为叶子数量；η 为惩罚参数；w_j 为每个叶节点的输出结果。特别地，叶子表示根据分类规则评估的类别，叶子节点表示决策树不能分割的节点。

此外，XGBoost 目标函数采用二阶泰勒级数来代替 GBDT 的一阶导数。若以均方误差为损失函数，则目标函数为：

$$O = \sum_{i=1}^{n} \left[p_i w_{q(x_i)} + \frac{1}{2}(q_i w_{q(x_i)}^2)\right] + \alpha H + \frac{1}{2}\eta \sum_{j=1}^{H} w_j^2 \tag{3-41}$$

式中：$q(x_i)$ 表示将数据点分配给相应叶子的函数；g_i 和 h_i 分别为损失函数的一阶和二阶导数。

最终损失值根据所有损失值的总和计算。由于样本在决策树中对应于叶节点，因此最终损失值可通过对叶节点的损失值求和确定。因此，目标函数也可表示为：

$$O = \sum_{j=1}^{T} \left[P_j w_j + \frac{1}{2}(Q_j + \eta) w_j^2 \right] + \alpha H \tag{3-42}$$

式中：$P_j = \sum_{i \in I_j} p_i$；$Q_j = \sum_{i \in I_j} q_i$；$I_j$ 表示叶节点 j 内的所有样本。

此外，由于引入了正则化项，XGBoost 具有更好的抗过拟合能力。

5. LightGBM 算法

LightGBM 是由微软亚洲研究院[290]提出的另一种基于 GBDT 框架的集成学习算法。其目的在于提高计算效率，从而更有效地解决大数据的评估问题。GBDT 采用按层(level-wise)迭代方式，利用预分类方法来选择和分割节点。虽然该方法可准确确定分割点，但需保存数据特征值及特征排序结果，因而会消耗更多的时间和内存。LightGBM 采用基于直方图(Histogram)的算法和带有深度限制的按叶子(leaf-wise)的生长策略来提高训练速度，减少内存消耗。基于直方图的决策树算法见图 3-10。具体步骤参照文献[290]。

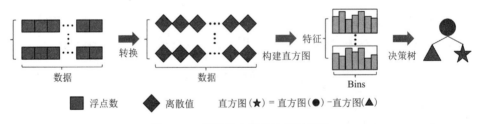

图 3-10　基于直方图的决策树算法

按层和按叶子的决策树生长策略见图 3-11。按层的生长策略，同一层叶片被同时分割。该方法有利于进行多线程优化，减少模型复杂性，不易过拟合。然而，由于不区分对待具有不同信息增益的同一层叶子，而很多信息增益较低的叶子无须搜索和分割，因此额外增加了大量内存消耗，导致该方法效率低下。相反，按叶子的生长策略只分割在同一层具有最大信息增益的叶子。考虑到这种策略可能会生成深度较高的决策树而导致过拟合，因此在树生长过程中增加了最大深度限制。

以上 5 种集成学习算法原理，其优缺点见表 3-13。

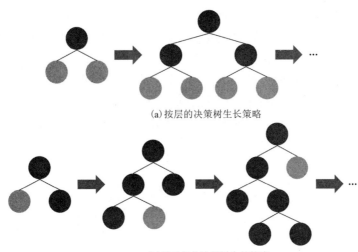

(a)按层的决策树生长策略

(b)按叶子的决策树生长策略

图 3-11　按层和按叶子的决策树生长策略

表 3-13　集成学习算法优缺点

算法	优点	缺点
RF	相对容易实现；能较好训练高维数据；易做成并行化方法；当特征遗失时，仍具有一定准确度	很难解释；对于低维数据可能效果一般；在计算和内存方面消耗较大；在噪声较大时易过拟合
AdaBoost	灵活且不易过拟合；在此框架下，可使用不同分类模型构建基学习器	对异常值敏感；由于错误分类样本会得到更多关注，因此易受噪声影响
GBDT	由于使用了鲁棒的损失函数，因此对异常值不敏感；可灵活地处理各种类型的数据，包括连续和离散值	由于基学习器间的依赖关系，因此很难并行地训练数据
XGBoost	由于在目标函数中增加了正则化项，因此不易过拟合	因为采用贪心算法确定最优特征分割点，所以当数据量较大时非常耗时
LightGBM	由于采用按叶子的生长策略，因此不易过拟合；数据分割复杂度低，训练速度快，无须很高的计算内存	虽然它更适合处理大量数据，但对小数据集并无特别优势

3.2.1.3　岩爆风险评估模型的构建

基于 SMOTE 和集成学习的岩爆评估模型结构见图 3-12。主要步骤如下：

①将岩爆数据按7∶3的比例分为训练集与测试集，且使训练集和测试集中不同风险级别的岩爆样本所占比例保持一致；②采用SMOTE方法对训练集样本进行预处理，使各风险等级样本数保持均衡；③基于预处理后的训练集，采用随机搜索法和五折交叉验证法优化这5种集成学习模型超参数；④采用预处理后的训练集对各超参数优化后的模型进行拟合；⑤基于测试集采用准确率、卡帕系数、查准率、召回率和F_1值来评估模型性能；⑥基于这些性能评价指标得到岩爆最优评估模型；⑦如果最优模型评估性能可被接受，则可用于工程实践。模型超参数优化及性能评价指标详细介绍如下。

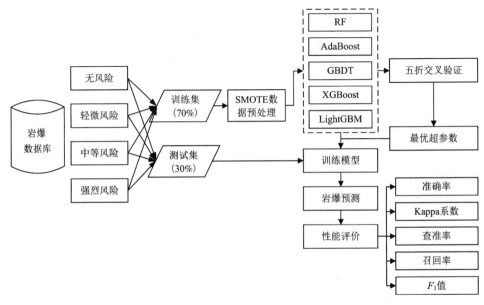

图3-12　基于SMOTE和集成学习的岩爆风险评估模型框架图

3.2.1.4　超参数优化

大部分机器学习算法都包含需要调优的超参数。为提高模型评估性能，这些超参数需根据数据集进行优化，而非人为指定。超参数搜索方法一般包括网格搜索、贝叶斯优化、启发式搜索和随机搜索等。由于随机搜索法在同时对多个超参数调优时效率更高，因此本章采用随机搜索法来识别各模型最优超参数。

通常，K折交叉验证法被用于模型超参数配置，且K取值范围为5～10。在考虑岩爆样本数量后，本章采用五折交叉验证法，见图3-13。训练集被随机分成数量基本相等的5部分，其中4部分组成训练子集，剩余的一部分作为验证集。训练子集用于拟合模型，验证集用于评估模型性能。此过程重复5次，直至每个样本均被选为验证集 1 次。根据 5 次验证集平均精度确定模型最优超参数值。

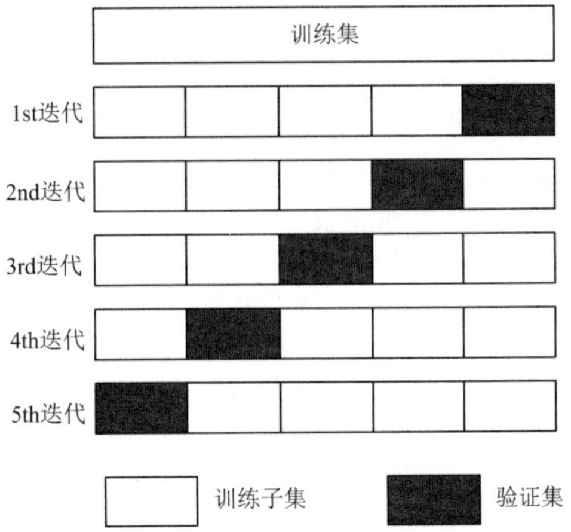

图 3-13　五折交叉验证法流程图

本章选取 RF、AdaBoost、GBDT、XGBoost 及 LightGBM 算法的一些关键超参数进行优化，具体含义见表 3-14。首先指定不同超参数值的搜索范围，为保证结果更客观，不同算法相同超参数的搜索范围保持一致，搜索次数均为 50 次。然后通过交叉验证最大平均精度得到每组超参数的最优值。

表 3-14　集成学习算法超参数选择及优化结果

算法	超参数	含义	搜索范围	最优值
RF	n_estimators	树的数量	$[100, 2000)$	400
	min_samples_split	节点分割所需最小样本数	$[2, 20)$	2
	min_samples_leaf	叶节点上所需的最小样本数	$[2, 20)$	2
	max_depth	树的最大深度	$[10, 100)$	80
AdaBoost	n_estimators	基分类器提升次数	$[100, 2000)$	200
	learning_rate	学习率	$[0.01, 0.2)$	0.08
GBDC	n_estimators	树的数量	$[100, 2000)$	100
	learning_rate	学习率	$[0.01, 0.2)$	0.18
	max_depth	树的最大深度	$[10, 100)$	40
	min_samples_leaf	叶节点上所需的最小样本数	$[2, 20)$	10
	min_samples_split	节点分割所需最小样本数	$[2, 20)$	19

算法	超参数	含义	搜索范围	最优值
XGBoost	n_estimators	树的数量	$[100, 2000)$	1400
	learning_rate	学习率	$[0.01, 0.2)$	0.18
	max_depth	树的最大深度	$[10, 100)$	40
	colsample_bytree	树随机采样的列数占比	$[0.1, 2)$	0.90
	subsample	树随机采样的样本比例	$[0.1, 2)$	0.6
LightGBM	n_estimators	树的数量	$[100, 2000)$	200
	learning_rate	学习率	$[0.01, 0.2)$	0.17
	max_depth	树的最大深度	$[10, 100)$	40
	num_leaves	每棵树叶节点数	$[2, 100)$	57

3.2.1.5 性能评价指标

对于岩爆风险评估问题，要同时考虑模型总体及各风险水平评估性能。因此，本章采用 5 个指标来评价模型性能，包括准确率、卡帕系数、查准率、召回率和 F_1 值[294]。假设混淆矩阵为：

$$G = \begin{bmatrix} g_{11} & g_{12} & \cdots & g_{1E} \\ g_{21} & g_{22} & \cdots & g_{2E} \\ \vdots & \vdots & \ddots & \vdots \\ g_{E1} & g_{E2} & \cdots & g_{EE} \end{bmatrix} \tag{3-43}$$

式中：E 为岩爆等级数；g_{aa} 表示等级 a 被正确评估的样本数量；g_{ab} 表示等级 a 被评估成等级 b 的样本数。

准确率表示被正确评估的样本所占比例，计算公式为：

$$\text{Accuracy} = \frac{1}{\sum\limits_{a=1}^{E}\sum\limits_{b=1}^{E} g_{ab}} \sum\limits_{a=1}^{E} g_{aa} \tag{3-44}$$

卡帕系数是一种一致性检验指标，可用于评价模型评估结果和实际结果的一致性程度。取值范围为 -1~1，且值越大表示一致性越好。计算公式为：

$$\text{Kappa} = \frac{m\sum\limits_{a=1}^{E} g_{aa} - \sum\left(\sum\limits_{a=1}^{E} g_{ab} \times \sum\limits_{b=1}^{E} g_{ab}\right)}{m^2 - \sum\left(\sum\limits_{a=1}^{E} g_{ab} \times \sum\limits_{b=1}^{E} g_{ab}\right)} \tag{3-45}$$

查准率表示准确评估样本的能力，计算公式为：

$$\text{Precision} = \frac{g_{aa}}{\sum_{a=1}^{E} g_{ab}} \qquad (3-46)$$

召回率表示在实际样本中正确评估尽可能多样本的能力，计算公式为：

$$\text{Recall} = \frac{g_{aa}}{\sum_{b=1}^{E} g_{ab}} \qquad (3-47)$$

F_1 值可衡量查准率和召回率的综合性能，计算公式为：

$$F_1 = \frac{2 \times \text{Precision} \times \text{Recall}}{\text{Precision} + \text{Recall}} \qquad (3-48)$$

3.2.2　模型可靠性验证

3.2.2.1　数据获取及分析

为验证所提出基于 SMOTE 和集成学习的岩爆评估模型的有效性，本章根据公开文献资料搜集国内外硬岩矿山、隧道、硐室等岩爆案例，建立长期岩爆风险数据库。该数据库集成了 Zhou 等[113]、Xue 等[83]、Pu 等[125]、Liu 等[82]、Jia 等[85]、杜子建等[295]、Wu 等[124]、Li 等[115] 及 Xue 等[92] 搜集的数据，经去重后包含 355 个岩爆案例，部分数据见表 3-15。该数据库岩爆评估指标包括 σ_θ、σ_c、σ_t、σ_θ/σ_c、σ_c/σ_t 及 W_{et}，其统计特征见表 3-16。这 6 个指标能综合反映岩石强度、脆性、能量及应力特征，且易于获取，已得到广泛使用。岩爆风险等级作为模型输出，分为无、轻微、中等、强烈 4 个等级，并分别标记为 0、1、2、3。本数据库中各等级岩爆案例数量分布较为不均，具体见图 3-14。

表 3-15　部分长期岩爆风险评估数据

序号	σ_θ/MPa	σ_c/MPa	σ_t/MPa	σ_θ/σ_c	σ_c/σ_t	W_{et}	等级
1	90	170	11.3	0.53	15.04	9	2
2	90	220	7.4	0.41	29.73	7.3	1
3	62.6	165	9.4	0.38	17.55	9	1
4	55.4	176	7.3	0.31	24.11	9.3	2
5	30	88.7	3.7	0.34	23.97	6.6	2
6	48.75	180	8.3	0.27	21.69	5	2
7	80	180	6.7	0.44	26.87	5.5	1
8	89	236	8.3	0.38	28.43	5	2

续表 3-15

序号	σ_θ/MPa	σ_c/MPa	σ_t/MPa	σ_θ/σ_c	σ_c/σ_t	W_{et}	等级
9	98.6	120	6.5	0.82	18.46	3.8	2
10	108.4	140	8	0.77	17.5	5	3
…	…	…	…	…	…	…	…
346	34.89	151.7	7.47	0.23	20.31	3.17	1
347	16.21	135.07	7.05	0.12	19.16	2.49	2
348	40.56	140.83	8.39	0.29	16.79	3.63	3
349	35.82	127.93	4.43	0.28	28.88	3.67	1
350	33.15	106.94	5.84	0.31	18.31	2.15	2
351	9.74	88.51	2.16	0.11	40.98	1.77	0
352	33.94	117.48	4.23	0.29	27.77	2.37	1
353	18.32	96.41	2.01	0.19	47.97	1.87	0
354	110.35	167.19	12.67	0.66	13.2	6.83	3
355	20.82	122.47	6.22	0.17	19.69	2.81	1

表 3-16   岩爆各指标统计特征

特征参数	σ_θ/MPa	σ_c/MPa	σ_t/MPa	σ_θ/σ_c	σ_c/σ_t	W_{et}
最小值	2.6	20	0.4	0.05	0.15	0.81
最大值	297.8	304.2	22.6	4.87	80	30
平均值	57.12	119.85	6.99	0.53	22.10	5.05
标准差	47.68	46.24	4.17	0.57	13.85	3.62

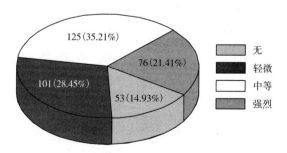

图 3-14   数据库中各岩爆等级案例分布

  图 3-15 为各指标对应于各岩爆等级的箱形图。由此可知：①所有指标都存在一些异常值；②岩爆风险等级与指标 σ_θ、σ_θ/σ_c 及 W_{et} 具有明显的正相关关系（皮尔逊系数分别为 0.5032、0.3645、0.4782），与 σ_c、σ_t 具有较弱的正相关关系（皮尔逊系数分别为 0.1988、0.2172），而与 σ_c/σ_t 成一定负相关关系（皮尔逊系数为 -0.0205）；③同一指标在不同等级的上下四分位间距离（箱的高度）不同；④不同等级的指标值范围存在重叠部分；⑤中位数不在箱的中心，指标值分布不对称。这些数据特征在一定程度上说明了岩爆风险评估的复杂性。

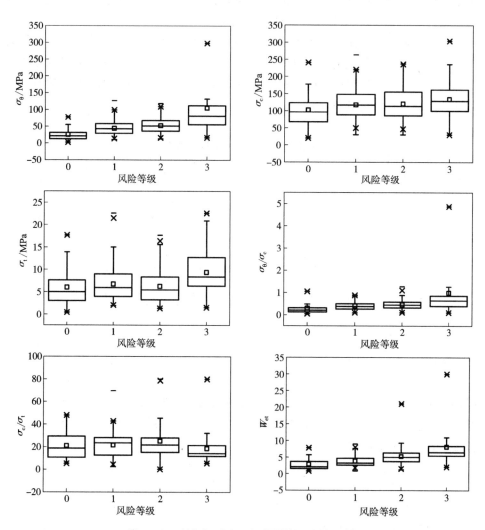

图 3-15 各指标对应于各岩爆等级的箱形图

3.2.2.2 模型评估性能分析

首先在训练集上采用随机搜索及五折交叉验证法对各集成模型超参数进行优化，优化结果见表3-14。然后采用具有最优超参数的各模型对测试集进行评估，评估结果分析如下。

1. 高斯过程算法

各模型评估结果可由式(3-43)定义的混淆矩阵表示，见表3-17。混淆矩阵中第一行第四列及第四行第一列的值特别重要。第一行第四列的值表示风险等级为0被评估为3的样本数量，这种情况会造成不必要的恐慌和岩爆预防经济损失。AdaBoost出现1次这种类型误判，而在其他模型中没有这种情况。第四行第一列的值表示风险等级为3被评估为0的样本数量，这种情况可能会造成非常严重的事故，甚至人员伤亡。这5种模型都没有出现这种误判，说明集成学习模型对这种情况具有一定的可靠性。

表 3-17　各模型岩爆评估结果

风险等级	RF				AdaBoost				GBDT				XGBoost				LightGBM			
	0	1	2	3	0	1	2	3	0	1	2	3	0	1	2	3	0	1	2	3
0	10	4	2	0	9	6	0	1	12	3	1	0	12	2	2	0	10	4	2	0
1	7	15	1	1	6	18	6	1	2	22	7	0	4	20	5	2	2	20	8	1
2	3	7	20	8	3	8	12	15	1	6	22	9	2	5	22	9	1	8	19	10
3	0	0	4	19	0	1	3	19	0	1	2	20	0	1	1	21	0	1	1	21

各模型分类精度及卡帕系数见图3-16。由图3-16可知，GBDT分类精度最高，为0.7037。其次为XGBoost和LightGBM，精度分别为0.6944和0.6481。前3名均为GBDT类算法。AdaBoost分类精度最差，仅为0.5370。各模型卡帕系数排序与精度排序完全一致，GBDT卡帕系数值最高，为0.5957，评估结果与实际结果具有较高的一致性。根据精度及卡帕系数排序，各模型性能排序为：GBDT>XGBoost>LightGBM>RF>AdaBoost。

在工程实践中，由于中等及强烈岩爆会造成更严重的后果，应引起更多重视。因此，将无及轻微风险岩爆案例合并为低风险组，将中等及强烈风险岩爆案例合并为高风险组。这两组分类精度见图3-17。对于低风险组，各模型性能排序为：GBDT>XGBoost>LightGBM>AdaBoost>RF。对于高风险组，各模型性能排序为：XGBoost>GBDT>LightGBM>RF>AdaBoost。如果将研究重点放在高风险岩爆评估上，则XGBoost评估性能更优，分类精度达0.7049。

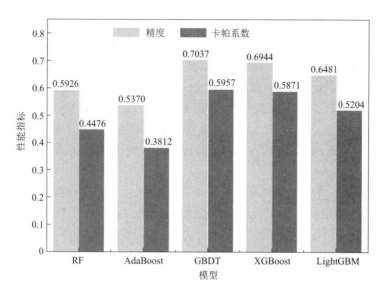

图 3-16　各模型分类精度及卡帕系数值

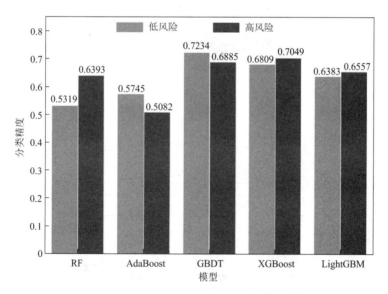

图 3-17　低风险和高风险岩爆评估精度

2. 平衡 Bagging 集成高斯过程模型

为比较各模型对不同等级岩爆风险的评估性能，根据式（3-46）~式（3-48）分别计算了查准率、召回率和 F_1 值。各等级岩爆风险查准率、召回率和 F_1 值分别见图 3-18、图 3-19 及图 3-20。由此可知，不同模型对不同等级岩爆风险的查准率、召回率和 F_1 值不同。对于无、轻微、中等、强烈岩爆风险,获得最高查准率的模型分别为:GBDT(0.8000)、XGBoost(0.7143)、XGBoost(0.7333)、GBDT(0.6897),获得最高召回率的模型分别为:GBDT 与 XGBoost(0.75)、GBDT(0.7097)、GBDT 与 XGBoost(0.5789)、XGBoost 与 LightGBM(0.913),获得最高 F_1 值的模型分别为:GBDT(0.7742)、GBDT(0.6984)、XGBoost(0.6471)、GBDT(0.7692)。根据各模型对不同等级岩爆风险的评估性能可知,GBDT 对无、轻微及强烈岩爆风险评估效果更优,而 XGBoost 对中等岩爆风险评估效果更好。

根据 F_1 值,这些模型对不同等级岩爆风险的总体评估性能不同。对强烈岩爆风险评估性能最优,其次为无及轻微岩爆风险,而对中等岩爆风险评估效果最差。

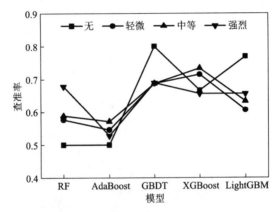

图 3-18　各等级岩爆风险查准率值

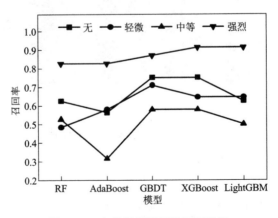

图 3-19　各等级岩爆风险召回率值

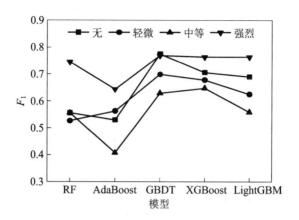

图 3-20　各等级岩爆风险 F_1 值

3. 岩爆风险评估模型的建立

集成学习模型根据指标值变异对模型输出结果变化的影响程度计算各指标的相对重要性。各指标重要度见图 3-21。由于各模型计算原理不同，导致得出的指标重要性具有一定差异。本章通过计算其平均值来比较各指标重要性程度，各指标相对重要性排序为：$W_{et} > \sigma_\theta > \sigma_\theta / \sigma_c > \sigma_c / \sigma_t > \sigma_c > \sigma_t$。由此可知，$W_{et}$、$\sigma_\theta$、$\sigma_\theta / \sigma_c$ 及 σ_c / σ_t 对评估结果具有更重要的影响。

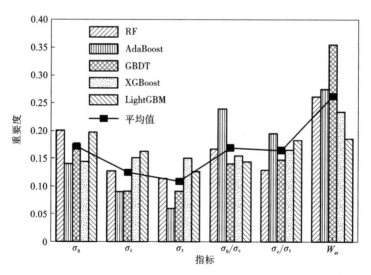

图 3-21　各指标重要度

3.2.3 工程应用

3.2.3.1 工程背景

某金矿位于山东省莱州市,开采深度已超过 1000 m。矿体主要分布于断裂带主裂面以下,除断裂带附近外,其他部位岩体完整性较好。在高应力环境下,存在岩爆潜在威胁。在深部开拓、采准、切割巷道施工时,岩石板裂现象明显,多次发生轻微岩爆,局部发生中等岩爆,见图 3-22。随着矿山开采强度及深度的继续增大,岩石有向中等甚至强烈岩爆发展的趋势。因此,根据岩石本身性质及应力环境对岩爆长期风险进行评估极为

图 3-22 巷道岩爆破坏形态

必要。本章根据矿山主要巷道工程的布置位置,选取不同深度不同岩性的岩石试样进行试验,然后采用 SMOTE 和集成学习模型对其长期岩爆风险进行评估。

3.2.3.2 指标值确定

首先深入现场对不同深度不同岩性的岩体进行实地取样,然后加工成标准岩石试样,进行单轴压缩试验、劈裂拉伸试验及单轴压缩加卸载试验,可得到岩石单轴抗压强度 σ_c、劈裂拉伸强度 σ_t 及弹性应变能指数 W_{et},并进一步可得指标 σ_c/σ_t 值。

根据矿区 15 个测点的地应力测试结果,进行最小二乘线性拟合,可得地应力公式为[296]:

$$\begin{cases} \sigma_1 = 0.040H + 3.130 \\ \sigma_2 = 0.026H + 0.828 \\ \sigma_3 = 0.025H + 1.423 \end{cases} \quad (3-49)$$

根据基尔希公式($\sigma_\theta = 3\sigma_1 - \sigma_3$)确定最大切向应力 σ_θ,由此可得指标 σ_θ/σ_c 值。各指标值计算结果见表 3-18。

表 3-18　各指标值计算结果

深度/m	岩性	σ_θ/MPa	σ_c/MPa	σ_t/MPa	σ_θ/σ_c	σ_c/σ_t	W_{et}
600	钾化花岗岩	64.97	168.08	11.66	0.39	14.41	5.69
705	黄铁绢英岩	74.94	154.76	5.28	0.48	29.29	3.69
780	绢云母化花岗岩	82.07	132.88	6.09	0.62	21.83	3.76
870	煌斑岩	90.62	125.39	6.79	0.72	18.47	3.05
915	绢英岩	94.89	154.90	3.05	0.61	50.84	5.72
960	绢英岩	99.17	161.58	6.90	0.61	23.43	6.08

3.2.3.3　评估结果分析

选择岩爆数据库作为训练集，运用 SMOTE 方法对该训练集进行预处理使样本保持均衡，采用具有最优超参数的各模型对表 3-18 样本进行评估，评估结果见表 3-19。根据 3.2.2 节中模型可靠性分析可知，GBDT、XGBoost 及 LightGBM 算法评估精度更高。因此，岩爆风险仅根据这 3 种模型评估结果确定。由表 3-19 可知，600 m 深的的钾化花岗岩主要以轻微风险为主，可能存在中等岩爆倾向；705 m 深的黄铁绢英岩、780 m 深的绢云母化花岗岩、870 m 深的煌斑岩、915 m 深的绢英岩为中等风险；960 m 深的的绢英岩主要为中等风险，可能存在强烈风险。根据现场岩爆情况，岩爆风险随开采深度的增加而增加，且目前主要以轻微和中等风险为主。本章评估结果与现场情况基本相符，验证了基于 SMOTE 和集成学习的岩爆评估模型的有效性。

表 3-19　矿区岩爆评估结果

深度/m	岩性	GBDT	XGBoost	LightGBM
600	钾化花岗岩	轻微	中等	轻微
705	黄铁绢英岩	中等	中等	中等
780	绢云母化花岗岩	中等	中等	中等
870	煌斑岩	中等	中等	中等
915	绢英岩	中等	中等	中等
960	绢英岩	中等	强烈	中等

3.2.4 结果讨论

各模型总体及各岩爆风险等级评估结果显示 GBDT 和 XGBoost 综合性能最优,而 AdaBoost 效果最差。其原因可能是该数据库中包含很多离散值,GBDT 和 XGBoost 对离散值不敏感,而 AdaBoost 会过分关注错误分类样本,易受噪声影响,对异常值较为敏感。LightGBM 是在 GBDT 基础上进一步改进的算法,其更适用于处理大数据评估问题,计算速度更快,但在小数据集评估性能方面并未有任何优势。当数据噪声较大时,RF 易过拟合,导致其岩爆数据集评估效果一般。因此,可优先选择 GBDT 和 XGBoost 对现场实际岩爆风险进行评估。

由各岩爆风险等级评估结果可知,中等岩爆风险的评估效果最差。其原因可能是中等风险位于轻微和强烈风险之间,在上下判别边界均存在较大的模糊性,且本章岩爆数据来源于不同学者搜集的工程实例,对岩爆风险界定缺乏统一标准,导致岩爆风险等级识别存在较大主观性。

数据库中岩爆案例会随时间不断增加,而本章结合的多种集成学习算法相比单一模型理论更适合于对动态数据的处理。在实际工程实践中,最优模型会随着数据集的变化而变化,而单一模型对于不同的数据集并不总能获得最优效果。多个模型组合能获得更好的鲁棒性,可更有效地解决此类问题。本章方法对于不同数据集,通过比较各集成方法的综合性能,总能找到适合该数据集的最优模型。如果该模型能获得可靠的评估性能,则可用于对新区域岩爆风险的评估。

尽管本章方法能取得较好的评估结果,但也存在如下局限性。

①未考虑地质结构对岩爆的影响。地质结构如刚性节理、断层等对岩爆影响较大,且易诱发高强度岩爆。在工程实践中,需结合本章评估结果与现场地质结构情况对岩爆风险进行综合分析。

②未考虑岩体完整性对岩爆的影响。完整性较差的岩体难以聚集能量,一般不会形成岩爆,现场反而应更注重坍塌冒顶风险。若本章评估为中等或强烈岩爆风险的区域的岩体完整性较差,则该区域岩爆风险应修正为无或轻微。

3.3 基于 Monte Carlo 与数值模拟的长期岩爆风险评估

>>>

岩爆是硬岩剧烈的脆性破坏产生的。数值模拟为硬岩脆性破坏研究提供了有效手段。通过模拟深部硬岩的脆性破坏行为,并采取合理的岩爆风险评价指标,可有效确定岩爆发生位置及爆坑深度,进而为支护参数设计提供参考。然而,由于岩石是一种极为复杂的非均质性材料,因此基于数值模拟的岩爆风险评估结果的可靠性受到一定限制。为此,须解决以下 3 个关键问题:①如何有效模拟硬岩的脆性破坏行为；②哪一种指标能客观评价岩爆风险；③如何描述岩石的非均质性。

针对问题①，已有很多学者提出硬岩脆性破坏数值方法。以连续介质法为例，包括张拉应变法[297]、非常规 Hoek－Brown 参数法[298]、CWFS 法[299]、DISL 法[300]、RDM 法[301]、CSFH 法[302]、S 形强度准则法[303, 304]等。这些方法为模拟硬岩脆性破裂行为奠定了基础。考虑到 DISL 法模拟效果较好、原理明确、参数易于获取，故本章采用 DISL 法来研究长期岩爆风险评估问题。

针对问题②，从强度或能量角度已有大量数值指标被先后提出。其中，苏国韶等[141]根据单元破坏前后弹性能密度峰值与谷值之差提出了局部能量释放率来评价岩爆风险。考虑到单元破坏后弹性能密度达到谷值后可能会继续上升直至平衡，该指标不能反映单元的绝对能量释放密度。为此，本章根据单元破坏前后弹性应变能密度峰值与最终值的差值提出绝对局部能量释放率(absolute local energy release rate，ALERR)指标。由于岩爆是弹性应变能急剧释放造成的，因此 ALERR 最大值处的岩体能量释放强度最剧烈，故本章采用 ALERR 最大值位置作为岩爆破坏深度，并根据破坏深度值评价岩爆风险。

针对问题③，Monte Carlo 模拟能有效刻画岩石的非均质性特征，进而能从可靠度角度评估岩爆风险。然而，Monte Carlo 法需运行数值模型多次，导致计算量大、效率低。考虑到机器学习回归算法可根据已有样本数据对未知数据进行有效评估，本章将 Monte Carlo 法与回归算法相结合计算岩爆风险可靠度，即首先利用 Monte Carlo 法产生一定数量数值样本，然后利用回归模型进行拟合后对未知数据进行评估。该方法可大大减少计算量，且拟合模型可在一定程度上能够代替数值模拟对岩爆风险进行评估。

本章主要目的是借助 FALC^{3D} 软件，采用 DISL 本构模型，根据 ALERR 岩爆风险评价指标，将 Monte Carlo 模拟与回归算法相结合建立岩爆风险可靠度评估模型，并采用该模型对锦屏二级水电站引水隧洞岩爆风险进行评估。

3.3.1　硬岩脆性破坏数值方法

依据大量现场深部硬岩工程观测结果，可知脆性破坏主要是一种渐进的劈裂过程。在完整及中等节理岩体中，开挖面周围岩体在高应力作用下以板状脱落和层裂(slabbing & spalling，简称板裂)破坏模式为主[305]，且岩爆发生前常出现板裂破坏现象[300]。通过对加拿大 Mine-by 试验隧洞长期原位观测发现，尽管反演的最大压应力(169 MPa)小于花岗岩单轴抗压强度(224 MPa)，但在隧道顶底板却出现了典型的 V 形破坏，见图 3-23[299, 306]。Martin 等[298]认为原岩强度约为 0.4± 0.1 σ_c(单轴抗压强度)。此应力与单轴压缩试验的起裂应力基本等同，即当开挖工作面周围岩体应力高于起裂应力时就会发生脆性破坏。

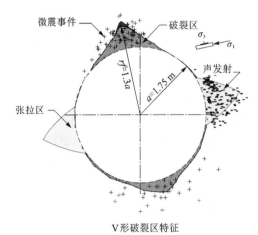 

V形破裂区特征　　　　　　　　　　　现场V形破裂区形态

图 3-23　Mine-by 试验隧洞 V 形破裂区[299, 306]

Hoek 和 Martin[307]认为随着硬岩开挖深度的增加，岩石的张拉强度问题显得日益重要，尤其对于脆性破裂导致的岩石劈裂(splitting)、爆裂(popping)、层裂(spalling)、岩爆(rockbursting)及钻孔崩落(breakouts in boreholes)现象。这些均是典型的张拉破裂过程，而剪切破坏准则如 Hoek-Brown 准则并不能很好地处理这些问题。许多学者试图采用数值模拟方法再现这种脆性破坏模式。他们要么提出新的破裂准则，要么在原有剪切准则基础上进行改进来模拟硬岩脆性破坏。本章主要介绍采用连续介质法模拟岩石脆性破裂的方法。

1. 张拉应变法(1981)

根据低围压下岩体的张拉破裂现象，Stacey[297]提出一种基于张拉应变的破裂准则，即

$$\varepsilon \geqslant \varepsilon_c \tag{3-50}$$

式中：ε_c 为临界张拉应变值。

对于线弹性材料，最大张拉应变可表示为：

$$\varepsilon_3 = \frac{1}{E}[\sigma_3 - \nu(\sigma_1 + \sigma_2)] \tag{3-51}$$

式中：σ_1、σ_2、σ_3 分别为最大、中间、最小主应力；E 为弹性模量；ν 为泊松比。

由式(3-51)可知，当 $\sigma_3 > \nu(\sigma_1 + \sigma_2)$ 时，张拉应变会产生。这表明，在三维压缩应力作用下，岩体能够产生张拉破裂。该准则考虑了中间主应力的影响，在一定程度上解决了常规 Mohr-Coulomb 和 Griffith 准则的问题。

在使用时需注意该准则仅适用于低围压下岩体的起裂破坏，而不应作为强度

准则。同时,对于不同类型的岩石,临界张拉应变取值不同。Stacey 采用侧向应变突增来判断,对应应力约为 $0.3\sigma_c$。

2. 非常规 Hoek-Brown 参数法(1999)

Hoek-Brown 强度准则(1980 年版)可表示为[48]:

$$\sigma_1' = \sigma_3' + \sigma_c \left(m \frac{\sigma_3'}{\sigma_c} + s \right)^a \tag{3-52}$$

式中:σ_1'、σ_3'分别为岩石破裂时最大、最小有效主应力;经验常数 m、s 取决于岩体质量,$m = m_i \exp[(RMR-100)/28]$,$s = \exp[(RMR-100)/9]$,$m_i$ 为完整岩石 m 值,RMR 为 Bieniawski[308]提出的岩石质量分级系统;a 为经验常数,对于完整岩石,经验常数 a 取 0.5。

由式(3-52)可知,当岩石质量较高(RMR = 100)时,开挖工作面($\sigma_3' = 0$)的岩石强度等于单轴抗压强度,这与现场实际观测结果不符。

根据 Mine-by 试验隧洞微震源位置的应力分析,Martin 等[298]认为岩体损伤起始应力和破坏深度可由一个恒定的偏应力估计,可表示为:

$$\sigma_1 - \sigma_3 = 75 \text{ MPa or } 1/3\sigma_c \tag{3-53}$$

根据式(3-52)可得:$m = 0$,$s = 0.11$。其中,$m = 0$ 表示内摩擦角为 0,说明岩体强度完全由内聚力主导,而与内摩擦力无关。通常在脆性破坏过程中,峰值内聚力和内摩擦力不会同时启动。在开挖边界周围,脆性破坏主要以岩体自身内聚力的弱化为主,而在只估计脆性破裂深度时内摩擦力可以忽略[298]。运用该准则时,首先采用弹性力学进行分析,再利用式(3-53)进行破裂判断,可有效估计岩体破裂深度,但不能很好地确定破裂形态。由于不同岩石的内聚力参数不同,s 的取值并不固定。Suorineni 等[309]根据岩石的纹理、矿物组成和微观结构提出了一种确定 s 的半经验方法,在将该准则用于其他岩石类型时值得借鉴。

3. CWFS 法(2002)

常规的 Mohr-Coulomb 和 Hoek-Brown 强度准则均假定岩石的内聚力和内摩擦力同时启动。然而,Martin 和 Chandler[310]通过对花岗岩循环加卸载实验发现内聚力与内摩擦力并非同时启动,而是分别随塑性变形减小和增大。在此基础上,Hajiabdolmajid 等[299]提出 CWFS(cohesion weakening and frictional strengthening)模型。该模型可通过修正传统的 Mohr-Coulomb 准则参数实现,假定内聚力和内摩擦角是塑性应变的函数,则其可表示为:

$$\tau = c(\varepsilon^p) + \sigma_n \tan\varphi(\varepsilon^p) \tag{3-54}$$

式中:τ 为抗剪强度;$c(\varepsilon^p)$ 为内聚力与塑性应变的函数;ε^p 为塑性应变;σ_n 为正应力;$\varphi(\varepsilon^p)$ 为内摩擦角与塑性应变的函数。

图 3-24 为 CWFS 模型原理图。该模型需确定初始内聚力 c_i、残余内聚力 c_r、

初始内摩擦角 φ_i、残余内摩擦角 φ_r 和塑性应变 ε_c^p、ε_φ^p 共 6 个参数。一般 c_i 根据岩石起裂应力确定，φ_i 取 0，φ_r 为峰值强度内摩擦角，而其他参数的确定则具有一定的经验性。

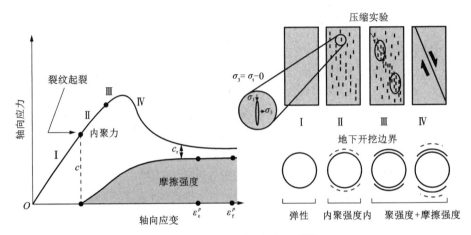

图 3-24　CWFS 模型原理图[299]

4. DISL 法(2007)

微裂纹起裂和扩展在完整脆性岩石宏观破坏中起着重要作用。在低围压区域，岩体损伤阈值对应于室内实验岩石的裂纹起裂强度。而随着围压的增加，由于裂纹的扩展受到限制，岩体逐渐由张拉破坏转为剪切破坏。此时，岩体的原位强度更接近于室内实验岩石的裂纹损伤强度。由此 Diederichs[300] 提出原位岩体破坏特性的组合包络线，见图 3-25。图 3-25 包含了 3 条重要的包络线，分别对应于：①原位强度下限。此曲线对应于岩石的裂纹起裂极限，取决于岩石的非均质性、密度及内部缺陷的性质。②原位强度上限。该曲线对应于岩石的裂纹损伤极限，而非通过单轴压缩测试获得的峰值包络线，表示裂纹相互作用的开始。③板裂极限(spalling limit)。该曲线用于原位强度上、下限的过渡，可用来判断岩体是否发生板裂破坏。因此，在低于原位强度下限区域，岩体不发生破坏；在高于原位强度下限但低于板裂极限和原位强度上限区域，岩体发生微裂纹扩展，并产生声发射；在高于原位强度下限和板裂极限但低于原位强度上限区域，岩体发生板裂破坏；在高于原位强度上限区域，岩体发生剪切破坏。

在对岩体强度特性认识的基础上，Diederichs[300] 提出 DISL(damage initiation spalling limit)塑性模型，见图 3-26。图中实线为 Hoek-Brown 包络线，虚线为等效 Mohr-Coulomb 包络线。由于该准则仅考虑开挖工作面周围岩体低围压条件下的破坏，因此该准则只考虑裂纹起裂极限和板裂极限两条包络线的组合。其中，

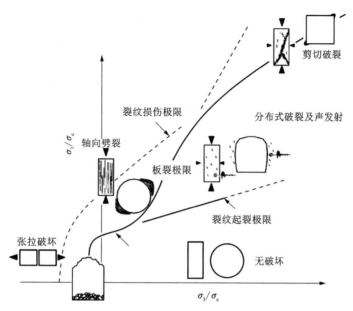

图 3-25　岩体强度特性组合包络线[300]

裂纹起裂极限经验公式为[311]:

$$\sigma_1 = A\sigma_3 + \sigma_{ci} \tag{3-55}$$

式中: $A \in [1 \quad 2]^{[311]}$; σ_{ci} 为起裂应力, $\sigma_{ci} = (0.3 \sim 0.5)\sigma_c^{[300]}$。

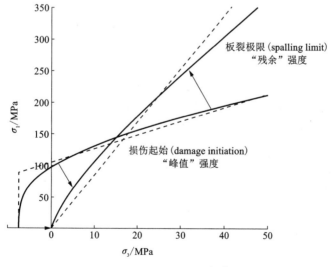

图 3-26　DISL 模型[300]

板裂极限根据断裂力学确定。Hoek 和 Bieniawski[312]指出压缩条件下裂纹扩展长度 L_s 与初始裂纹长度 $2c$ 比值与 σ_3/σ_1 存在如图 3-27 所示的关系。根据该曲线可知,裂纹扩展长度随 σ_3/σ_1 的减小而增大。因此,板裂极限定义为不受控制的裂纹扩展发生时 σ_3/σ_1 的极限值,即此时晶内裂纹扩展到晶粒或晶体边界之外,并成为宏观裂纹或产生板裂破坏[313]。Diederichs[313]给出了板裂极限 σ_1/σ_3 的取值范围:

$$\frac{\sigma_1}{\sigma_3} = B \tag{3-56}$$

式中:$B \in \begin{bmatrix} 10 & 20 \end{bmatrix}$。

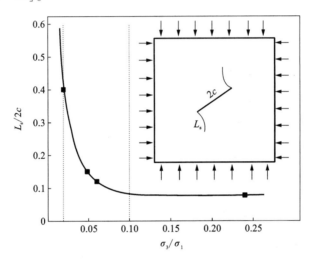

图 3-27 压缩条件下 $L_s/2c$ 与 σ_3/σ_1 的关系

该准则认为在较低围压条件下,当采动应力高于裂纹起裂极限时,岩体发生张拉破坏;而随着围压增加,岩体过渡为剪切破坏。Diederichs 等[300, 311]给出了 Hoek-Brown 或等效 Mohr-Coulomb 参数的经验取值。若采用 FLAC[3D] 应变软化模型进行模拟,需确定的参数包括裂纹起裂极限和板裂极限分别对应的内聚力 (c_p, c_r)、内摩擦角 (φ_p, φ_r) 和抗拉强度 (T_p, T_r) 及临界塑性应变 (ε_c)。其中,c_p、c_r、φ_p、φ_r 可根据式(5-6)、式(5-7)确定。T_r 取 0,T_p 可根据 Griffith 起裂准则确定[314]:

$$T_p = \sigma_{ci}/(8 \sim 12) \tag{3-57}$$

ε_c 可根据经验公式确定[311]:

$$\varepsilon_c = 2\sigma_{ci}/E \tag{3-58}$$

根据 Diederichs 等[300]给出的 Hoek-Brown 或等效 Mohr-Coulomb 参数,该模型能很好地再现 Mine-by 试验隧洞的 V 形破坏区。

5. RDM 法(2008)

江权等[301]根据破裂区内岩体力学参数劣化特性提出岩体劣化模型(rock mass deterioration model，RDM)。该模型在计算过程中可根据等效塑性应变变化动态调整弹性模量 E、内聚力 c 和内摩擦角 φ 值。根据岩体参数劣化细观机制，可知 E、c、φ 分别随等效塑性应变增加而减小、减小、增大。等效塑性应变 $\bar{\varepsilon}^p$ 计算公式为：

$$\bar{\varepsilon}^p = \int \sqrt{\frac{2}{3}(\varepsilon_1^p\varepsilon_1^p + \varepsilon_2^p\varepsilon_2^p + \varepsilon_3^p\varepsilon_3^p)} \tag{3-59}$$

E、c、φ 更新方程为：

$$\begin{cases} E(\bar{\varepsilon}^p) = E_0 f_E(\bar{\varepsilon}^p) \\ c(\bar{\varepsilon}^p) = c_0 f_c(\bar{\varepsilon}^p) \\ \varphi(\bar{\varepsilon}^p) = \varphi_0 f_\varphi(\bar{\varepsilon}^p) \end{cases} \tag{3-60}$$

式中：E_0、c_0、φ_0 分别为弹性模量、内聚力和内摩擦角初始值；$f_E(\bar{\varepsilon}^p)$、$f_c(\bar{\varepsilon}^p)$、$f_\varphi(\bar{\varepsilon}^p)$ 分别为 E、c、φ 与等效塑性应变 $\bar{\varepsilon}^p$ 的函数。

当 E、c、φ 与 $\bar{\varepsilon}^p$ 函数关系为分段线性函数时，RDM 模型需确定 8 个参数，分别为：初始弹性模量 E_0、劣化弹性模量 E_d、初始内聚力 c_0、残余内聚力 c_d、初始内摩擦角 φ_0、劣化内摩擦角 φ_d、内聚力临界塑性应变 $\bar{\varepsilon}_c^p$、内摩擦角临界塑性应变 $\bar{\varepsilon}_\varphi^p$。尽管该模型能较好地反映岩体参数受开挖扰动影响后不断劣化的过程，但参数取值较为复杂，仅根据常规室内试验难以获取。

6. CSFH 法(2009)

Edelbro[302]提出了一种 CSFH(cohesion-softening friction-hardening)线弹-脆-塑性模型。该模型参考了 CWFS 和 DISL 模型的思路，但确定的参数有所不同，只需分别确定峰值和残余内聚力(c_p、c_r)和内摩擦角(φ_p，σ_{ci})。各参数确定方法为：

$$\begin{cases} c_p = \dfrac{\sigma_c(1-\sin\varphi_m)}{2\cos\varphi_m} \\ c_r = 0.3c_m \\ \varphi_p = 10° \\ \varphi_r = \varphi_m \end{cases} \tag{3-61}$$

式中：c_m、φ_m 分别为内聚力和内摩擦角，可根据 Hoek-Brown 准则等效确定[315]。

该方法能较为精确地评估板裂和剪切破坏导致岩体冒落的位置和形状，且采用模型交叉剪切带的深度能较好地判断现场岩体冒落的深度。

7. S形强度准则法(2015,2018)

传统的 Hoek-Brown 或 Mohr-Coulomb 强度准则不能反映压缩应力引起的张拉破坏。尽管在 FLAC^{3D} 等软件中 Mohr-Coulomb 模型包含了最大拉应力准则,然而该准则仅适用于直接拉应力引起的张拉破坏。因此,压缩应力引起间接拉伸而导致的板裂破坏不能被有效模拟。针对此问题,Kaiser 和 Kim[303] 提出了一种 S 形强度准则。利用 S 形强度准则公式拟合花岗岩和砂岩三轴试验数据,结果见图 3-28[303]。该准则能较好地反映不同围压下岩体由张拉破坏变为以剪切破坏为主的转换过程。

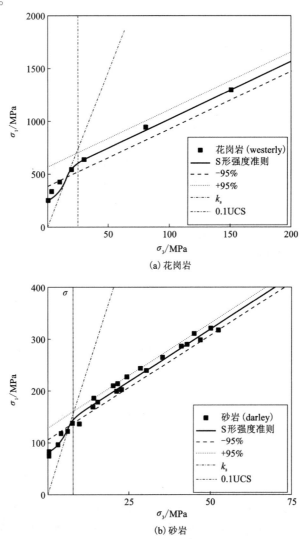

(a) 花岗岩

(b) 砂岩

图 3-28 花岗岩和砂岩 S 形脆性破裂准则拟合曲线[303]

Sinha 和 Walton[304]在 CWFS 模型的基础上进一步提出渐进式 S 形屈服准则，见图 3-29。该准则由屈服、峰值和残余 3 段包络线组成。每段包络线对应于特定的累积塑性剪应变。图 3-29 中被蓝色线分割的准则左右两部分分别展示了 CWFS(脆性破坏)和剪切屈服模型的特征。屈服包络线左右侧分别对应的是裂纹起裂极限和 Mogi 线；峰值包络线左右侧分别对应的是板裂极限和裂纹损伤极限；残余包络线由峰值包络线退化得到，对于左侧段，随着损伤增加，内摩擦角减少 30%~50%，而黏聚力保持不变，而对于右侧段则类似于常规抗剪强度模型中从峰值到残余的衰减。尽管作者给出了确定模型参数的办法，但采用 FLAC^{3D} 进行数值模拟时要确定 6 个内聚力、6 个内摩擦角和 2 个塑性剪应变共 14 个参数，因而限制了该模型的使用。

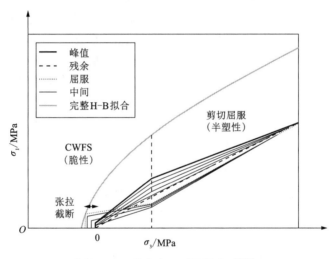

图 3-29　渐进式 S 形屈服准则[304]

综合考虑各硬岩脆性数值方法，可知 DISL 模型对于硬岩脆性破裂模拟效果较好，计算原理明确，模型参数易于获取，故本章采用 DISL 方法来研究长期岩爆风险评估问题。

3.3.2　岩爆风险数值指标

根据岩爆机理提出相应的数值指标，并建立其与岩爆风险间的量化关系，可有效利用数值模拟对岩爆风险进行评估。苏国韶等[141]提出用局部能量释放率(LERR)指标来评价岩爆风险。然而，在数值模拟过程中，单元破坏后弹性能密度达到谷值时可能会继续上升直至平衡。该指标采用破坏后弹性应变能密度谷值会高估单元的能量释放密度，不能反映单元的绝对能量释放密度。在此基础上，本章根据单元破坏前后弹性应变能密度峰值与最终值的差值提出绝对局部能量释放率(ALERR)指标。该指标反映单元破坏后弹性应变能释放的绝对大小，可表示为：

$$\mathrm{ALERR}_i = U_{i\max} - U_{i\mathrm{final}} \qquad (3-62)$$

式中：$U_{i\max}$、$U_{i\mathrm{final}}$ 分别为单元 i 破坏前后弹性应变能密度峰值及最终值。

$U_{i\max}$ 和 $U_{i\mathrm{final}}$ 计算公式分别为：

$$U_{i\max} = [\sigma_{i1}^2 + \sigma_{i2}^2 + \sigma_{i3}^2 - 2\nu(\sigma_{i1}\sigma_{i2} + \sigma_{i2}\sigma_{i3} + \sigma_{i1}\sigma_{i3})]/(2E) \qquad (3-63)$$

$$U_{i\mathrm{final}} = [\sigma_{i1}'^2 + \sigma_{i2}'^2 + \sigma_{i3}'^2 - 2\nu(\sigma_{i1}'\sigma_{i2}' + \sigma_{i2}'\sigma_{i3}' + \sigma_{i1}'\sigma_{i3}')]/(2E) \qquad (3-64)$$

式中：σ_{i1}、σ_{i2}、σ_{i3} 分别为单元 i 破坏前弹性应变能密度峰值对应的最大、中间、最小主应力；σ_{i1}'、σ_{i2}'、σ_{i3}' 分别为单元 i 破坏后弹性应变能密度最终值对应的最大、中间、最小主应力；ν 为泊松比；E 为弹性模量。

由于岩爆发生处岩体必定破坏，而岩体破坏不一定产生岩爆，因此岩爆破坏深度一般小于塑性区深度。冯夏庭等[19]根据 LERR 最大值所处位置确定岩爆破坏深度。类似地，本章采用 ALERR 最大值所处深度作为岩爆破坏深度 D_r，见图 3-30。由于岩爆是弹性应变能急剧释放造成的，ALERR 最大值位置表示此处岩体能量释放最剧烈，因此其在一定程度上能够反映岩爆爆坑大小。根据岩爆破坏深度，可确定岩爆风险等级为[19]：

$$\begin{cases} D_r \geqslant 0.5\ \mathrm{m} & \text{轻微} \\ 0.5\ \mathrm{m} < D_r \leqslant 1\ \mathrm{m} & \text{中等} \\ 1\ \mathrm{m} < D_r \leqslant 3\ \mathrm{m} & \text{强烈} \\ D_r > 3\ \mathrm{m} & \text{极强} \end{cases} \qquad (3-65)$$

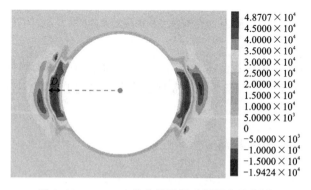

图 3-30　ALERR 分布及岩爆破坏深度示意图

3.3.3　岩爆风险可靠度评估模型

3.3.3.1　Monte Carlo 可靠度原理

Monte Carlo 法是一种在统计抽样理论基础上运用计算机分析随机变量的数值方法。对于岩爆风险评估问题，由于难以确定包含各随机变量的显示功能函数，传统的中心点法和验算点法无法用于岩爆风险可靠度的求解。对于这类问题，Monte Carlo 法从概率角度出发给出问题的近似解，无须预先确定显示功能函数，可相对精确地计算其可靠度。Monte Carlo 岩爆风险可靠度计算步骤如下。

①确定影响岩爆风险的随机变量及其分布。

②确定岩爆风险评估的功能函数。

③对随机变量按照其分布进行随机抽样，然后代入数值模型计算功能函数值，此过程重复 N 次。

④依据伯努利大数定理计算岩爆各风险等级可靠度。

尽管 Monte Carlo 法通过大量重复抽样试验计算可靠度，能使复杂问题得以简化处理，适应性很强，但收敛速度较慢、耗时长。

3.3.3.2　回归算法原理

本章综合采用岭（Ridge）回归、Lasso 回归、弹性网（ElasticNet）回归、支持向量（SV）回归、随机森林（RF）回归、梯度提升（GB）回归、神经网络（NN）回归等算法进行分析。

1. 岭回归

对于多元线性回归，目标函数为：

$$O(\beta) = \arg \min_{\beta} \left((Y-X\beta)^{\mathrm{T}} (Y-X\beta) \right) \tag{3-66}$$

式中：X 为自变量；Y 为因变量；β 为回归系数。

求解式（3-66），可得回归系数估计值为：

$$\hat{\beta} = (X^{\mathrm{T}}X)^{-1} X^{\mathrm{T}} Y \tag{3-67}$$

当自变量存在多重共线性情况或特征数大于样本数时，X 会不满秩，导致 $(X^{\mathrm{T}}X)^{-1}$ 无解或计算结果不稳定。针对此问题，Hoerl 和 Kennard[316] 提出岭回归模型，在式（3-66）基础上增加了 L_2 范数惩罚项，目标函数为：

$$O(\beta) = \arg \min_{\beta} \left[(Y-X\beta)^{\mathrm{T}} (Y-X\beta) + \lambda \sum_{j=1}^{p} \beta_j^2 \right] \tag{3-68}$$

求解式（3-68），可得回归系数估计值为：

$$\hat{\beta} = (X^{\mathrm{T}}X + \lambda I)^{-1} X^{\mathrm{T}} Y \tag{3-69}$$

岭回归由于在 $X^{\mathrm{T}}X$ 后加上 λI 使矩阵满秩，因此 $(X^{\mathrm{T}}X+\lambda I)^{-1}$ 可逆，克服了最小二乘法的不足。该方法摒弃了最小二乘法的无偏估计，通过损失一定拟合精度而使结果更符合现实，抗噪性能更好。

2. Lasso 回归

Lasso 回归[317] 和岭回归类似，在式（3-66）后加入了 L_1 范数惩罚项，目标函数为：

$$O(\beta) = \arg\min_{\beta}\left[(Y-X\beta)^{\mathrm{T}}(Y-X\beta) + \lambda \sum_{j=1}^{p} |\beta_j| \right] \tag{3-70}$$

Lasso 回归 L_1 范数在 0 处不可导，不能获得解析解，但可进行稀疏化处理以提高高维数据计算效率，常采用坐标轴下降法和最小角回归法求解。该方法将绝对值较小的回归系数压缩为 0，能有效减少特征数，在一定程度上解决了过拟合问题。

3. 弹性网回归

弹性网回归[318] 结合了岭回归和 Lasso 回归特点，同时使用了 L_1 和 L_2 范数惩罚项，目标函数为：

$$O(\beta) = \arg\min_{\beta}\left[(Y-X\beta)^{\mathrm{T}}(Y-X\beta) + \lambda_1 \sum_{j=1}^{p} |\beta_j| + \lambda_2 \sum_{j=1}^{p} |\beta_j^2| \right] \tag{3-71}$$

弹性网回归 L_1 惩罚项可将一些回归系数求解为零以进行特征选择，L_2 惩罚项可解决高维数据多重共线性、特征数大于样本数的问题。该方法综合了两种正则化优势，提高了评估精度，并增强了模型解释力。

4. 支持向量回归

支持向量回归[319] 目的是根据样本数据寻求最优的回归函数。假设数据集为 $\{x_i, y_i\}_{i=1}^{m}$，回归函数可表示为：

$$f(x) = \omega^{\mathrm{T}}\varphi(x) + b \tag{3-72}$$

式中：ω 为权值向量；b 为偏移项；$\varphi(x)$ 为将样本数据映射到多维空间的非线性函数。

为使评估值 $f(x)$ 与真实值 y 之差最小，优化问题可表示为：

$$\min\left[\frac{1}{2}\|\omega\|^2 + C\sum_{i=1}^{m}(\xi_i+\xi_i^*) \right]$$

$$\mathrm{s.t.} \begin{cases} f(x_i)-y_i \leqslant \varepsilon+\xi_i \\ y_i-f(x_i) \leqslant \varepsilon+\xi_i^* \\ \xi_i \geqslant 0, \ \xi_i^* \geqslant 0 \end{cases} \tag{3-73}$$

式中：ξ_i 和 ξ_i^* 为松弛变量；C 为正则化常数。

采用 Lagrangian 方程进行求解：

$$L = \frac{1}{2}\|\omega\|^2 + C\sum_{i=1}^{m}(\xi_i + \xi_i^*) = \sum_{i=1}^{m}(\mu_i\xi_i + \mu_i^*\xi_i^*)$$

$$+ \sum_{i=1}^{m}\alpha_i[f(x_i) - y_i - \varepsilon - \xi_i] + \sum_{i=1}^{m}\alpha_i^*[y_i - f(x_i) - \varepsilon - \xi_i^*] \tag{3-74}$$

式中：μ_i、μ_i^*、α_i、α_i^* 分别为拉格朗日乘子。

对式(3-74)求偏导，并转化为对偶问题求解，引入核函数可得最终回归模型为：

$$f(x) = \sum_{i=1}^{m}(\alpha_i^* - \alpha_i)k(x_i, x) + b \tag{3-75}$$

式中：$k(x_i, x)$ 为核函数。

5. 随机森林回归

随机森林除能对数据进行分类外，还可有效处理回归问题。随机森林回归与3.2.1.2 节介绍的随机森林分类算法计算流程类似，但也存在以下一些区别：

①基学习器为回归树而非分类树，分类树根据基尼指数选择分裂节点，每片叶子代表一个类别，而回归树采用均方误差对分裂节点进行划分，每片叶子代表一个评估值。

②随机森林分类是综合多个决策树评估结果采用投票法确定最终结果的，而随机森林回归是对各决策树评估结果取平均值，并将其作为最终结果，计算公式为：

$$f(x) = \frac{1}{N}\sum_{n=1}^{N}T_n(x) \tag{3-76}$$

式中：$T_n(x)$ 为第 n 棵决策树评估结果，$n = 1, 2, \cdots, N$。

6. 梯度提升回归

梯度提升回归通过建立以回归树为基学习器的前向加法集成模型，旨在用多个决策树拟合模型组合来提升整体回归性能[320]。每轮迭代新增的回归树作为基学习器均对上一轮迭代损失函数的负梯度值进行拟合，从而使损失函数值不断沿负梯度方向下降。最终评估结果为各决策树评估结果的集成求和。具体原理详见3.2.1.2 节介绍的 GBDT 算法。

7. 神经网络回归

神经网络回归通过模拟人脑神经元信息传递过程来建立数学模型以解决回归问题。本章选取多层感知器神经网络，具体推导过程详见相关文献[321]。该方法包含输入层、隐藏层和输出层，能通过自适应、自学习优化模型参数，使误差减小。主要步骤归纳如下[322]。

①模型初始化，即随机赋予模型连接权值和阈值等参数初始值。

②确定模型输入和预期输出，并进行前向传播计算，得到实际模型输出。

③计算模型输出误差，然后利用梯度下降法通过误差反向传播调整模型连接权值和阈值，使误差减小。

④当模型误差符合要求或学习次数达到设定上限时，则学习结束，否则进入下一轮学习。

3.3.3.3 回归算法性能评价指标

为合理评价各回归模型的评估性能，本章综合采用可解释方差（EVS）、均方根误差（RMSE）、平均绝对误差（MAE）、Pearson 系数（PC）、Willmott 一致性指数（WI）等 5 个指标进行分析。

可解释方差用于衡量评估值和真实值间的相近程度，最大值为 1，值越小表示评估结果越差，计算公式为：

$$EVS = 1 - \frac{\mathrm{Var}(y - \hat{y})}{\mathrm{Var}(y)} \qquad (3-77)$$

式中：Var 为方差；y 为实际值；$\hat{y}$ 为评估值。

均方根误差用于衡量评估值和真实值间的偏差，值越小表示评估结果越好，计算公式为：

$$RMSE = \sqrt{\frac{1}{m} \sum_{i=1}^{m} (y_i - \hat{y}_i)^2} \qquad (3-78)$$

平均绝对误差能较好地反映评估误差实际状况，值越小表示评估结果越好，计算公式为：

$$MAE = \frac{1}{m} \sum_{i=1}^{m} |(y_i - \hat{y}_i)| \qquad (3-79)$$

Pearson 系数用于衡量评估值和真实值间的相关程度，取值范围为 [-1 1]，值越大表示评估结果越好，计算公式为：

$$PC = \frac{\sum_{i=1}^{m} (y_i - \bar{y})(\hat{y}_i - \bar{\hat{y}})}{\sqrt{\sum_{i=1}^{m} (y_i - \bar{y})^2} \sqrt{\sum_{i=1}^{m} (\hat{y}_i - \bar{\hat{y}})^2}} \qquad (3-80)$$

式中：$\bar{y}$、$\bar{\hat{y}}$ 分别为实际值和评估值的平均值。

Willmott 一致性指数表示评估值和真实值间的一致性程度，取值范围为 [0 1]，值越大表示评估结果越好，计算公式为：

$$WI = 1 - \frac{\sum_{i=1}^{m} (y_i - \hat{y}_i)^2}{\sum_{i=1}^{m} (|y_i - \bar{y}| + |\hat{y}_i - \bar{y}|)^2} \qquad (3-81)$$

3.3.3.4　评估模型的建立

考虑到 Monte Carlo 法计算可靠度需运行数值模型多次导致计算量较大，而机器学习回归算法可根据已有样本数据对未知数据进行有效评估，为此本章将 Monte Carlo 法与回归算法相结合计算岩爆风险可靠度。基于 Monte Carlo 模拟与回归算法的岩爆风险可靠度评估模型见图 3-31。该模型主要步骤如下：①确定影响岩爆风险的输入变量及其分布形式；②按照变量分布对其进行随机抽样，采用 DISL 方法建立岩爆风险评估数值模型，并根据式(3-62)~式(3-65)计算岩爆破坏深度，即功能函数值，此过程重复多次直至样本数达到预设数量；③构建岩爆风险评估数据集，并按 1∶1 比例划分为训练集和测试集，且使训练集和测试集中不同岩爆风险级别样本所占比例保持一致；④基于训练集利用五折交叉验证和随机搜索法确定这 6 种回归算法的超参数；⑤采用训练集对各超参数优化后的回归模型进行拟合；⑥基于测试集采用可解释方差、均方根误差、平均绝对误差、Pearson 系数和 Willmott 一致性指数来评估模型性能；⑦如果回归模型的性能符合要求，则可代替 Monte Carlo 法用于计算岩爆风险可靠度。

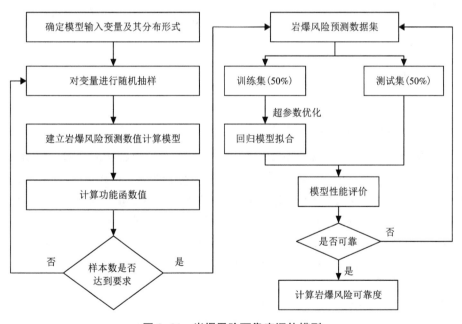

图 3-31　岩爆风险可靠度评估模型

3.3.4 工程应用

3.3.4.1 工程背景

锦屏二级水电站位于四川省凉山彝族自治州,其隧洞布置图见图3-32[19]。其中,1#和3#隧洞断面为圆形,2#和4#隧洞断面为四心马蹄形。隧洞以大理岩、砂板岩和绿片岩为主。其中,白山组大理岩脆性更强,该区域岩爆风险更大。例如,在2330 m处的排水隧洞发生了一起极强岩爆,导致7人死亡,1人受伤,一台TBM完全报废。因此,本章以赋存于白山组大理岩中的1#和3#圆形引水隧洞为研究对象,在建立数值模型的基础上采用Monte Carlo法和机器学习回归算法计算各岩爆风险可靠度,以实现对该区域长期岩爆风险的有效评估。

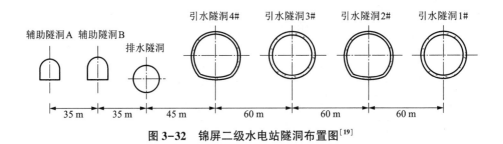

图3-32 锦屏二级水电站隧洞布置图[19]

3.3.4.2 岩爆风险数值模型构建

借助FLAC^{3D}软件对1#或3#圆形引水隧洞建立岩爆风险数值模型。隧洞直径为12.4 m,模型沿水平、轴向、竖直方向的尺寸分别为30 m、0.2 m、30 m。隧洞轴线方向最大、中间、最小主应力分别为:-63 MPa、-34 MPa、-26 MPa,且中间主应力与洞轴线近似平行[19]。计算模型采用位移边界条件进行约束。为有效模拟岩体脆性破裂特性,采用DISL方法进行模拟。该方法需确定弹性模量(E),泊松比(ν),裂纹起裂极限和板裂极限分别对应的内聚力(c_p、c_r)、内摩擦角(φ_p、φ_r)和抗拉强度(T_p、T_r)及临界塑性应变(ε_c)。其中,c_p、c_r、φ_p、φ_r根据式(3-55)~式(3-56)确定;白山组大理岩T_p值取单轴抗压强度(σ_c)的1/20[322],T_r取0;ε_c根据式(3-58)确定。由此可知,模型仅参数D_7、ν、σ_c和σ_{ci}需通过实验确定,而其他参数可根据经验值估计。白山组大理岩力学参数见表3-20。

表 3-20　白山组大理岩力学参数

编号	E/MPa	ν	σ_c/MPa	σ_{ci}/MPa	来源
1	—	—	105	47.25	
2	—	—	122	—	
3	—	—	124	49.6	
4	—	—	105	52.5	
5	—	—	105	52.5	
6	—	—	101	60.6	张春生等[323]
7	—	—	123	55.35	
8	—	—	99	55.44	
9	—	—	98	44.1	
10	—	—	144	79.2	
11	—	—	121	—	
12	47.9	0.24	121	71	
13	47.6	0.295	123	78	
14	64.4	0.279	142	81	
15	40.1	0.241	105	61	
16	41.7	0.265	122	63	
17	33.8	0.245	99	58	王建良[324]
18	27.2	0.176	101	56	
19	34.6	0.198	105	58	
20	35.1	0.326	98	61	
21	55.7	0.336	124	61	

　　由于 DISL 模型各参数取值均存在一定的不确定性，因此采用 Monte Carlo 模拟法从概率角度出发求解问题的近似解。参照 Langford 和 Diederichs[314] 的研究成果，本章采用正态分布描述 DISL 模型参数的不确定性。根据"3σ"原则，数值分布在 $[\mu-3\sigma\quad\mu+3\sigma]$ 的概率为 99.73%。因此，各参数可在该区间范围取值。对于参数 E、σ_c 和 σ_{ci}，可根据实验数据直接求均值和方差；对于参数 ν，由于其变异较小，故直接取平均值；对于式(3-55)～式(3-56)中的经验参数 A 和 B，可令其取值范围与 $[\mu-3\sigma\quad\mu+3\sigma]$ 相同，进而可得其均值和方差。DISL 模型经验参数均值和方差见表 3-21。

表 3-21　DISL 模型参数均值和方差

统计量	E/GPa	ν	σ_c/MPa	σ_{ci}/MPa	A	B
均值	42.81	0.26	113.67	60.24	1.5	15
方差	10.68	—	13.76	10.18	0.17	1.67

当模型参数都采用均值时，最大主应力、弹性应变能、塑性区及 ALERR 分布见图 3-33。由图 3-33 可知，①隧道开挖面周围出现一定的拉应力，两帮内部出现压应力集中；②弹性应变能在开挖面两帮内部集中；③塑性区呈似 V 形，且沿中心对称；④弹性应变能在开挖面两帮周围岩体释放更多。模拟结果与现场情况较为吻合，证明了所建模型的可靠性。

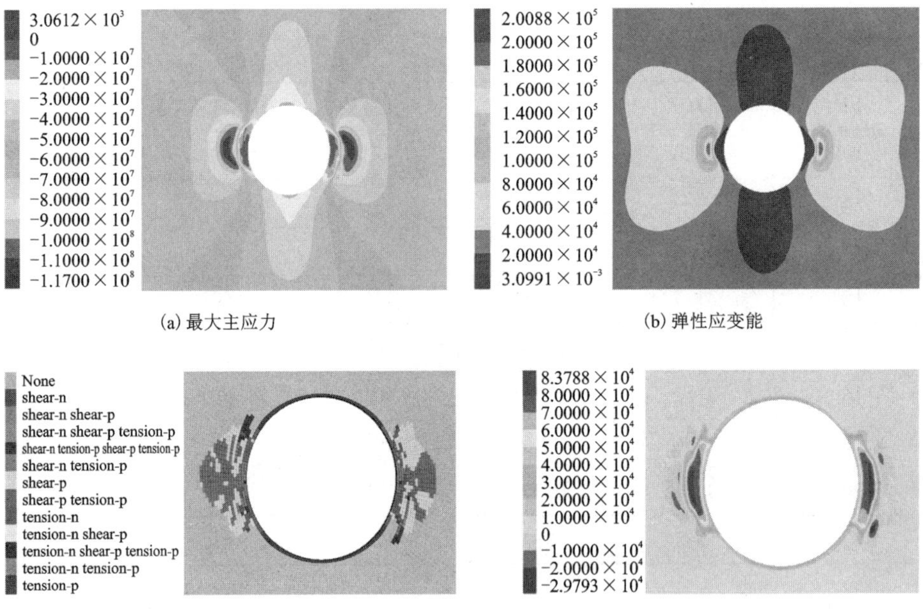

(a) 最大主应力　　　　　　　　　　(b) 弹性应变能

(c) 塑性区　　　　　　　　　　(d) ALERR

图 3-33　最大主应力、塑性区、弹性应变能及 ALERR 分布图

3.3.4.3　岩爆风险可靠度计算结果分析

1. 岩爆数值模拟数据集及其特征

首先根据变量分布对其进行随机抽样，并代入数值模型，然后由式(3-62)~式(3-65)得到岩爆破坏深度，此过程重复 1000 次。由此可得到 1000 个岩爆风险评估数据样本。该数据集指标 E、σ_c、φ_p、φ_r、c_p、ε_c 直方图及其分布见图 3-34。

由图 3-34 可知，各指标分布类型均为正态分布，表明随机抽样结果分布与实际分布基本相符。

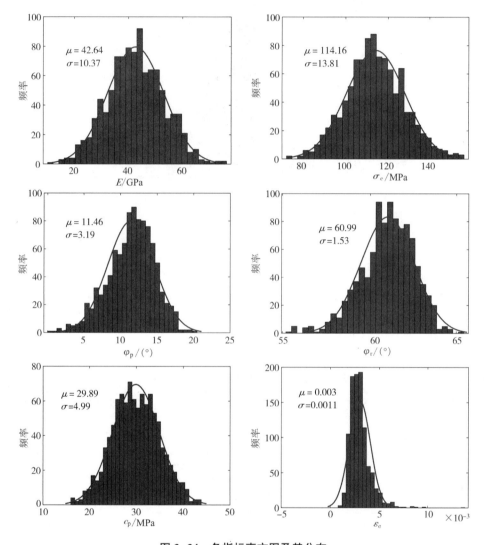

图 3-34　各指标直方图及其分布

岩爆破坏深度直方图见图 3-35。由图可知，大部分值均分布在 1~2 m 之间，占 74.5%。最大值为 3.0 m，而最小值仅为 0.2 m，说明岩石非均质性对岩爆破坏深度具有较大影响，即使在同等应力条件下同种岩性中的岩体，其岩爆风险仍具有较大差异。

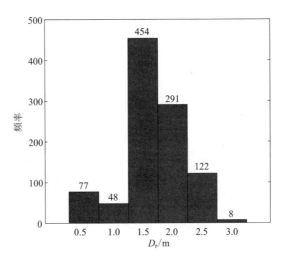

图 3-35　岩爆破坏深度直方图

2. 回归模型评估性能分析

为验证回归模型的评估性能，首先将岩爆数值模拟数据集按 1∶1 的比例分为训练集和测试集。在训练集上采用随机搜索及五折交叉验证法对各模型超参数进行优化，优化结果见表 3-22。

表 3-22　回归算法超参数选择及优化结果

算法	超参数	含义	搜索范围	最优值
Ridge	alpha	惩罚项系数	[0.1, 10)	0.2
Lasso	alpha	惩罚项系数	[0.1, 10)	0.2
ElasticNet	alpha	惩罚项系数	[0.1, 10)	0.2
SV	C	正则化参数	[0.1, 10)	7.6
RF	n_estimators	树的数量	[10, 200)	140
	min_samples_split	节点分割所需最小样本数	[2, 20)	4
	min_samples_leaf	叶节点上所需的最小样本数	[2, 20)	2
	max_depth	树的最大深度	[10, 100)	50

续表 3-22

算法	超参数	含义	搜索范围	最优值
GB	n_estimators	树的数量	[10, 200)	530
	learning_rate	学习率	[0.01, 0.2)	0.08
	max_depth	树的最大深度	[10, 100)	70
	min_samples_leaf	叶节点上所需的最小样本数	[2, 20)	5
	min_samples_split	节点分割所需最小样本数	[2, 20)	13
NN	learning_rate_init	初始学习率	[10, 100)	0.0005
	hidden_layer_sizes	隐藏层神经元数	[0.0001, 0.002)	16

　　然后，采用具有最优超参数的各模型对测试集进行评估。各模型性能评价指标值见表 3-23。根据各指标值相对大小，可得各模型排序结果，见图 3-36。图中排序数字越小表明结果越好。综合分析各指标值结果，可得各模型性能排序为：RF ≥ GB > SV > Ridge > NN > ElasticNet > Lasso。由此可知，与 Ridge、Lasso、ElasticNet、SV、NN 回归算法相比，RF 和 GB 模型评估性能更优，且评估误差较小，评估值与实际值相关性较高。

表 3-23　各模型性能评价指标值

算法	EVS	RMSE	MAE	PC	WI
Ridge	0.8558	0.1977	0.1530	0.9270	0.9570
Lasso	0.8027	0.2311	0.1719	0.9077	0.9334
ElasticNet	0.8285	0.2155	0.1617	0.9174	0.9449
SV	0.8631	0.1932	0.1460	0.9296	0.9603
RF	0.8810	0.1797	0.1274	0.9388	0.9666
GB	0.8785	0.1814	0.1319	0.9376	0.9674
NN	0.8529	0.1998	0.1545	0.9251	0.9562

　　为进一步分析模型的评估性能，比较了各模型在不同误差条件下的评估精度，见图 3-37。当评估值与实际值误差小于 0.4 m 时，除 Lasso 外，其他模型精度均大于 91%，其中 RF 精度最高，为 96.01%；当评估值与实际值误差小于 0.5 m 时，所有模型评估精度大于 95%，其中 SV 精度最高，为 98.8%；当评估值与实际值误差小于 0.7 m 时，所有模型评估精度大于 99%。由此进一步验证了回归模型性能的可靠性。

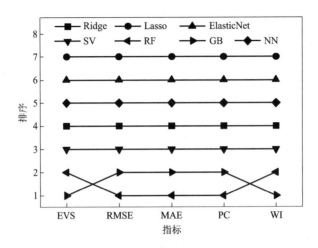

图 3-36　各模型排序结果

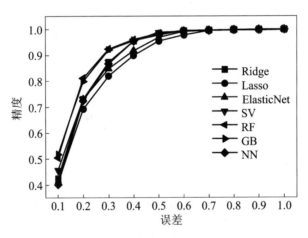

图 3-37　不同误差情况下的模型评估精度

3. 岩爆风险可靠度计算

根据岩爆破坏深度及式(3-65)可确定岩爆风险及其可靠度。根据 Monte Carlo 法计算的轻微、中等、强烈岩爆风险可靠度分别为 7.7%、4.8%、87.5%。由此可知,锦屏二级水电站 1#和 3#圆形引水隧洞存在较大概率的强烈岩爆风险,这与现场岩爆发生情况基本吻合。

由于 RF 和 GB 回归模型具有较高的评估精度,因此可根据其评估结果计算各岩爆风险可靠度,同时采用其他回归模型进行对比分析。Monte Carlo 法及各回归模型计算的岩爆风险可靠度见图 3-38。由图 3-38 可知:①与其他回归模型相比，RF 和 GB 回归模型评估的可靠度与 Monte Carlo 法更为接近，其中，RF 评估的轻微、中等、强烈岩爆风险可靠度分别为 7.6%、7.8%、84.6%，GB 评估的轻微、中等、强烈岩爆风险可靠度分别为 7.4%、6.6%、86.0%；②尽管评估的岩爆风险可靠度略有差异，但根据最大可靠度均可确定该隧洞存在较大概率的强烈岩爆风险。可见，基于 Monte Carlo 模拟与回归算法的岩爆风险可靠度评估模型可行、有效，能在一定程度上解决工程实际问题。

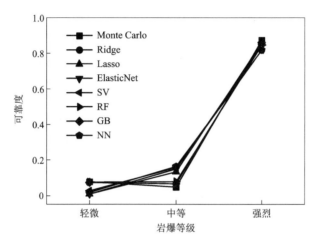

图 3-38　Monte Carlo 法及各回归模型计算的岩爆风险可靠度

3.3.5　结果讨论

由于 DISL 模型更适用于压拉比大于 15 且地质强度指标大于 65 的岩层[300]，因此本章方法仅适用于这种环境下的岩爆风险评估。此条件下的岩爆风险通常较高，而对于压拉比较小或岩石质量较差的岩层区域岩爆风险相对较小，岩爆风险需在本章模型评估结果的基础上进行弱化。

根据数值模拟 ALERR 分布可确定岩爆发生位置。通常岩爆发生在剪应力集中的区域，即开挖面与最大主应力方向垂直的区域。本章采用的主应力方向为竖直方向，故岩爆发生位置主要集中在开挖面两帮。然而，由于地质构造作用及开挖活动影响，隧洞开挖过程会出现应力旋转效应，导致最大主应力方向并非一成不变，此时岩爆发生位置应根据具体情况进行调整。

运用本章方法需首先采用 Monte Carlo 数值模拟得到一定数量的样本数，然后才可利用回归模型进行拟合。但若样本数过小，则拟合效果不理想；若样本数过大，则计算时间消耗过长。因此，合理确定样本数是本章方法成功的关键。针对此问题，可以先产生较少数量的样本，然后利用回归模型判断评估效果是否可行。若可行，则直接使用此样本集；若不理想，则增加样本数量。如此循环，直至评估效果符合要求。

尽管本章方法通过建立回归拟合模型，能够在一定程度上代替数值模拟评估岩爆风险，但也存在如下局限性。

①未考虑不同地应力条件的影响。如果要进一步评估不同应力环境下的岩爆风险，还需利用数值模拟增加不同地应力条件下的岩爆风险样本，从而使拟合模型适用面更广。

②未考虑开挖断面形状及尺寸的影响。由于开挖断面形状较难量化，且复杂形状的尺寸较难描述，因此本章未予以考虑。本章模型更适用于同一断面形状及大小的不同岩石力学参数条件下的岩爆风险评估。

③未考虑地质结构对岩爆风险的影响。本章数值模拟样本未考虑地质结构如节理、断层等的影响，故拟合模型更适用于地质结构较少、完整性较好的岩层。对于存在明显地质结构的岩层，需结合本章评估结果与现场实际情况对岩爆风险进行修正。

第 4 章
短期岩爆风险评估方法及其应用

　　短期岩爆风险评估的目的是根据实时的监测数据及更新后的工程地质数据进行短期岩爆风险分析。根据评估结果，动态调整岩爆风险防控方案，并实时获得防控后的监测数据时空演化特征及岩爆风险，以保障施工人员安全。根据微震事件分布特征可预判出应变型及远源触发型岩爆类型，基于微震监测技术，本章分别介绍应变型岩爆风险评估的概率分类器集成算法和远源触发型岩爆风险评估的平衡 Bagging 集成高斯过程算法。

4.1　深部硬岩岩爆监测技术　　　　　　　　>>>

4.1.1　区域监测技术

4.1.1.1　点监测技术的局限性

　　传统的岩体工程监测通常是选择特定的位置埋设监测仪器，如应力计、压力盒、应变仪、多点位移计、测斜仪、锚杆应力计等，用以监测岩体在施工和运行过程中的应力、位移变化情况，判断所关注部位岩体是否处于安全状态。点监测技术的不足之处如下。

　　(1)监测范围有限。点监测技术通常只能提供关于所监测位置的信息，而无法提供整个开挖工程的全面情况，难以获取以空间形式存在的岩体各部位应力、位移变化规律，这可能导致对开挖工程整体状况的误解或遗漏。因此在大范围系统中可能需要部署大量的监测点才能覆盖整个区域。

　　(2)难以检测隐蔽问题。某些问题可能出现在监测点之外或在监测点无法触及的位置，通常布置点的选择是在对有限的工程地质调查成果的认识上进行的，难免存在不明确或遗漏某些重要地质构造的情况，致使所选的监测断面有时不能及时反映应力或变形较大的岩体情况，危及工程安全。

(3)安装和维护困难。在危险区域或复杂地形条件下安装和维护监测设备可能非常困难，这可能导致监测点的选择受限，或者增加了监测工作的难度和成本。而如果安装在安全的位置，则得不到应有的监测效果。

4.1.1.2 微震监测技术

岩体在采动影响下会产生非弹性变形和弹性变形，而岩体中积蓄的弹性势能将在非弹性变形过程中以震动波的形式沿周围的介质向外逐步或突然释放出去，这种能量释放的强度会随着破坏的发展而变化，导致岩体内部产生微震。微震监测技术是近年来发展迅速的一种岩体微破裂三维空间区域监测技术，它利用岩体受力变形和破坏过程中产生的微震事件来监测工程岩体稳定性。岩体在开挖初期，弹性能在调整中，局部能量积聚到某一临界值之后，微裂隙的产生与扩展伴随弹性波在周围岩体中快速释放和传播。因此，可利用岩体微震这一特点对岩体稳定性进行监测，从而预报岩爆等地压灾害[325]。根据目前国内外已取得的成果，微震监测技术能够全方位监测岩体对开挖工程的响应，在短期岩体开挖安全预警预报和中、长期灾害分级与稳定性评估方面有着独特的优势。目前，微震监测技术已成功应用于雅砻江锦屏二级水电站、大峡谷隧道、秦岭输水隧洞、凡口铅锌矿、红透山铜矿、冬瓜山铜矿等深部岩石工程的岩爆监测与预警[326]。

微震监测工作原理示意图见图4-1。岩爆孕育过程的本质是一系列岩体破裂事件。岩体破裂产生的震动波沿周围的介质向外传播，放置于孔内紧贴岩壁的传感器接收到其原始的微震动信号后将其转变为电信号，随后将其发送至信号采集仪；之后通过通信系统再将数据信号传送给中心服务器。通过分析处理软件可以对微震动数据信号进行多方面处理和分析，实现微震事件的定位、震源参数获取、趋势跟踪等，并可对定位微震事件在三维空间和时间上进行实体演示，最终获得岩爆孕育过程中的岩体破裂微震事件[327]。通过实时分析开挖过程中微震事件的数量及其对应震源参数的时空演化特征，可对深部硬岩工程开挖过程中潜在的岩爆风险进行动态预警[328]。

国际上主要微震监测设备包括加拿大 ESG、波兰 SOS 和澳大利亚 IMS 微震监测系统[329]。其中加拿大 ESG 系统工程地震集团于 1993 年在加拿大皇后大学创立，公司致力于微震监测系统的开发和研究，其设备是边坡、隧道、矿山及混凝土工程结构稳定性监测与分析的理想工具，其传感器频带宽度为 4~2000 Hz，系统水平定位精度误差为 15 m，垂直误差 50 m，最小监测微震事件能量 100 J。波兰 SOS 微震监测系统是波兰矿山研究总院采矿地震研究所设计制造的微震监测系统。该所 20 世纪 80 年代开发了第一代数字微震监测仪 LKZ，90 年代发展为 ASI 数字化微震监测仪，目前已经更新为 Windows 下的 SOS 微震监测系统。该系

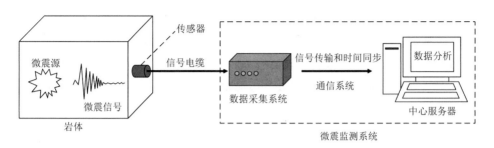

图4-1　微震监测原理示意图

统已在波兰大多数煤矿安装并成功用于冲击地压危险的监测预报工作，其传感器信号频带宽度为0~600 Hz，系统水平定位误差小于20 m，垂直误差为70 m，最小监测微震事件能量600 J。澳大利亚IMS系统是集数字化、智能化和高分辨率一体的微震监测系统，能够对微震事件进行实时采集、处理、分析和可视化，可以在Microsoft Windows和常见的Linux操作系统下稳定运行，其传感器可用频率范围包括0.2~2300 Hz和2~25000 Hz两种，系统水平定位误差为10 m，垂直误差小于40 m，最小监测微震事件能量为10 J。

相对传统的位移或应力点监测技术而言，微震监测技术具有如下几个重要特点。

①实时监测。微震监测系统一般都把传感器以阵列的形式固定安装在监测区内，可实现对微震事件的全天候实时监测。

②监控范围广。微震监测系统能直接确定岩体内部的破裂时间、位置和震级，突破了传统点监测技术的局部性、不连续性、劳动强度大、安全性差等弊端。

③空间定位。微震监测系统一般采用多通道传感器监测，可以实现对微震事件的高精度定位和对实时监测数据的三维可视化显示。

④安装安全。由于采用接收地震波信息的方法，传感器可布设在远离岩体易破坏的区域，更有利于保证监测系统的长期运行。

尽管微震监测有着许多优点，但也存在以下一些缺点。

①噪声干扰。微震监测易受到各种噪声源的干扰，例如人工敲击、机械凿岩、溜井放矿、风机振动、爆破震动等，这些噪声可能掩盖了地下微震事件的信号，使得监测结果不够清晰准确。

②事件定位误差。由于微震事件的定位需要通过多个监测站的数据联合处理，因此微震事件的定位精度受到监测站布设密度、地形复杂度等因素的影响，导致定位误差较大。

③地质条件限制。地下地质条件的复杂性可能限制了微震监测的有效性，例如地下构造复杂、地震波传播受阻等情况可能影响微震监测的准确性和可靠性。

④设备成本和维护。微震监测设备通常价格较高，而且需要定期维护和校准，这提高了监测成本和技术要求。

⑤数据处理复杂性。微震监测数据通常需要经过复杂的处理和分析才能提取有用信息，例如微震事件的去噪、定位、能量释放等，这需要专业的数据处理和解释技术。

4.1.2　局部监测技术

4.1.2.1　声发射法

声发射是指材料在外界应力作用下内部能量积聚到某一临界值后，会引起微裂隙的产生与扩展，同时伴随着弹性波或应力波的传播，产生声发射现象。如果声发射释放的应变能足够大，可产生人耳听到的声音。大多数材料变形和断裂时有声发射发生，但大部分声发射信号强度很弱，人耳不能直接听见，需要利用灵敏的电子仪器才能检测出来。用仪器探测、记录、分析声发射信号和利用声发射信号推断声发射源的技术称为声发射技术，人们将声发射仪器形象地称为材料的听诊器。与微震信号相比，声发射信号的频率相对更高，而高频信号衰减较快，导致声发射法比微震技术监测范围相对更小。

岩石作为典型的脆性材料，在外界载荷作用下，岩石内部原生裂纹周围会产生应力集中，并积累一定的应变能。当其处于屈服阶段时，岩石内部微观结构上会产生大量的微破裂，伴随微破裂的产生、扩展，会产生不同频率的弹性波。声发射监测法就是利用声发射探头来接收岩体在破裂过程中发出的一定频率的声音，并根据这些声音信号客观反映岩体的破裂情况。岩石声发射监测技术工作原理见图4-2。岩石在破裂过程中，裂纹闭合、扩展和贯通等一系列损伤过程产生的弹性波传播到声发射传感器，经过传感器的声电转换和前置放大器放大，得到原始声发射波形数据，通过对声发射波形数据进行处理分析，研究岩石破坏过程中的声发射规律，为岩石破坏机制分析奠定基础[330]。

由于岩爆是地下工程开挖扰动引起围岩破裂的过程，因此岩爆发生前岩体内部必将以弹性波的形式发出声音信号。利用声发射监测设备可捕获这些信号，并对这些信号进行处理分析；通过分析围岩内部声发射的强弱，可了解岩体内部应力集中及破裂程度，结合现场工程地质条件分析，能进一步判断围岩发生岩爆的严重程度。采用仪器自带软件处理声发射探头接收的声波信号，根据处理后的数据可得到声发射事件数与事件率、振铃计数与振铃计数率、能量与能率及岩体声发射信号波形等信息，根据声发射波形和岩体结构特征可综合预测岩体岩爆[331]。目前，声发射监测技术已应用于高黎贡山隧道、五老峰隧道等深部岩体工程的岩爆监测与预警。

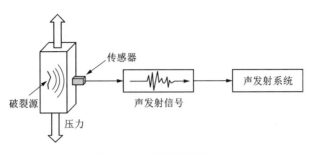

图 4-2 声发射监测原理

4.1.2.2 红外热像法

热成像技术是指利用红外探测器和光学成像物镜,接收被测目标的红外辐射能量分布场,然后反映到红外探测器的光敏元件上来获得红外热像图,这种红外热像图与物体表面的热分布场相对应[328]。热成像技术是一种无损检测技术,具有全天候、全场性、实时性等优点。它的工作原理是,当材料出现缺陷时,缺陷处的热性能与周围不同,导致温度场不一致,通过热像仪可将这种不一致检测出来[332]。通俗地讲,红外热像就是将物体发出的不可见红外能量转变为可见的热图像,热图像上面的不同颜色代表被测物体的不同温度,见图 4-3。这种红外热像图与物体表面的热分布场相对应,实质上是被测目标物体各部分红外辐射的空间分布。

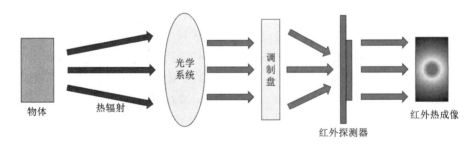

图 4-3 红外热成像工作原理

随着红外技术在岩石力学领域的发展和应用,通过分析岩石红外辐射温度的变化来获得对岩石变形破坏过程的认识,为研究岩石的变形破坏规律与机制提供一种新的手段。同时,通过捕捉某些红外前兆信息,对岩体破裂以及结构失稳进行预测和预报,从而为预测岩爆等动力灾害提供一种新的监测方法。巷道开挖卸载后,会引起应力重分布,巷道壁面区域由原来的三向受力状态变为双向压缩状

147

态,因而可能引发岩爆。岩爆的发生对应着岩石的猛烈破坏,伴随有大量的能量释放,引发红外辐射的剧烈变化。准确认识岩爆过程红外辐射温度的时空分布及演化特征是利用红外热成像技术进行岩爆红外监测的基础[333]。目前,该技术还停留在室内岩爆模拟试验的监测与分析阶段。

除以上方法外,还有钻屑量法、微重力法、电磁辐射法等局部监测方法,但主要用于煤矿冲击地压的监测与分析,目前尚未见到这些监测技术成熟用于硬岩工程岩爆监测预警的报道。

4.2　基于概率分类器集成的短期应变型岩爆风险评估 >>>

微震监测系统能连续大范围监测岩体破裂信息,已成为深部岩石工程岩爆风险管理中最有效的技术手段。通过对全波形地震图的检测和分析,可确定岩爆发生时岩石破裂的时间、位置、震级、震源机制等。应变型岩爆是深部硬岩隧道或矿山中最常见的岩爆类型。对于应变型岩爆,由于微震事件发生地点与岩体破裂位置相同,这为利用微震指标来评估短期应变型岩爆风险提供了条件。

随着大量岩爆案例的累积,机器学习被用于短期岩爆风险及其概率评估。一些先进的机器学习技术已被证明是解决复杂评估问题的有效方式,例如逻辑斯蒂回归(LR)、朴素贝叶斯(NB)、高斯过程(GP)、多层感知器神经网络(MLPNN)、支持向量机(SVM)和决策树(DT)等[334]。这些算法已成功应用于多个领域,包括长期岩爆风险评估。然而,由于所有算法均存在自身局限性,很难将单一模型成功用于所有的案例场景。例如,LR,MLPNN 和 DT 倾向于过拟合;NB 和 GP 对数据分布具有很强的假设,而这种假设并不适用于所有情况;SVM 对噪声很敏感。由于岩爆是一个受多种因素影响的复杂问题,不同赋存条件或开挖方式产生的数据集特征可能不同,且岩爆数据集也处于动态的变化之中,因此仅用一种算法很难精准评估各种情况下的岩爆风险。多个算法集成在提高评估精度和稳定性方面具有很大的潜力,因为它可平均或加权投票,以减少选择精度不高分类器的风险。目前,集成方法已在多个领域得到成功应用[335],但很少用于短期应变型岩爆风险评估。

本章主要内容是介绍 5 种集成分类器评估短期应变型岩爆风险概率的方法。这些分类器分别采用基于平均的、基于准确率的、基于查准率的、基于召回率的及基于 F_1 值的组合规则,并都选择 LR、NB、GP、MLPNN、SVM 和 DT 作为基学习器。利用 91 组基于微震监测的应变型岩爆案例验证和比较各集成分类器的评估性能,将所提出的集成分类器对锦屏二级水电站 3#引水隧洞岩爆风险概率进行评估。特别地,为使表达简单,本章所提的岩爆均指应变型岩爆。

4.2.1　岩爆风险概率评估的集成分类器

4.2.1.1　集成分类器模型

集成分类器通过使用特定规则将多个基学习器组合来完成特定分类任务[332]。首先，采用基学习器获得初步评估结果。然后，通过组合规则将各基学习器评估结果集成来获得最终结果。因此，基学习器和组合规则是集成分类器的2个关键部分[336]。

理想的基学习器应具有多样性和高准确性等特点[337]。其中多样性表明基学习器间能相互补充，以便各自误差能被抵消；高准确性表明各基学习器也需具有较高的评估精度。通常认为，基学习器的准确性和多样性对提高集成分类器的评估性能具有至关重要的影响[338]。为满足这 2 个条件，本章采用 LR、NB、GP、MLPNN、SVM 和 DT 等 6 种机器学习算法作为基学习器。其中，LR 能够产生标定较好的评估概率；NB 需较少的训练数据，对无关指标不敏感；GP 通过指定不同核函数来考虑先验知识；MLPNN 无须对输入变量的概率分布进行任何假设，并能够学习和推断输入和输出间的非线性关系；SVM 过拟合风险较低，对高维数据表现良好；DT 可处理任何大小的数据集。这些算法基于不同原理提出，优缺点各不相同，具有很高的多样性。同时，它们也具有较高的评估精度，已在多个领域被证明可有效解决分类问题。

组合规则是提高集成分类器性能的另一重要因素[333, 334]。已有多个方案用于基学习器的组合，例如投票法、贝叶斯法和模糊集成法等[339]。其中，投票法被证明是一种简单有效的集成方案，已得到广泛应用[340]。该方案主要包括 3 种策略：多数投票策略、平均策略和加权策略[337, 341]。多数投票策略根据基学习器的大多数分类结果来进行最终决策，该策略假设各基学习器都具有相同的评估能力，且忽略了对不同等级风险评估概率的差异；平均策略采用所有基学习器对不同等级评估的平均概率来确定最终结果，这种策略也没有考虑不同基学习器各自评估性能的差异；加权策略通过对各基学习器不同等级的评估概率进行加权求和来获得最终结果，由于不同基学习器的评估性能不同，这种策略更适用于不同基学习器完成相同评估任务的问题。本章选择加权策略作为基学习器的组合方案，并采用平均策略进行对比分析。

基于加权组合规则，最终岩爆风险等级可根据各等级的最大概率确定，计算公式为：

$$P_i = \max\left(\sum_{k=1}^{L} p_{ki} b_k \right) \qquad (4-1)$$

式中：p_{ki} 指基学习器 $k(k=1, 2, \cdots, L)$ 对风险等级 i 的评估概率；b_k 指基学习器

k 的权重，$b_k \geq 0$ 且 $\sum\limits_{k=1}^{L} b_k = 1$。

由式(4-1)可知，确定基学习器权重至关重要。通常，分类器性能可由准确率、查准率、召回率和 F_1 值确定[294]。因此，本章采用准确率和查准率、召回率及 F_1 值的宏平均值来计算基学习器权重。准确率和查准率、召回率及 F_1 值的宏平均值可根据式(3-43)定义的混淆矩阵计算。其中，准确率计算公式见式(3-34)，查准率、召回率及 F_1 值的宏平均值计算式为：

$$\text{macro-}P = \left(\sum_{b=1}^{E} \frac{g_{aa}}{\sum\limits_{a=1}^{E} g_{ab}} \right) \Big/ E \tag{4-2}$$

$$\text{macro-}R = \left(\sum_{a=1}^{E} \frac{g_{aa}}{\sum\limits_{b=1}^{E} g_{ab}} \right) \Big/ E \tag{4-3}$$

$$\text{macro-}F_1 = \frac{2 \times \text{macro-}P \times \text{macro-}R}{\text{macro-}P + \text{macro-}R} \tag{4-4}$$

本章共采用 5 种组合策略建立集成分类器，具体流程见图 4-4。由图 4-4 可知，该方法主要包含 4 个主要步骤，具体如下。

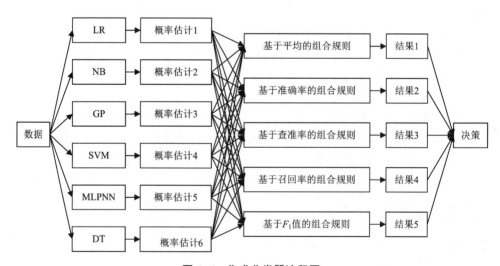

图 4-4　集成分类器流程图

①选择 LR，NB，GP，MLPNN，SVM 和 DT 等 6 种机器学习算法作为基学习器。

②采用各基学习器分别计算各岩爆风险概率。

③采用基于平均的、基于准确率的、基于查准率的、基于召回率的及基于

F_1 值的加权组合策略集成各基学习器的评估结果得到各岩爆风险等级概率。

④根据式（4-1）确定最终岩爆风险等级。

4.2.1.2　岩爆风险评估流程

将所提出的集成分类器用于短期应变型岩爆风险评估，具体流程见图 4-5。详细步骤如下。

①为揭示不同指标输入的影响，根据指标含义及指标间相关性来选择具体指标组合，进而从原岩爆数据库中根据不同指标组合生成多个数据集。此外，还利用主成分分析法从原数据集中生成线性独立的指标组合。

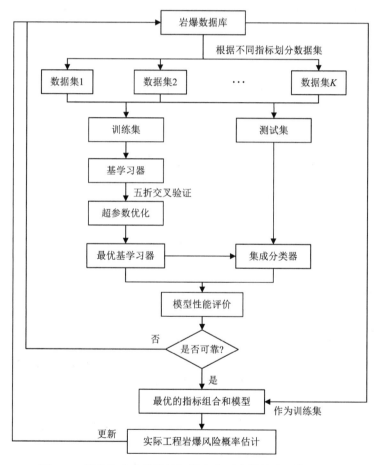

图 4-5　基于集成分类器的短期应变型岩爆风险评估流程图

②每个数据集均采用 70/30 采样策略随机划分训练集和测试集。为使评估更

加稳定，训练集和测试集中不同风险等级样本数量的比例须保持一致。

③采用五折交叉验证法对 LR、NB、GP、MLPNN、SVM 和 DT 等 6 种基学习器超参数进行优化。首先指定需调优的各基学习器关键超参数。LR 超参数包括正则化强度倒数(C_1)；GP 超参数包括使用径向基函数[$a*RBF(b)$]作为协方差函数的 a 和 b；MLPNN 超参数包括隐含层神经元数量(hidden_layer_sizes)和权值更新的初始学习率(learning_rate_init)；SVM 超参数包括正则化参数(C_2)；DT 超参数包括树的最大深度(max_depth)和节点分割最小样本数(min_samples_split)。此外，最优的 NB 模型从高斯贝叶斯、多项式贝叶斯、伯努利贝叶斯和补体贝叶斯这 4 种模型中选择。然后，将训练集随机分为 5 等份，其中 4 份作为训练子集用于模型拟合，剩余部分作为验证集对模型性能进行评价。每部分均被选为验证集 1 次，根据 5 个验证集的平均准确率确定最优超参数值。

④将优化后的 6 种基学习器按照组合规则融合到 1 个集成分类器中。选择基于平均的、基于准确率的、基于查准率的、基于召回率的及基于 F_1 值的组合规则，并分别标记为 EC1、EC2、EC3、EC4、EC5。

⑤基于测试集利用准确率和查准率、召回率及 F_1 值的宏平均值评价分类器综合评估性能。此外，由于 F_1 值能同时衡量查准率和召回率精度，故被用于分析各模型对不同岩爆风险等级的评估性能。F_1 值计算公式见式(3-48)。

⑥若最优集成分类器和指标组合的评估性能可靠，则可用整个数据集对其进行拟合，然后用于实际工程项目中岩爆风险概率的评估。如果评估性能不可靠，则需从岩爆数据库质量、指标组合、评估模型选择等方面进行改进。

⑦新的岩爆案例可用于更新原始岩爆数据库，进而重复步骤①~⑥进行下一阶段的短期岩爆风险评估。

4.2.2 模型可行性分析

4.2.2.1 数据获取

为验证该方法的可行性，搜集了 91 组基于微震监测的岩爆风险样本[19]，部分数据见表 4-1。Feng 等[173]介绍了该数据集的详细采集过程。本数据集包含 4 个岩爆风险等级：无、轻微、中等和强烈，分别标记为 0、1、2、3，每个风险等级分别含有 34、21、25、11 个样本。每组数据均包含现场实测的岩爆风险等级和 7 个评估指标。岩爆风险评估指标包括：累积事件数(D_1)、累积释放能量对数(D_2)、累积视体积对数(D_3)、事件率(D_4)、能量率对数(D_5)、视体积率对数(D_6)和孕育时间(D_7)。这些指标的详细描述见表 4-2。由于微震事件是岩石破裂释放的弹性应力波引起，因此微震事件源参数可用于评价岩石破坏特征。基于表 4-2 中对这些指标的定义，可推断 D_1、D_2 和 D_3 分别反映了岩体破裂的数量、强度及大小，D_4、D_5、D_6 和 D_7 反映了时间效应[173]。由于这些指标可有效定义岩体破裂状态，因此选择它们来评估短期岩爆风险。

表 4-1　部分短期应变型岩爆风险评估数据

序号	D_1/个	D_2/J	D_3/m³	D_4 /(个·d⁻¹)	D_5 /(J·d⁻¹)	D_6 /(m³·d⁻¹)	D_7/d	等级
1	41	5.968	4.694	3.727	4.926	3.653	11	3
2	14	5.841	4.622	1.556	4.887	3.668	9	2
3	17	4.754	4.397	1.889	3.8	3.443	9	2
4	18	5.295	4.703	1.8	4.295	3.703	10	2
5	10	5.322	4.238	1.429	4.477	3.393	7	2
6	14	4.818	4.266	1.273	3.776	3.225	11	2
7	17	4.944	4.598	1.545	3.902	3.556	11	2
8	18	5.602	4.779	1.8	4.602	3.779	10	2
9	19	5.865	4.263	1.9	4.865	3.263	10	2
10	20	5.589	4.589	1.818	4.548	3.547	11	2
…	…	…	…	…	…	…	…	…
82	7	5.4	3.919	1.75	4.798	3.317	4	1
83	4	5.82	3.728	0.308	4.706	2.614	13	0
84	17	4.619	4.844	1.214	3.473	3.698	14	0
85	10	4.008	3.221	2	3.309	2.522	5	0
86	11	4.11	3.624	2.2	3.411	2.925	5	3
87	29	5.513	4.777	5.8	4.814	4.078	5	3
88	36	4.729	4.336	2.571	2.583	3.16	14	2
89	8	5.204	3.977	2.667	4.727	3.5	3	1
90	16	3.621	4.681	2.667	2.843	3.903	6	1
91	6	5.3	2.735	1.5	4.698	2.133	4	0

表 4-2 短期岩爆风险评估指标描述

指标	描述
D_1/个	指累积微震事件数,用于评价微震活动性
D_2/J	指所有微震事件的累积释放能量,反映该区域岩体整体破裂强度
D_3/m³	指震源非弹性变形区累积体积,描述岩体破坏程度
D_4/(个·d⁻¹)	指每天微震事件个数,反映微震事件频率
D_5/(J·d⁻¹)	指每天该区域微震事件释放能量,反映能量释放速率
D_6/(m³·d⁻¹)	指每天区域内非弹性变形体积,说明了岩体变形演化规律
D_7/d	指岩爆发生前微震监测系统连续监测时间,反映了岩爆的孕育时间

4.2.2.2 指标特征分析

各指标对应于各岩爆风险等级的箱形图见图 4-6。总体而言,岩爆风险等级与各指标呈正相关。为进一步分析其相关性,计算了 Pearson 相关系数,分别为 0.7019、0.6962、0.6678、0.5556、0.6535、0.5344、0.3081。由此可知,D_7 相关系数最小,表明岩爆风险等级与孕育时间并非高度线性相关。所有指标在各风险等级下均存在一些离散值,说明了岩爆形成机制的复杂性。此外,对于不同风险等级的相同指标,上下四分位数间距离(箱的高度)不同,且指标值范围也存在重叠部分,这说明采用单一指标难以准确评估短期岩爆风险,而应同时考虑多个指标对岩爆风险的共同影响。

岩爆风险各指标间 Pearson 相关系数热力图见图 4-7。由图 4-7 可知,在一些指标间存在较高的相关性。例如,D_1 和 D_4 相关性为 0.77,D_2 和 D_5 相关性为 0.97,D_3 和 D_6 相关性为 0.89。由于不确定哪个指标更适合于岩爆风险评估,因此很难决定应该剔除哪个指标。因此,研究不同指标组合对结果的影响至关重要。在考虑各指标间相关性和指标含义后,对 6 组不同指标组合的数据集进行分析,分析结果见表 4-3。特别地,对于数据集 6,采用主成分分析法将原 7 个指标转换为 4 个主成分指标。主成分分析将原数据降维到一个低维子空间,但同时保留大部分变异[342]。

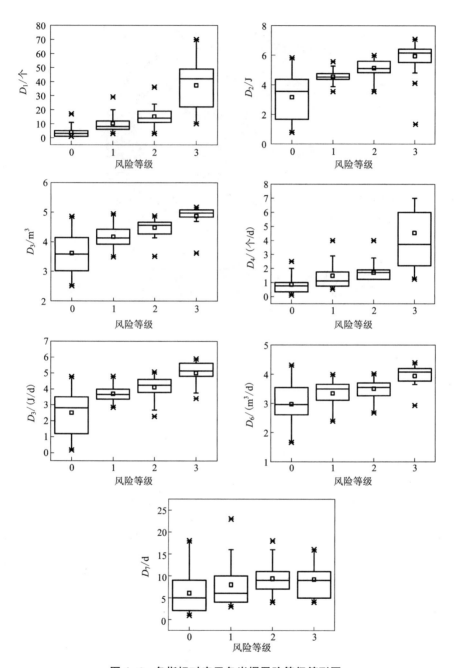

图 4-6　各指标对应于各岩爆风险等级箱形图

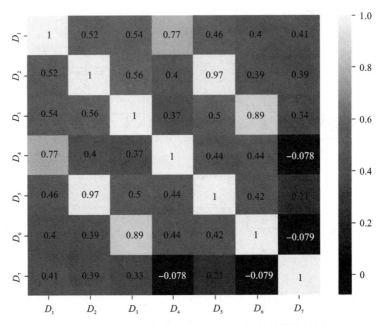

图 4-7 岩爆风险各指标间 Pearson 相关系数热力图

表 4-3 不同指标组合的数据集

数据集	D_1	D_2	D_3	D_4	D_5	D_6	D_7
数据集 1	✓	✓	✓	✓	✓	✓	✓
数据集 2	✓	✓	✓	×	×	×	×
数据集 3	×	×	×	✓	✓	✓	×
数据集 4	✓	✓	✓	×	×	×	✓
数据集 5	×	×	×	✓	✓	✓	✓
数据集 6	使用主成分分析法将原来的 7 个指标转化为 4 个主成分指标						

注意：选择的指标标记为✓，未选择的指标标记为×。

4.2.2.3 模型对比与评价

为获得更好的评估性能，采用五折交叉验证法对各基学习器超参数进行优化。以数据集 1 为例，各基学习器在不同组超参数条件下的交叉验证精度见图 4-8。根据最大精度确定最优超参数值。超参数的取值范围、间隔和最优值见表 4-4。此外，与其他朴素贝叶斯方法相比，高斯贝叶斯精度最高，因此选为基学习器。由于高斯贝叶斯不存在超参数，故未列入表 4-4。

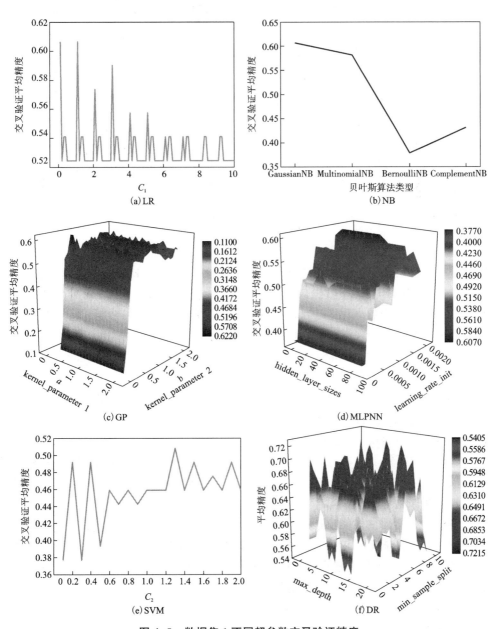

图 4-8　数据集 1 不同超参数交叉验证精度

表 4-4　数据集 1 超参数优化结果

模型	超参数	取值范围	取值间隔	最优值
LR	C_1	[0.1, 10]	0.1	0.1
GP	kernel_parameter 1	[0.1, 2.0]	0.1	0.2
	kernel_parameter 2	[0.1, 2.0]	0.1	0.4
MLPNN	hidden_layer_sizes	[1, 100]	10	61
	learning_rate_init	[0.0001, 0.002]	0.0001	0.0012
SVM	C_2	[0.1, 2.0]	0.1	0.7
DR	max_depth	[1, 20]	1	10
	min_samples_split	[1, 10]	1	5

基于测试集，将训练好的基学习器集成来评估短期岩爆风险。这 5 种集成分类器对 6 个数据集进行评估的准确率和查准率、召回率及 F_1 值的宏平均值分别见表 4-5~表 4-10。对于数据集 1、4 和 6，EC2、EC3、EC4、EC5 的综合评估性能优于 EC1。对于数据集 2、3 和 5，各集成分类器的综合评估性能相同。总体而言，基于权重的组合规则评估效果优于基于平均的组合规则。

对于数据集 1、2、3 和 5，基于权重的集成分类器获得相同评估性能。对于数据集 4，EC3 和 EC5 的评估性能优于 EC2 和 EC4。然而对于数据集 6，EC2 和 EC4 的评估性能优于 EC3 和 EC5。综合考虑所有集成分类器和数据集，基于数据集 4 的 EC3 和 EC5 的准确率、$macro-P$、$macro-R$ 和 $macro-F_1$ 最高，分别为 0.867、0.890、0.866、0.878。

此外，数据集 1 和 4 的综合性能高于数据集 2、3、5、6。考虑评估结果和指标相关性，可去除指标 D_4、D_5、D_6。因此，最初的 7 个指标可减少到 4 个指标用于短期岩爆风险评估。

各基学习器评估性能也被用于对比分析，见表 4-5~表 4-10。基学习器对不同数据集评估性能差异较大。例如，NB 对数据集 1 和 3 的评估性能更好；LR 对数据集 4、5、6 的评估性能更好；NB、GP 和 MLPNN 对数据集 2 的评估性能更好。此外，集成分类器的综合评估性能优于基学习器。尤其对于数据集 1 和 4，基于权重的集成分类器所有性能评价指标都优于各基学习器。因此，可认为集成分类器用于短期岩爆风险评估是可行的。

表 4-5　各基学习器和集成分类器采用数据集 1 的评估结果

评估参数	LR	NB	GP	MLPNN	SVM	DR	EC1	EC2	EC3	EC4	EC5
Accuracy	0.767	0.800	0.700	0.600	0.433	0.533	0.800	0.833	0.833	0.833	0.833
macro-P	0.863	0.803	0.717	0.589	0.275	0.659	0.828	0.844	0.844	0.844	0.844
macro-R	0.723	0.803	0.630	0.5930	0.321	0.525	0.763	0.826	0.826	0.826	0.826
macro-F_1	0.787	0.803	0.671	0.591	0.296	0.584	0.795	0.835	0.835	0.835	0.835

表 4-6　各基学习器和集成分类器采用数据集 2 的评估结果

评估参数	LR	NB	GP	MLPNN	SVM	DR	EC1	EC2	EC3	EC4	EC5
Accuracy	0.667	0.700	0.733	0.700	0.600	0.533	0.733	0.733	0.733	0.733	0.733
macro-P	0.702	0.709	0.600	0.745	0.663	0.651	0.774	0.774	0.774	0.774	0.774
macro-R	0.607	0.674	0.688	0.647	0.526	0.538	0.665	0.665	0.665	0.665	0.665
macro-F_1	0.651	0.691	0.641	0.692	0.587	0.589	0.716	0.716	0.716	0.716	0.716

表 4-7　各基学习器和集成分类器采用数据集 3 的评估结果

评估参数	LR	NB	GP	MLPNN	SVM	DR	EC1	EC2	EC3	EC4	EC5
Accuracy	0.667	0.700	0.667	0.633	0.533	0.400	0.667	0.667	0.667	0.667	0.667
macro-P	0.571	0.714	0.567	0.593	0.276	0.493	0.575	0.575	0.575	0.575	0.575
macro-R	0.594	0.709	0.634	0.576	0.423	0.391	0.634	0.634	0.634	0.634	0.634
macro-F_1	0.582	0.712	0.599	0.584	0.334	0.436	0.603	0.603	0.603	0.603	0.603

表 4-8　各基学习器和集成分类器采用数据集 4 的评估结果

评估参数	LR	NB	GP	MLPNN	SVM	DR	EC1	EC2	EC3	EC4	EC5
Accuracy	0.767	0.733	0.700	0.667	0.400	0.633	0.800	0.833	0.867	0.833	0.867
macro-P	0.863	0.768	0.581	0.677	0.250	0.696	0.842	0.854	0.890	0.854	0.890
macro-R	0.723	0.709	0.656	0.638	0.290	0.593	0.741	0.804	0.866	0.804	0.866
macro-F_1	0.787	0.738	0.616	0.657	0.268	0.641	0.789	0.828	0.878	0.828	0.878

表4-9　各基学习器和集成分类器采用数据集5的评估结果

评估参数	LR	NB	GP	MLPNN	SVM	DR	EC1	EC2	EC3	EC4	EC5
Accuracy	0.733	0.700	0.633	0.633	0.533	0.567	0.667	0.667	0.667	0.667	0.667
macro-P	0.846	0.686	0.639	0.668	0.298	0.663	0.701	0.701	0.701	0.701	0.701
macro-R	0.701	0.714	0.607	0.660	0.406	0.521	0.669	0.669	0.669	0.669	0.669
macro-F_1	0.767	0.699	0.622	0.664	0.344	0.583	0.685	0.685	0.685	0.685	0.685

表4-10　各基学习器和集成分类器采用数据集6的评估结果

评估参数	LR	NB	GP	MLPNN	SVM	DR	EC1	EC2	EC3	EC4	EC5
Accuracy	0.767	0.700	0.667	0.600	0.433	0.600	0.733	0.800	0.767	0.800	0.767
macro-P	0.863	0.725	0.581	0.304	0.264	0.675	0.767	0.826	0.800	0.826	0.800
macro-R	0.723	0.665	0.594	0.477	0.321	0.539	0.679	0.772	0.741	0.772	0.741
macro-F_1	0.787	0.694	0.587	0.371	0.290	0.600	0.720	0.798	0.770	0.798	0.770

此外，根据式(3-48)计算的F_1值可来分析各模型对不同岩爆风险等级的评估性能，分析结果见图4-9~图4-12。由这些图可知：①当比较所有数据集最大的F_1值时，集成分类器评估性能优于传统机器学习算法；②各传统机器学习算

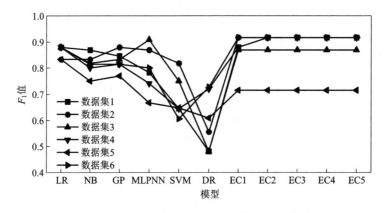

图4-9　各分类器采用各数据集对无岩爆风险评估的F_1值

法评估结果间的差异大于各集成分类器评估结果的差异；③不同岩爆风险等级评估结果受数据集影响很大，而对于集成分类器，采用数据集 1、2、4 和 6 可更好地评估无岩爆风险，采用数据集 4 和 6 可更好地评估轻微岩爆风险，采用数据集 1 和 4 可更好地评估中等岩爆风险，采用数据集 1、4 和 5 可更好地评估强烈岩爆风险；④与其他岩爆风险等级相比，轻微岩爆风险评估性能相对较差，然而所提出的集成分类器对于数据集 4 仍可获得较好的评估结果。总之，集成分类器采用数据集 1 和 4 对于所有岩爆风险等级都能获得较好的评估结果。

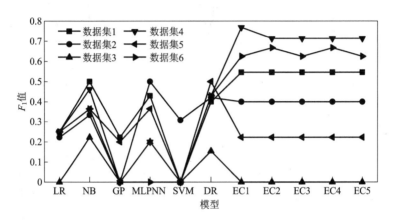

图 4-10　各分类器采用各数据集对轻微岩爆风险评估的 F_1 值

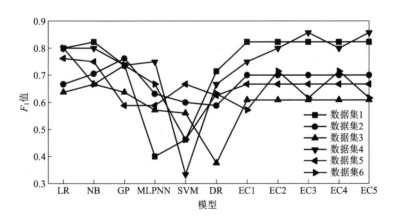

图 4-11　各分类器采用各数据集对中等岩爆风险评估的 F_1 值

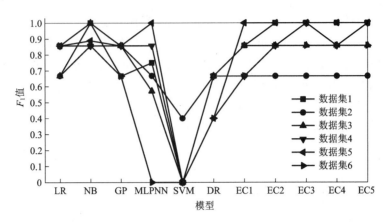

图 4-12 各分类器采用各数据集对强烈岩爆风险评估的 F_1 值

4.2.3 工程应用

将所提出的集成分类器应用于锦屏二级水电站 3#引水隧洞短期岩爆风险评估。Feng 等[173]详细记录了该隧洞 2 个强烈岩爆案例，具体指标值和风险等级见表 4-11。特别地，D_2、D_3、D_5 和 D_6 采用原文献指标值的对数以便于计算，D_7 根据 D_1 和 D_4 的商得到。通过对这两个岩爆风险概率进行评估，以说明所提出集成分类器的实用性。

表 4-11 现场 2 个岩爆案例指标值和风险等级[173]

案例编号	D_1/个	D_2/J	D_3/m³	D_4/(个·d⁻¹)	D_5/(J·d⁻¹)	D_6/(m³·d⁻¹)	D_7/d	等级
1	45	4.803	4.838	4.1	3.762	3.796	11	3
2	42	6.284	5.05	6.0	5.439	4.204	7	3

由于数据集 1 和数据集 4 指标组合评估性能更好，故将这 2 个指标组合分别作为模型输入。进而采用基学习器和集成分类器分别对岩爆案例 1 和案例 2 进行评估，结果见表 4-12~表 4-13。由此得到无、轻微、中等和强烈岩爆风险等级的概率，分别标记为 P_0、P_1、P_2 和 P_3。根据最大概率可确定岩爆风险等级。基于表 4-12~表 4-13 评估结果可知，采用所提出的集成分类器对这 2 个岩爆案例评估的风险等级均为强烈，这与实际情况一致。然而，一些基学习器的评估结果与现场情况并不总是一致。例如，SVM 将这 2 个岩爆案例强烈风险评估为无风险，这种低估可能导致严重事故和人员伤亡。

表 4-12　岩爆案例 1 评估结果

模型	指标组合 1					指标组合 4				
	P_0	P_1	P_2	P_3	等级	P_0	P_1	P_2	P_3	等级
LR	0.000	0.001	0.069	0.930	3	0.000	0.005	0.151	0.844	3
NB	0.000	0.000	0.000	1.000	3	0.000	0.000	0.002	0.998	3
GP	0.097	0.331	0.394	0.178	2	0.174	0.303	0.360	0.163	2
MLPNN	0.001	0.015	0.017	0.968	3	0.001	0.026	0.018	0.954	3
SVM	0.316	0.224	0.305	0.155	0	0.315	0.223	0.306	0.157	0
DR	0.000	0.000	0.000	1.000	3	0.000	0.000	1.000	0.000	2
EC1	0.069	0.095	0.131	0.705	3	0.082	0.093	0.306	0.519	3
EC2	0.054	0.088	0.123	0.735	3	0.068	0.086	0.273	0.574	3
EC3	0.040	0.079	0.112	0.769	3	0.054	0.076	0.293	0.576	3
EC4	0.045	0.081	0.113	0.761	3	0.059	0.078	0.270	0.593	3
EC5	0.042	0.078	0.109	0.772	3	0.055	0.076	0.279	0.590	3

表 4-13　岩爆案例 2 评估结果

模型	指标组合 1					指标组合 4				
	P_0	P_1	P_2	P_3	等级	P_0	P_1	P_2	P_3	等级
LR	0.000	0.001	0.068	0.931	3	0.000	0.005	0.168	0.827	3
NB	0.000	0.000	0.000	1.000	3	0.000	0.000	0.000	1.000	3
GP	0.042	0.182	0.125	0.650	3	0.086	0.184	0.116	0.614	3
MLPNN	0.000	0.001	0.007	0.992	3	0.000	0.003	0.002	0.995	3
SVM	0.310	0.203	0.294	0.193	0	0.299	0.189	0.298	0.214	0
DR	0.000	0.125	0.000	0.875	3	0.000	0.143	0.429	0.429	2
EC1	0.059	0.085	0.082	0.774	3	0.064	0.087	0.169	0.680	3
EC2	0.043	0.074	0.071	0.813	3	0.049	0.076	0.149	0.726	3
EC3	0.030	0.069	0.060	0.841	3	0.037	0.073	0.152	0.738	3
EC4	0.035	0.069	0.063	0.833	3	0.042	0.072	0.144	0.743	3
EC5	0.032	0.068	0.059	0.841	3	0.038	0.071	0.145	0.745	3

此外，尽管这 2 个案例岩爆风险被评估为强烈，但具体风险程度并不相同。由表 4-12~表 4-13 可知，案例 1 的强烈岩爆风险概率低于案例 2。这表明案例 2 的岩爆风险和严重性要大于案例 1。采用集成分类器评估的结果与 Feng 等[173] 得出的结果一致。他们评估案例 1 和案例 2 强烈岩爆风险的概率分别为 0.590 和 0.9280，可推断出案例 2 的岩爆风险要大于案例 1。

因此，采用所提出的集成分类器对短期岩爆风险及其概率进行评估是可行有效的。不仅可确定具体岩爆风险级别，还可比较具有相同风险等级的岩爆严重性大小。

4.2.4　结果讨论

本章通过将多个基学习器按照组合规则建立集成分类模型，提高了评估效果。但是，基学习器与集成分类器评估结果的差异原因尚不清楚，需进一步分析。对于每个数据集，各基学习器和各集成分类器具有相同评估结果的比率见图 4-13。由图 4-13 可知，基学习器和集成分类器对各数据集的评估结果并不相同，相同评估结果的比例均低于 0.9。各基学习器对不同数据集评估结果的变化也不相同。总体而言，SVM 和 DR 评估结果的变化程度高于 LR、NB、GP 和 MLPNN。尽管不同的集成分类器会影响最终的评估结果，但结果的变化趋势相似，尤其对于基于权重的集成分类器。

根据表 4-5~表 4-10 的评估结果，基于权重的集成分类器比基于平均的集成分类器及各基分类器具有更好的综合评估性能。然而，哪一种基于权重的集成分类器更适合短期岩爆风险评估仍需进一步分析。通常，准确率、查准率、召回率及 F_1 值被广泛应用于描述分类性能。其中，准确率指岩爆案例被准确评估的比例；查准率指在评估的总样本中正确评估岩爆案例的能力；召回率指在实际样本中正确评估岩爆案例的能力；F_1 值同时衡量了查准率和召回率的精度。根据这些性能评价指标功能及各基于权重的集成分类器综合评估性能，可优先选择基于准确率的和基于 F_1 值的集成分类器来评估短期岩爆风险。

对于具有不同输入指标的数据集，各模型评估结果不同。因此，有必要分析各指标对评估结果的影响。由表 4-5~表 4-10 可知，数据集 2 的评估性能优于数据集 3，且数据集 4 的评估性能优于数据集 5。由此可推断指标 D_1、D_2 和 D_3 的重要性高于 D_4、D_5 和 D_6。由于数据集 4 的评估性能优于数据集 2，这表明反映岩体破裂时间效应的指标 D_7 对岩爆风险评估较为重要。同时，由图 4-9~图 4-12 可知：当使用数据集 1 和 4 时，所提出的集成分类器对所有岩爆风险等级的评估效果更好。考虑到数据集 1 和 4 的评估效果最好，可推断与岩体破裂数量、强度、大小和时间效应相关的指标对于短期岩爆风险评估都极为必要。此外，岩爆受岩体内在性质、应力状态、地质构造和外部扰动等多种因素影响。微震信息能否完全反映这些因素的综合影响还不确定。虽然所选取的 7 个微震指标能够较好地描述岩体破裂的状态，但结合微震指标和其他影响因素对评估结果进行分析仍具有重要意义。

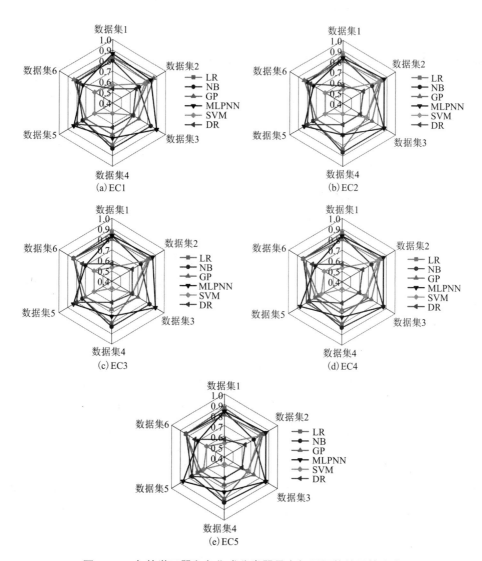

图 4-13　各基学习器和各集成分类器具有相同评估结果的比率

本章采用的岩爆案例数量相对较少，这可能影响机器学习算法的评估性能。较小的数据集会导致模型过拟合或欠拟合，从而降低模型的泛化性能和可靠性。由表 4-5～表 4-10 可知，常规的机器学习算法，尤其是 SVM 表现不佳，而在同一数据集上结合多个基学习器的集成分类器表现更好。通常，集成分类器可很好地处理小数据集，因为它可对各基学习器评估结果进行平均或加权处理以减少偏差。目前，基于微震监测系统的岩爆指标数据相对较少。未来很有必要采用更大规模的岩爆数据集进一步验证所提出方法的可行性。

4.3 基于平衡 Bagging 集成高斯过程的短期远源触发型岩爆风险评估

>>>

远源触发型岩爆指高能级微震事件产生的应力波导致开挖工作面岩体的突然失稳破坏[22]。此时，岩爆发生位置与微震事件产生地点并不一致。因此，难以仅根据微震监测信息来评价远源触发型岩爆破坏风险，而需对微震事件信息、应力波传播路径及开挖面岩体条件等进行综合分析。由于诱发机理复杂，且影响因素众多，短期远源触发型岩爆风险评估仍是一个未能解决的难题。

随着现场岩爆案例的大量积累，可采用数据驱动的方法建立短期远源触发型岩爆风险概率评估模型。然而，由于现场岩爆破坏等级大多为轻微型，而强烈甚至极强烈型相对较少，故岩爆各等级样本数据分布通常较不均衡。结合岩爆数据具体特征，需解决 2 个关键问题：①不均衡岩爆数据集的处理；②评估模型的选择。

针对问题①，不均衡数据集处理策略可大致分为 4 种[343]：a. 借助数据采样法使训练样本数据分布均衡；b. 改进算法学习策略使分类决策函数偏向少数类样本；c. 采用代价敏感学习模型使少数类样本获得更大错分代价；d. 将集成学习与其他策略相结合以提升模型对不均衡数据集的处理能力。本章采用第 4 种策略，将 Bagging 集成学习与数据欠采样技术相结合来处理岩爆不平衡数据集。

针对问题②，已有大量机器学习方法用于解决分类问题。其中，高斯过程(GP)适合处理小样本及非线性问题，具有结构简单、参数自动获取、可获得评估结果概率等优点。然而，由于岩爆数据具有非平衡、动态性、强噪声等特点，单一的 GP 算法难以具有稳定的评估能力。因此，本章将 Bagging 集成学习与 GP 算法结合来提升模型的泛化能力及鲁棒性。

本章将欠采样技术、GP 分类算法和 Bagging 方法有机融合，提出一种平衡 Bagging-GP 模型来评估短期远源触发型岩爆风险概率。首先，搜集短期远源触发型岩爆案例数据，并对数据进行 Yeo-Johnson 变换和标准化处理；然后，基于该数据库对平衡 Bagging-GP 模型的可靠性进行验证；最后，将该模型对 Perseverance 镍矿短期远源触发型岩爆风险概率进行评估。特别地，为使表达简单，本章所提岩爆均指远源触发型岩爆。

4.3.1　数据获取及分析

4.3.1.1　数据来源及描述

Heal[8] 从加拿大和澳大利亚地下金属硬岩矿山搜集了 254 组远源触发型岩爆数据。这些岩爆案例均根据单一微震事件造成的岩体破坏状况获得。具体数据来源见表 4-14。该数据源包含 83 个微震事件和 254 个岩爆破坏位置。微震事件个数小于或等于岩爆破坏位置数量，说明单一微震事件可能造成多处岩体破坏。

表 4-14　岩爆数据来源　　　　　　　　　　　　　单位：个

矿山名称	国家	微震事件数量	岩体破坏（岩爆）位置数量
Barkers	澳大利亚	10	23
Big Bell	澳大利亚	9	39
Brunswick	加拿大	15	24
Craig	加拿大	2	2
Darlot	澳大利亚	2	9
Junction	澳大利亚	16	40
Kanowna Belle	澳大利亚	5	34
Mount Charlotte	澳大利亚	8	29
Perilya Broken Hill	澳大利亚	1	13
Perseverance	澳大利亚	7	23
Strzelecki	澳大利亚	4	10
Thayer Lindsley	加拿大	1	3
WA Nickel Mine	澳大利亚	3	5

岩爆破坏程度分为 5 个等级，具体见表 4-15。该数据集未含有 R1 等级岩爆样本，R2、R3、R4 及 R5 等级岩爆样本数量分别为：116、48、63、27 个。

表 4-15　岩爆破坏等级

等级	岩体破坏状况	支护破坏状况
R1	无破坏，轻微松动	无破坏
R2	轻微破坏，弹射岩体质量低于 1 t	支护系统受载，金属网松动，托盘变形
R3	弹射岩体质量 1~10 t	一些锚杆破断
R4	弹射岩体质量 10~100 t	支护系统受到较大破坏
R5	弹射岩体质量高于 100 t	支护系统完全损毁

该数据集共包含15个参数,其中9个反映岩爆产生的原因(原因型),6个反映岩爆造成的后果(后果型),见表4-16。原因型参数描述了应力条件、支护状况、开挖扰动、地质结构、震源参数、岩石性质等因素;后果型参数从岩体破坏深度、位置、弹射距离、弹射岩体质量、支护破坏情况等方面说明了岩爆破坏状况。

表4-16　岩爆数据集参数

参数	类型	描述
$P1$	原因型	总最大主应力(MPa)与完整岩石单轴抗压强度(MPa)之比,其中总最大主应力为开采前应力与采动应力的叠加,通常根据数值模拟进行计算
$P2$	原因型	支护系统吸能能力,分为5个等级,具体见表4-17
$P3$	原因型	等效开挖跨度(m),具体估计方法见图4-14。此外,若开挖面存在额外的自由面,由于岩体在额外自由面处围压更低,且更易移动,则等效开挖跨度需再乘以放大系数。单个额外自由面的放大系数为1.5
$P4$	原因型	岩爆发生处的地质结构,这些地质结构增加了岩体破坏的潜能,分为3个等级,具体见表4-18
$P5$	原因型	微震事件Richter震级
$P6$	原因型	岩爆位置与微震事件源的距离(m)
$P7$	原因型	质点峰值速度(m/s),可由经验公式 $PPV = 1.4 \cdot 10^{M_R/2}/r$ 估计,式中 M_R 为Richter震级,r 为与微震事件的距离(m)
$P8$	原因型	岩石密度(kg/m^3)
$P9$	原因型	具体支护类型
$P10$	后果型	岩石破坏深度(m)
$P11$	后果型	岩爆发生在巷道边墙或顶板
$P12$	后果型	巷道顶板破坏位置的弹射距离(m)
$P13$	后果型	导致支护破坏的能量需求估计(kJ/m^2)
$P14$	后果型	岩爆破坏等级
$P15$	后果型	支护破坏等级

表 4-17　支护系统吸能能力

吸能能力	表面支护	加固	分值/分
低	无	零星锚杆(间距大于 1.5 m)	2
中等	金属网或喷射钢纤维混凝土	锚杆排列布置 (间距 1~1.5 m)	5
额外的锚固	金属网或喷射钢纤维混凝土	两次锚杆排列布置 (间距小于 1 m)	8
高静力强度	金属网或喷射钢纤维混凝土	锚杆及锚索排列布置	10
非常高的抗动载能力	抗动载表面支护	抗动载支护排列布置	25

表 4-18　地质结构分类

类型	描述	分值/分
微震活跃的主要构造	与开挖位置相交的主要构造,如断层、剪切破碎带等,作为促进岩体破坏的潜在破裂面	0.5
不良岩体/无主要构造	岩体不连续结构的方向可能促进或加强岩体破裂,通常在这种情况下,岩体不连续性会使岩层冒落强度高于预期	1.0
块状岩体/无主要构造	岩体基本上为块状,或可能存在岩体不连续性,包括与爆破相关的轻微破裂。无断层或剪切带等可能促进或加强岩体破裂的主要构造	1.5

由该数据集可知:①存在一些重复的样本数据;②一些样本具有相同的指标数据,但对应的岩爆破坏等级却不同。这说明对于远源触发型岩爆,仍存在一些关键影响因素等待挖掘。为提高评估精度,首先去除重复的样本数据,然后对于具有相同指标数据但对应岩爆等级不同的样本,为确保安全,仅选取岩爆风险等级最高的样本。经过这两步处理后,R2、R3、R4 及 R5 等级岩爆样本数量分别为:107、45、57、27 个。该数据集各等级样本数量比例为 4.0:1.7:2.1:1.0,分布较不均衡,可能会影响评估精度。

不同指标对岩爆评估结果也有重大影响。Heal[8] 和 Zhou 等[169] 选取指标 $P1$、$P2$、$P3$、$P4$ 及 $P7$;Li 等[170] 采用指标 $P1$、$P2$、$P3$、$P4$、$P5$、$P7$ 及 $P8$。考虑到指标 PPV($P7$)可由 $P5$ 和 $P6$ 计算得到,且该求解公式为经验公式,与现场实际情况可能并不一致,且 PPV 受震源机制影响较大,而非简单地与距离成反比,故本章未采用该指标。因此,本章选取指标 $P1$、$P2$、$P3$、$P4$、$P5$、$P6$ 及 $P8$ 来评估岩爆破坏等级($P14$)。部分数据见表 4-19。

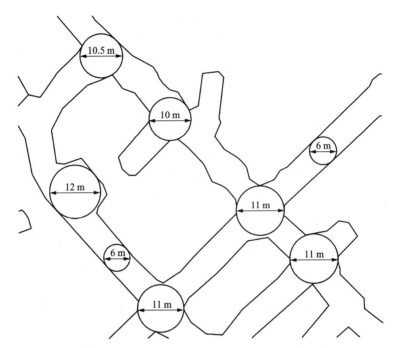

图 4-14　等效开挖跨度估计方法(内切圆)

表 4-19　部分短期远源触发型岩爆风险评估数据

序号	P1/MPa	P2/分	P3/m	P4/分	P5	P6/m	P8/(kg·m⁻³)	等级
1	80	5	6.2	1	-0.3	5	2700	4
2	60	5	4.2	0.5	1.7	20	2700	4
3	60	8	4.2	0.5	1.7	25	2700	2
4	80	8	6	0.5	1.8	10	2700	4
5	70	8	4	1	1.8	15	2700	2
6	40	5	3.8	1	0.4	5	2700	2
7	80	8	5.9	1	0.6	5	2700	2
8	90	8	6.8	1	0	5	2700	4
9	80	8	7	1	0	10	2700	2
10	80	8	7	1	2	5	2700	4
…	…	…	…	…	…	…	…	…
227	59.3	8	5.4	1	2.2	15	2870	3

续表4-19

序号	P1/MPa	P2/分	P3/m	P4/分	P5	P6/m	P8/(kg·m⁻³)	等级
228	59.3	8	10	1	2.2	10	2870	2
229	59.3	8	8	1	2.2	15	2870	3
230	59.3	8	8.4	1	2.2	15	2870	2
231	59.3	8	5	1	2.2	20	2870	2
232	70.3	10	6.9	0.5	2.3	5	2900	5
233	70.3	10	11	1	2.3	10	2900	2
234	70.3	10	5.5	1	2.3	15	2900	3
235	70.3	10	5.4	1	2.3	15	2900	2
236	72.2	8	4	1	1.6	5	2900	3

各指标对应于各岩爆破坏等级的箱形图见图 4-15。由此可知：①所有指标都存在一些异常值，尤其对于 P2、P3、P6、P8，异常值更加明显；②岩爆等级与各指标间无明显的相关性；③不同等级的指标值范围存在大量重叠部分。这在一定程度上说明了短期远源触发型岩爆风险评估的复杂性。

4.3.1.2　数据预处理

在许多建模场景中，需对指标数据进行正态化处理以提高评估性能。幂变换通过构建一组单调函数，将样本数据从任意分布映射成尽可能接近高斯分布，以稳定方差和最小化偏度。幂变换主要包括 Yeo-Johnson 和 Box-Cox 两种变换方式。由于 Box-Cox 变换仅适用于正值数据，因此本章采取 Yeo-Johnson 变换，计算公式为[344]：

$$x_i^{(\lambda)} = \begin{cases} [(x_i+1)^\lambda - 1]\lambda & \text{if } \lambda \neq 0, x_i \geq 0 \\ \ln(x_i+1) & \text{if } \lambda = 0, x_i \geq 0 \\ -[(-x_i+1)^{2-\lambda}-1]/(2-\lambda) & \text{if } \lambda \neq 2, x_i < 0 \\ -\ln(-x_i+1) & \text{if } \lambda = 2, x_i < 0 \end{cases} \tag{4-5}$$

式中：x_i 为需要变换的数据；λ 为未知参数，可由最大似然法估计。

此外，一些指标值间的差距较大，如 P8 比 P5 大了 3 个数量级，这可能导致该指标占主导地位，而忽略其他指标的作用。因此需对其进行标准化处理。本章将其转化为均值为 0、标准差为 1 的标准正态分布，转换公式为：

$$x_i^{(\lambda)} = [x_i^{(\lambda)} - \mu]/\sigma \tag{4-6}$$

式中：μ 为样本数据均值；σ 为样本数据标准差。

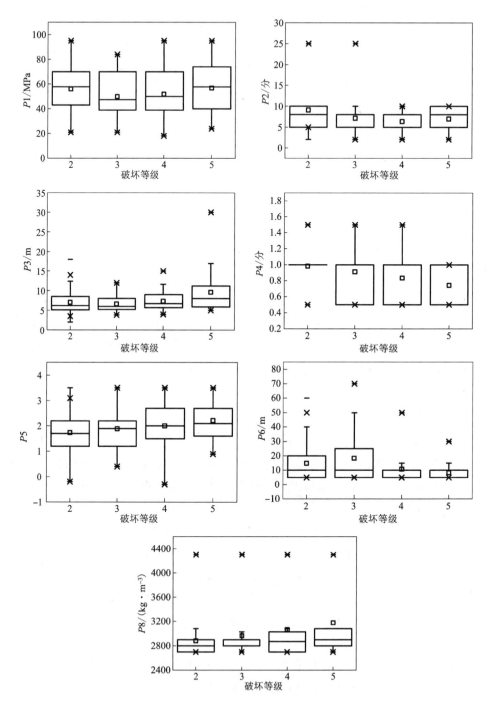

图 4-15 各指标对应于各岩爆破坏等级的箱形图

各指标数据预处理前后分布见图 4-16。

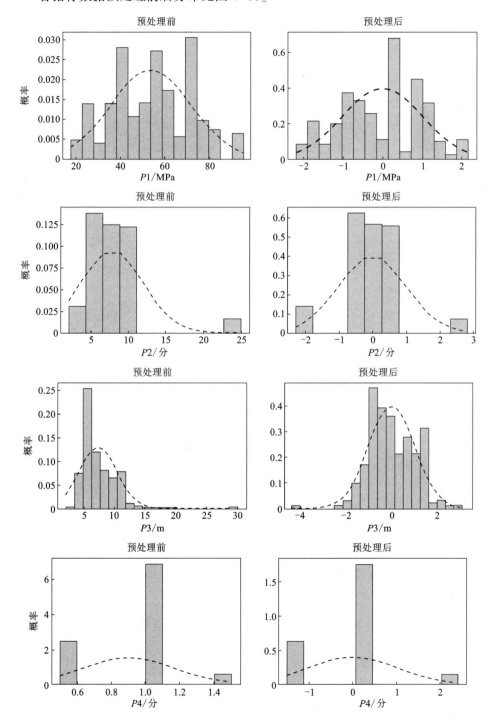

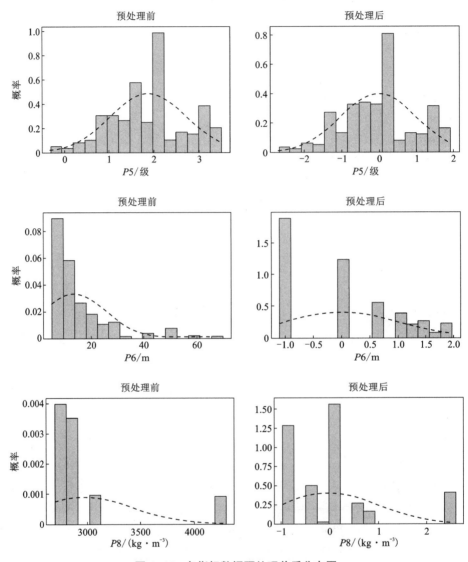

图 4-16 各指标数据预处理前后分布图

4.3.2 岩爆风险评估的平衡 Bagging 集成高斯过程模型

4.3.2.1 高斯过程算法

GP 模型具有良好的数据基础,通过假设隐函数服从某高斯过程先验分布,然后根据贝叶斯推理得到后验分布,进而对未知样本数据进行概率评估[345]。以二分类为例, GP 模型主要求解步骤如下。

首先, 假设训练样本集为 $D=(X, Y)=\{(x_i, y_i)\}_{i=1}^{m}$ [其中 $x_i=(x_{1i}, x_{2i}, \cdots,$ $x_{Bi})$ 为模型输入, y_i 为模型输出, $y_i=+1$ 表示正类, $y_i=-1$ 表示负类], 待评估样本为 $(\tilde{x}, \tilde{y})$ 。为反映 x_i 与 y_i 间的映射关系, 定义服从高斯过程分布的隐函数 $f=$ $[f_1, \cdots, f_i, \cdots, f_m]^{T}$, 即

$$p(f) \sim N(0, k(x, x')) \tag{4-7}$$

式中: $k(x, x')$ 为协方差函数。

协方差函数可根据实际情况具体定义, 一般采用径向基函数(RBF), 则

$$k(x, x')=\theta_1 e^{-\frac{\|x-x'\|^2}{\theta_2}} \tag{4-8}$$

式中: θ_1 和 θ_2 为超参数。

由式(4-7)和式(4-8)可得先验概率为:

$$p(f|X)=N(0, \boldsymbol{K})=\frac{1}{(2\pi)^{0.5}|\boldsymbol{K}|^{0.5}}\exp(-0.5f^{T}\boldsymbol{K}^{-1}f) \tag{4-9}$$

式中: $\boldsymbol{K}$ 为所有数据的协方差矩阵。

然后, 采用似然函数将隐函数输出值映射到区间[0, 1], 即所评估类别的概率。通常采用 logistic 函数, 即

$$p(Y|f)=\psi(z)=\frac{1}{1+\exp(-z)} \tag{4-10}$$

隐函数后验概率为:

$$p(\hat{f}|X, Y)=\frac{p(Y|f)p(f|X)}{p(Y|X)} \tag{4-11}$$

其中, $p(Y|X)$ 表示训练样本的概率分布, 计算公式为:

$$p(Y|X)=\int p(D|f)p(f)\mathrm{d}f \tag{4-12}$$

根据已知训练集 D 及测试样本 $\tilde{x}$ 评估 $\tilde{y}=1$ 的概率公式为:

$$p(\tilde{y}=1|X, Y, \tilde{x})=\int p(\tilde{y}|\hat{f}, \tilde{x})p(\hat{f}|X, Y, \tilde{x})\mathrm{d}\hat{f} \tag{4-13}$$

由于式(4-11)~(4-13)无解析解, 常采用 Laplace 逼近算法求解, 即首先求得后验概率分布 $p(\hat{f}|X, Y)$, 然后得到测试样本 $\tilde{x}$ 的隐函数 $\hat{f}$ 。

最后可得测试样本 $\tilde{x}$ 评估 $\tilde{y}=+1$ 的概率:

$$p(\tilde{y}=+1|X, Y, \tilde{x})=\int \psi(\hat{f})p(\hat{f}|X, Y, \tilde{x})\mathrm{d}\hat{f} \tag{4-14}$$

若 $p(\tilde{y}=+1|X, Y, \tilde{x}) \geq 0.5$, 则评估结果为正类, 反之为负类。

对于多分类, 可采用"one-vs-rest"或"one-vs-one"策略对二元高斯过程分类器进行扩展。在"one-vs-rest"策略中, 二元高斯过程分类器分别对其中一个类和剩余类进行分类, 最后选择概率最大的类作为最终结果; 在"one-vs-one"策略

中，二元高斯过程分类器分别对两类进行分类，每次分类相当于一次投票，最后选取得票最高的类作为最终结果。

4.3.2.2 平衡 Bagging 集成高斯过程模型

本章提出一种针对不均衡数据集的平衡 Bagging-GP 模型，见图 4-17。该模型集成了欠采样技术、GP 分类算法和 Bagging 方法，充分利用了各方法的优势。欠采样技术通过对除少数类的其他类样本进行重采样，再与少数类样本组合成新数据集使训练样本保持均衡；GP 分类算法通过对已有样本集进行学习，进而对未知样本数据具有很强的概率评估能力；Bagging 方法通过集成多个分类器，能在一定程度上避免过拟合现象，具有更好的抗噪能力和鲁棒性，且通过多次有放回欠采样，能避免单一欠采样数据丢失的缺陷。平衡 Bagging 集成高斯过程算法具体步骤如下。

①采用有放回欠采样技术生成训练样本集。

②使用各样本集对 GP 分类器进行独立训练。

③通过投票法集成各 GP 分类器评估结果得到最终结果。

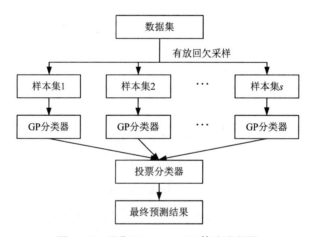

图 4-17　平衡 Bagging-GP 算法流程图

4.3.2.3 岩爆风险评估模型的建立

将所提出的平衡 Bagging-GP 模型用于短期远源触发型岩爆风险评估，评估流程图见图 4-18。具体步骤如下。

①将预处理后的岩爆数据库按 4：1 的比例随机划分为训练集和测试集，且使训练集和测试集中不同等级样本数量的比例保持一致。

②采用五折交叉验证法对平衡 Bagging-GP 模型的超参数进行优化。首先选

择 GP 算法的个数作为需优化的超参数,且 GP 核函数选为"1.0·RBF(1.0)",然后根据五折交叉验证平均准确率确定最优超参数值。

③基于训练集对各超参数优化后的模型进行拟合,得到最优训练模型。

④基于测试集及最优训练模型利用准确率和查准率、召回率及 F_1 值评价平衡 Bagging-GP 模型的综合评估性能。

⑤若平衡 Bagging-GP 模型的评估性能可靠,则可用整个预处理后的数据集作为训练集对其进行拟合,然后对实际工程中的短期远源触发型岩爆风险概率进行评估。若评估性能不可靠,则需从数据库质量、数据预处理、评估模型等方面进行改进。

⑥新的岩爆案例可被用于更新原始岩爆数据库,进而重复步骤①~⑤进行下一阶段的短期远源触发型岩爆风险评估。

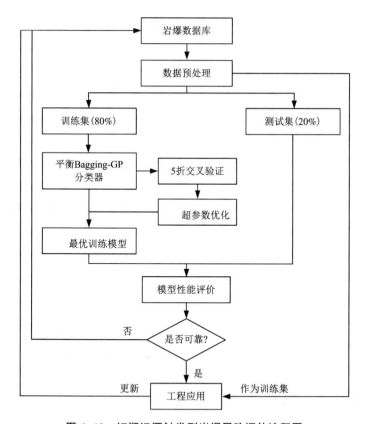

图 4-18　短期远源触发型岩爆风险评估流程图

4.3.3 模型可靠性验证

为使模型评估性能更加可靠，首先基于训练集采用五折交叉验证法对各 GP 算法的数量进行优化。不同 GP 算法个数对应的五折交叉验证平均精度见图 4-19。由图 4-19 可知，GP 算法个数并非越大越好。根据最大平均精度，可得最优的 GP 算法个数为 12 个。

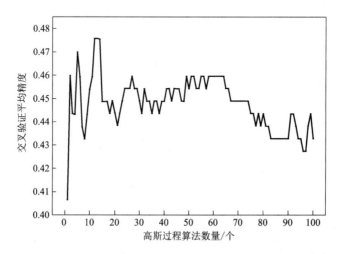

图 4-19 不同 GP 算法个数对应的五折交叉验证平均精度

基于测试集利用训练好的最优平衡 Bagging-GP 模型来评价模型性能。模型评估结果可由混淆矩阵表示：

$$G = \begin{bmatrix} 17 & 4 & 0 & 1 \\ 2 & 6 & 1 & 0 \\ 2 & 0 & 6 & 4 \\ 0 & 1 & 3 & 2 \end{bmatrix}$$

由式(3-44)及式(3-45)可得，基于平衡 Bagging 集成高斯过程算法的短期远源触发型岩爆风险评估精度为 63.27%，卡帕系数为 0.4744。若将风险等级 R2 及 R3 合并为低风险组，而将风险等级 R4 及 R5 合并为高风险组，则可得低岩爆风险评估精度为 93.55%，高岩爆风险评估精度为 83.33%。

根据式(3-46)~式(3-48)可得各岩爆等级对应的查准率、召回率和 F_1 值，见图 4-20。由图 4-20 可知，平衡 Bagging-GP 模型对 R2 等级的评估性能最好，而对 R5 等级的评估性能最差。综合考虑查准率、召回率和 F_1 值，对各等级的评估性能排序为：R2>R3>R4>R5。

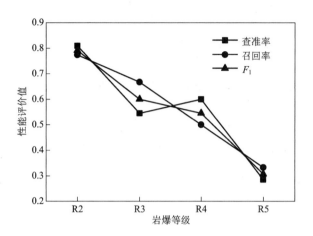

图 4-20　各岩爆等级对应的查准率、召回率和 F_1 值

4.3.4　工程应用

Perseverance 镍矿位于澳大利亚 Kalgoorlie 市北部约 400 km 处。该矿于 1978 年开始进行商业地下开采，1986 年由于较差的岩层条件及低迷的镍价而停产，1989 年转为露天开采，1994 年重新转向地下开采[346]。该矿采矿方法主要为分段崩落法。主矿体赋存于超镁铁质岩中，呈透镜状。矿体上盘为坚硬的长英质火山岩和变质沉积岩，这种岩层条件下易产生采矿诱发的微震事件。2013 年 10 月 31 日发生的一起重大微震事件直接导致该矿地下开采提前关闭。矿山同时安装了 ISS 及 ESG 微震监测系统，实现了对整个矿体的全覆盖监测。由于大部分斜坡道及矿山基础设施均位于上盘，因此需对微震触发的岩爆破坏风险进行评估。

Heal[8] 详细记录了该矿 950~1100 m 深度 6 个微震事件造成的 12 处岩爆破坏情况，具体数据见表 4-20。微震事件 Richer 震级范围为 1.5~2.2，岩爆破坏等级为 R2~R4。

将本章提出的平衡 Bagging-GP 算法用于对这 12 个岩爆案例进行评估。首先将这 12 个岩爆案例与表 4-19 中的数据案例一起进行预处理。然后将表 4-19 预处理后的数据作为训练集对模型进行拟合，对 12 个岩爆案例破坏等级进行概率评估。评估结果见表 4-21。

由表 4-21 可知，本章方法仅未能成功评估微震事件#2 和#6 造成的岩爆破坏等级，即有 4 个岩爆案例评估结果与实际情况不符，评估精度达 66.67%。然而，Heal[8] 提出的 EVP. PPV 方法存在 7 个岩爆案例评估结果与实际情况不符，评估精度为 41.67%。可见，本章方法在一定程度上提高了评估的准确性。

此外，本章方法能同时得到各岩爆破坏等级发生的概率。由表 4-21 可知，各岩爆案例均存在一定的 R4 和 R5 发生概率。因此，对于高能级微震事件触发的岩爆，尽管现场发生的实际破坏等级较小，但仍需做好可能造成高强度破坏的准备。

表 4-20　Perseverance 镍矿微震事件造成的岩爆破坏数据[8]

案例编号	微震事件	$P1$	$P2$	$P3$	$P4$	$P5$	$P6$	$P8$	等级
1	#1	57.7	5	12.2	0.5	1.62	14	2700	2
2	#1	57.7	5	12.2	0.5	1.62	22	2700	2
3	#1	47	8	6	0.5	1.62	29	2700	2
4	#2	47	8	10.3	0.5	1.8	10	2700	3
5	#2	47	8	6.6	0.5	1.8	10	2700	2
6	#2	46.9	5	5.9	0.5	1.8	16	2700	3
7	#3	47.5	10	4.8	0.5	1.5	10	2700	2
8	#3	47.5	10	10	1	1.5	10	2700	2
9	#4	39.2	5	5	1	1.8	13	2700	2
10	#4	43.4	8	5	1	1.8	13	2700	2
11	#5	58	8	12	0.5	1.6	10	2700	2
12	#6	58.1	8	11	1	2.2	5	2700	4

表 4-21　Perseverance 镍矿现场岩爆案例评估结果

编号	各等级概率				岩爆等级		
	R2	R3	R4	R5	评估结果	Heal[8]方法	实际等级
1	0.2536	0.2483	0.2527	0.2454	2	5	2
2	0.2548	0.2524	0.2489	0.2439	2	5	2
3	0.2728	0.2533	0.2479	0.2260	2	2	2
4	0.2608	0.2320	0.2498	0.2574	2	4	3
5	0.2628	0.2325	0.2686	0.2361	4	2	2
6	0.2519	0.2560	0.2665	0.2256	4	3	3
7	0.2669	0.2458	0.2605	0.2268	2	2	2
8	0.3385	0.2302	0.2233	0.2080	2	2	2
9	0.2926	0.2622	0.2307	0.2145	2	1	2
10	0.3361	0.2639	0.2065	0.1935	2	1	2
11	0.2617	0.2316	0.2502	0.2565	2	5	2
12	0.2945	0.2163	0.2495	0.2398	2	3	4

4.3.5　结果讨论

由于本章所采用的岩爆数据库与 Heal[8]、Zhou 等[169] 和 Li 等[170] 采用的相同,因此将这些文献的评估结果与本方法评估结果进行对比分析,结果见表 4-22。其中,Heal[8] 根据已有数据分布人工合成了 277 个 R1 等级样本,故该文献得到的是包含 R1 等级样本的评估精度。不同文献所采用的评估精度评价准则不同,主要包括 4 种,分别为:评估值与实际值相对应;评估值与实际值或邻近值相对应;将 R1、R2、R3 或 R2、R3 合并为一组及将 R4、R5 合并为另一组后,评估值与实际值相对应;将 R2、R3 合并为一组后,评估值与实际值相对应。本章方法根据这 4 种评价标准得到的评估精度分别为:63.27%、91.84%、89.80%、75.51%。由表 4-22 可知,本章方法在这 4 种评价准则下的评估精度均比已有文献提出的方法更高。这在一定程度上说明了本章方法的有效性。

表 4-22　与其他文献的评估结果对比　　　　单位:%

评价准则	破坏等级	方法	评估精度
评估值与实际值相对应	R1、R2、R3、R4、R5	EVP[8]	28.0
	R1、R2、R3、R4、R5	EVP.PPV[8]	24.4
	R2、R3、R4、R5	随机梯度提升[169]	61.22
	R2、R3、R4、R5	本章方法	63.27
评估值与实际值或邻近值相对应	R1、R2、R3、R4、R5	EVP[8]	66.1
	R1、R2、R3、R4、R5	EVP.PPV[8]	72.4
	R2、R3、R4、R5	本章方法	91.84
将 R1、R2、R3 或 R2、R3 合并为一组及将 R4、R5 合并为另一组后,评估值与实际值相对应	R1、R2、R3、R4、R5	EVP[8]	71.3
	R1、R2、R3、R4、R5	EVP.PPV[8]	78.0
	R2、R3、R4、R5	本章方法	89.80
将 R2、R3 合并为一组后,评估值与实际值相对应	R2、R3、R4、R5	岩石工程系统与 BP 神经网络[170]	71
	R2、R3、R4、R5	本章方法	75.51

此外,为进一步说明所提出方法的可靠性,本章同时与未做预处理的平衡 Bagging-GP 模型、Bagging-GP 模型及 GP 算法进行对比分析,结果见表 4-23。由表 4-23 可知:①与其他经数据预处理后的方法相比,未做预处理的平衡

Bagging-GP 模型评估精度最低，仅为 48.98%，说明了数据预处理的重要性；②由于未对数据进行欠采样处理，Bagging-GP 模型及 GP 算法评估的结果大多数为 R2，且均未能实现对 R5 等级的评估，F_1 值都为 0，说明欠采样对评估结果具有重要影响；③与 GP 算法相比，Bagging-GP 模型提高了评估精度，说明 Bagging 集成能在一定程度上提升评估性能。因此，本章对数据进行预处理后，将欠采样技术、GP 算法及 Bagging 方法集成，提升了模型的评估能力。

表 4-23　与其他方法评估结果对比

方法	混淆矩阵	评估精度/%	F_1 值
未做数据预处理的平衡 Bagging-GP 模型	$\begin{bmatrix} 15 & 4 & 2 & 1 \\ 3 & 4 & 1 & 1 \\ 5 & 1 & 4 & 2 \\ 0 & 1 & 4 & 1 \end{bmatrix}$	48.98	$[0.6667, 0.4211, 0.3478, 0.1818]$
Bagging-GP 模型	$\begin{bmatrix} 20 & 1 & 0 & 1 \\ 5 & 4 & 0 & 0 \\ 4 & 0 & 6 & 2 \\ 3 & 1 & 2 & 0 \end{bmatrix}$	61.22	$[0.7407, 0.5333, 0.6, 0]$
GP 算法	$\begin{bmatrix} 19 & 2 & 0 & 1 \\ 5 & 3 & 1 & 0 \\ 4 & 0 & 6 & 2 \\ 3 & 1 & 2 & 0 \end{bmatrix}$	57.14	$[0.7170, 0.4, 0.5714, 0]$
本章方法	$\begin{bmatrix} 17 & 4 & 0 & 1 \\ 2 & 6 & 1 & 0 \\ 2 & 0 & 6 & 4 \\ 0 & 1 & 3 & 2 \end{bmatrix}$	63.27	$[0.7907, 0.6, 0.5455, 0.3077]$

尽管本章方法能在一定程度上评估短期远源触发型岩爆破坏风险，但仍存在一些缺陷。

①平衡 Bagging-GP 模型对 R2 等级评估性能较好，但对 R5 等级评估性能较差。这可能是由于 R2 等级样本数量最多，而 R5 等级样本数量最少。数量多的样本可使模型拟合效果更好，进而能提高评估性能。数据驱动的方法高度依赖数据的质量，因此在未来应建立更高质量的短期远源触发型岩爆数据库。

②类别指标取值存在较强的主观性。指标 P2、P4 是根据主观打分取值，具体分值是否合理并未得到验证。P2 取值范围为 2~25，而 P4 取值范围却为 0.5~1.5。尽管 P2 和 P4 都对岩爆破坏具有重要影响，但取值却相差数十倍。本章虽

对各指标数据进行了标准化处理, 能在一定程度上避免这种取值的影响。但是, 同一指标对应不同等级的取值仍值得进一步探讨。

③需考虑更多远源触发型岩爆评估指标。由原岩爆数据库可知, 一些具有相同指标数据的样本却拥有不同的岩爆破坏等级。这说明忽略了一些关键的指标, 这可能也是制约短期远源触发型岩爆风险评估精度的重要原因。在未来应结合震源机制及动静组合岩体破坏机理提出新的岩爆破坏评价指标。

第 5 章
深部硬岩岩爆风险防控技术体系

岩爆风险评估的最终目的是为岩爆风险防控提供参考依据。基于评估的岩爆风险等级、发生概率及其对工程的影响，可有效确定岩爆防控时间及范围，从而有针对性地采取相应措施以降低或消除岩爆危害，提高岩爆风险管理的准确性和有效性。然而，如何根据长短期岩爆风险评估结果建立岩爆风险动态管理体系仍是有待解决的难题。本章总结了岩爆风险防控的原则，从防控机理角度建立了岩爆风险防控技术体系，将长短期岩爆风险评估与防控技术体系相融合，提出了深部硬岩长短期岩爆风险动态管理方法。

5.1 岩爆风险防控原则 >>>

岩爆防控机制主要侧重于两个方面：第一，改变岩体力学性质，使其不能储存较大的应变能；第二，改变岩体所处的应力环境，控制岩体应力状态的极端恶化。为此，岩爆风险防控原则可归纳如下。

①合理布置原则。根据地质勘察和岩爆风险评估结果，合理设计工程开挖或施工方案，在选址和开挖方式上尽量避免或减轻岩爆的危险。

②应力转移原则。利用卸压措施，将开挖面附近集中的高应力向深部转移，利用深部岩体处于三向应力状态强度大的有利特点保证岩体的稳定性。

③围岩改性原则。利用软化或补强措施改变岩体的性质，降低岩体储能性能，提高其承载能力，软化围岩措施适用于高应力坚硬围岩，补强围岩措施适用于构造复杂，围岩被结构面切割的区域。

④柔性支护原则。当围岩发生突然变形时，支护结构能有与之相适应的动态响应，产生一定的非弹性变形，随变形保持或逐步提高支护强度。

⑤耗能结构原则。在围岩和支护结构中，设置耗能构件，通过非弹性位移耗散部分岩爆能量的岩爆防冲击层和支护结构，既能起到支护作用，也可吸收部分

冲击动能。

⑥避免扰动原则。当围岩结构处于高静应力非稳定平衡状态时，外界扰动将成为引起岩爆的主要因素，此时减少对岩爆潜在发生区域的动力扰动是防控岩爆的关键。

5.2　岩爆风险防控体系　>>>

根据岩爆产生特点、防控原则及机制，从事前避免岩爆产生、事中降低岩爆危害及事后规避岩爆伤害等 3 个角度提出岩爆风险防控的总体思路。其中，事前避免岩爆发生是指岩爆发生前从消除岩爆产生条件的角度提出防控措施。由于岩爆产生的两个必要条件分别为高应力环境及岩石高储能特性，因此可从降低岩层应力及储能能力两个方面避免岩爆发生。在实践中，可通过采矿设计及卸压技术来避免高应力集中，同时可通过岩层改性来降低其储能能力。事中降低岩爆危害是指在岩爆发生过程中从降低岩块冲击动能的角度提出防控措施，主要通过采用各种支护技术来吸收岩爆能量以降低危害。事后规避岩爆伤害是指岩爆发生后从限制人员进入高岩爆风险区域作业的角度提出相应措施，主要通过控制作业人员在岩爆风险区域的暴露来规避伤害。综上，现有深部硬岩矿山岩爆风险防控技术可归纳为采矿设计、卸压技术、岩层改性、岩体支护及人员暴露等 5 个方面。各大类技术又包括若干子类，由此建立岩爆风险防控技术构架，见图 5-1。各类技术具体介绍如下。

①采矿设计。从根本上避免高应力集中，降低采动能量释放率，可从采矿方法、采场参数、矿柱留设、回采顺序、回采速率、空区处理等方面进行设计和优化。

②卸压技术。该技术是利用应力转移原理，通过设置卸压工程使开挖工作面高应力转移，形成应力卸载区，从而降低或消除岩爆风险。尤其对于局部高应力集中区，卸压技术能取得较好的岩爆防控效果。但当采用卸压技术时，除需关注目标区域的卸压效果外，还应考虑应力转移对其他区域工程的影响。该技术主要包括卸压爆破、卸压槽、卸压巷、卸压孔及卸压缝。

③岩层改性。该技术通过改变岩层性质降低或消除其岩爆倾向性来达到控制岩爆的目的。由于完整性较差的岩体岩爆倾向性较低，因此可通过水压或爆破方法对原岩进行致裂以降低其完整性。此外，对某些岩石可通过注水软化降低其强度或弹模，使其储能能力弱化来降低岩爆风险。通过对岩层进行预处理以改变其岩爆倾向性的技术主要包括水压致裂、约束爆破及注水软化。

④岩体支护。该技术通过利用支护构件吸收岩爆冲击动能来降低岩爆危害。

当采用其他防控措施仍无法避免岩爆发生时，合理的岩体支护可大幅降低岩爆的危害。岩爆倾向条件下岩体支护系统除需具备传统支护所需的强度性能外，还应具有一定的吸能能力，以降低岩块的冲击动能。因此，合理的岩爆支护系统应具有高强度及大变形双重特性。岩体支护技术主要包括表面支护、内部支护及组合支护。

⑤人员暴露。该技术通过对在岩爆风险区域作业人员暴露时间及空间的管理来防止岩爆对人员的危害。在岩爆倾向岩层，应根据岩爆风险程度合理安排作业人员的暴露时间及工作区域。尽量采用远程设备，避免人员进入岩爆风险极大的区域作业。同时，加强对现场人员关于岩爆知识的培训，做好人员的防护工作。控制人员暴露的技术主要包括再进入协议、远程设备及人员防护。

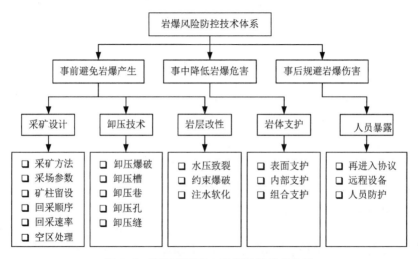

图5-1　深部硬岩矿山岩爆防控技术体系

5.3　岩爆风险防控技术

>>>

5.3.1　采矿设计

采矿设计旨在减少或消除岩爆产生的条件，如降低岩层扰动、避免高应力集中等。该技术是从矿山区域范围层面对岩爆进行防控，可从采矿方法、采场参数、矿柱留设、回采顺序、回采速率、空区处理等方面进行设计和优化，具体介绍如下。

5.3.1.1　采矿方法

采矿方法通常根据矿体倾角、厚度、顶底板稳定性等条件,以经济效益为主要目标进行选择。对于深部高应力开采,除需考虑经济因素外,还应在一定程度上考虑采矿可能诱发的微震及岩爆事故。硬岩采矿方法主要分为空场法、崩落法及充填法等 3 大类。其中,空场法存在顶板暴露面积过大、易造成矿柱应力过度集中、空区得不到及时处理等缺陷,故该类方法不适合用于有岩爆倾向的矿床开采。崩落法通过岩石崩落使岩体内积聚能量得到有序释放,且可对出矿顺序及出矿量进行精细控制,能实现能量释放率的可控,故该类方法可用于有岩爆倾向的矿床开采。充填法通过采用充填料对采空区及时回填来支撑顶板,有效控制岩层移动,减少采动应力集中,改善矿柱受力状态,故该类方法也可用于有岩爆倾向的矿床开采。

目前,国内外绝大部分深部有岩爆倾向的矿山均采用崩落法或充填法进行开采。崩落法及充填法又包含若干子类采矿方法。具体采矿方法应根据地质条件、矿体赋存状况及可能诱发的微震事件大小,并经过技术经济分析后进行综合确定。通常,高产量采矿方法诱发的微震事件数量及等级高于低产量的采矿方法。例如,同等条件下 VCR 充填法诱发的微震事件数量及等级一般高于上向水平分层充填法。采矿方法一般是在可行性研究阶段确定,且通常不做改变。采矿方法的变更一般仅限于无法继续使用原采矿方法的极端情况,如诱发高能级矿震等。

以澳大利亚 Tasmania 金矿为例[347, 348],矿体呈扁平状,倾角为 55°~85°,平均厚度为 2.5 m。矿山开始采用改进的 Avoca 回采方法,见图 5-2(a)。随着开采深度的增加,在开采 760 m 以下深度时,这种开采方式导致了采动诱发微震事件的增加及几次较大量级微震事件的产生。为减少微震活动,矿山在原采矿方法基础上将回采顺序改为棋盘式模式(checkerboard pattern),见图 5-2(b)。然而,尽管总体微震事件有所下降,但该矿在 2006 年 4 月 25 日发生了一起高能级微震事件诱发的冒顶事故,导致 1 人死亡。该事故发生后,该矿暂停了所有的采矿作业,直至开发出一种安全的可替代方法。该矿已在西部区域垂深超过 100 m 的矿体中按照图 5-2(b)方法开拓采准完毕,故新的采矿方法需在该基础上进行改进。该方法在下盘开掘了 1 条与矿体内运输巷道平行的巷道,使得人员无须在原矿体运输巷道内工作。下盘巷道通过支护后能以 1.5 的安全系数抵抗距离 10 m 的 Richter 震级为 2.5 的微震事件。人员可直接在安全的下盘巷道内进行钻孔装药作业,并可采用遥控装载机在风险较大的矿体运输巷道出矿。该方法避免了人员进入高风险岩爆区域,但开采成本非常昂贵,需开掘额外的下盘巷道及钻凿更多的钻孔。为此,矿山又设计了一种新的采矿方法,口语化称为 radial-in-reef 方法,见图 5-2(c)。该方法在下盘沿走向掘进了 1 条与采场中部等高的巷道,并垂直矿体沿矿体上盘方向掘进 1 条采矿联络道，这两条巷道经过支护后能以 1.5 的安全系数抵抗距离 10 m 的 Richter 震级为 2.5 的微震事件。人员只需在这两条岩爆风险低的巷道内作业，而采用遥控装载机在岩爆风险较高的底部运输巷道进行出矿。该方法一方面可避免人员进入高岩爆风险区域，另一方面减少了巷道布置，提高了钻孔利用率。

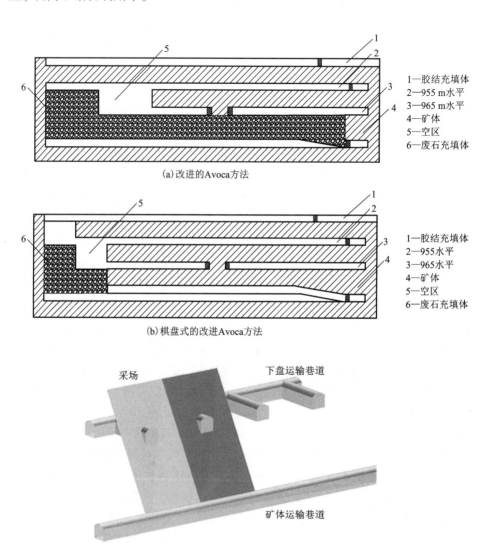

(a) 改进的 Avoca 方法

1—胶结充填体
2—955 m 水平
3—965 m 水平
4—矿体
5—空区
6—废石充填体

(b) 棋盘式的改进 Avoca 方法

1—胶结充填体
2—955 水平
3—965 水平
4—矿体
5—空区
6—废石充填体

采场   下盘运输巷道

矿体运输巷道

(c) radial-in-reef 方法

图 5-2   Tasmania 金矿采矿方法变更过程[344, 345]

5.3.1.2　采场参数

　　针对充填类采矿方法，优化采场结构参数可在一定程度上控制岩爆风险。不同采场结构参数，如采场形状、长度、宽度、高度及矿柱宽度等，所引起的岩体应力分布及能量释放率不同，进而影响采矿诱发的岩爆风险。通过选取最优的采场结构参数组合，降低采动能量释放率，有利于降低岩爆风险。谢学斌等[349]采用有限元数值模拟软件，以能量释放率为优化目标，对冬瓜山铜矿深部采场结构参数(矿房长度、宽度及矿柱宽度)进行优化，发现矿房长度对能量释放率的影响最大，并得到平均能量释放率最低的采场结构参数，该参数有利于预防岩爆的产生。

　　某金矿深部采用一种菱形采场机械化分段充填采矿法，见图5-3[350]。单个采场呈菱形，在采场中央布置切割天井，由中央向两翼开采，该方法运用集凿岩与出矿工程于一体的 V 形底部堑沟结构，取消了出矿横巷，避免了充填体的二次开挖。该方法充分利用岩体工程的自承载特性，产生类似应力拱的空间结构，有利于采场的稳定，进而降低岩爆风险。

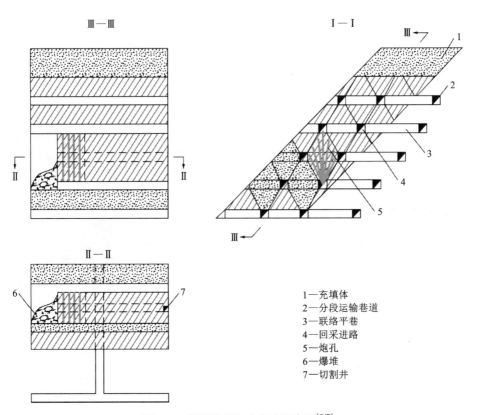

1—充填体
2—分段运输巷道
3—联络平巷
4—回采进路
5—炮孔
6—爆堆
7—切割井

图 5-3　菱形采场采矿方法示意图[347]

5.3.1.3　矿柱留设

矿柱可分为顶柱、底柱、点柱、间柱等。矿山在回采过程中会使矿柱所受应力不断叠加，致使矿柱能量累积。尤其对于深部矿山，当应力与强度满足某种破坏准则时，矿柱累积能量便会突然释放而引起失稳破坏，发生矿柱型岩爆。对于一般矿柱，如点柱和间柱，矿柱一旦发生破坏，则会造成采场顶底板瞬间位移而引起更高能量的释放。对于顶底柱，则易诱发较大的微震事件。以加拿大Coleman 铜镍矿顶底柱为例[351]，通过非线性数值模型、微震监测和现场观测发现，顶底柱破坏经历了开始加载、已加载并开始屈服和已屈服等 3 个阶段，见图 5-4。其中，已加载并开始屈服阶段易诱发更多的微震事件，最易产生岩爆风险。

深部矿山矿柱留设需遵循以下原则：①尽量采用不留矿柱的开采方式；②如果必须要留矿柱，则应尽量留大尺寸的矿柱，而不留小尺寸矿柱，如点柱等；③留设矿柱应在来压前及时回收；④由于经济原因，低品位矿柱通常不开采，对于这类矿柱，在考虑经济效益的同时，也需权衡岩爆及矿震风险；⑤若矿柱不能回收，应及时对其周边空区进行充填。

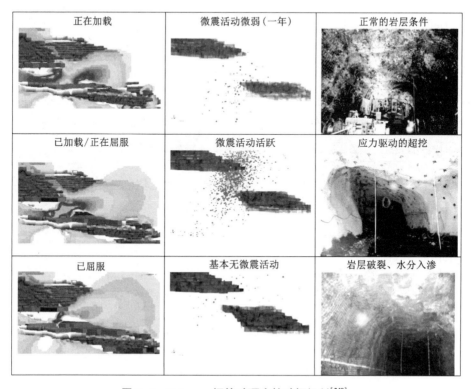

图 5-4　Coleman 铜镍矿顶底柱破坏机制[348]

5.3.1.4　回采顺序

　　通过优化回采顺序可改善采场应力分布，避免应力集中，从而降低岩爆风险。根据现场经验，回采顺序应遵循以下原则：①在走向上，避免由两翼向中央开采形成应力集中，而应由中央向两翼或由一翼向另一翼开采；②在垂向上，总体为自上而下开采，而阶段内为自下而上开采；③采场长轴及巷道走向应尽量与最大主应力平行；④当存在微震活跃的地质构造时，应向远离而不是向靠近地质构造的方向开采，同时设计出使采动诱发作用在地质构造上的剪应力最小化的回采顺序。在实践中，通常先设计出几种可行的回采顺序方案，然后利用数值模拟进行优选，最后再根据现场经验进行评估和修正。

　　加拿大 LaRonde 多金属矿（加拿大最深矿山，深 3008 m）采矿方法为空场嗣后充填法，分一步采场（宽 13.5 m）和二步采场（宽 16.5 m）开采，在竖向上回采顺序呈倒 V 形，在走向上由中央向两翼开采，有利于应力远离回采区域，见图 5-5[352]。

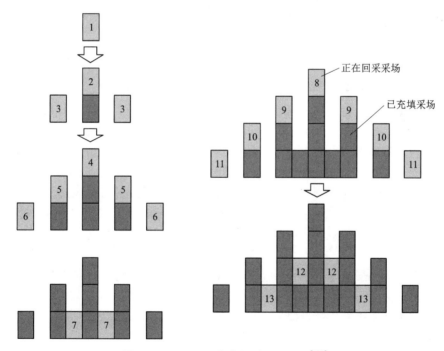

图 5-5　LaRonde 多金属矿回采顺序[349]

　　某金矿采用应力拱式上向水平分层充填采矿法，该方案以应力拱的形式从下往上连续开采，见图 5-6。先开采最中间的采场，待中间采场开采 2~3 分层后再回采与其相邻的两个采场，两个相邻采场回采 2~3 个分层后，与其相邻的两个采场再开始回采，盘区内采场回采界线形成一个应力拱。

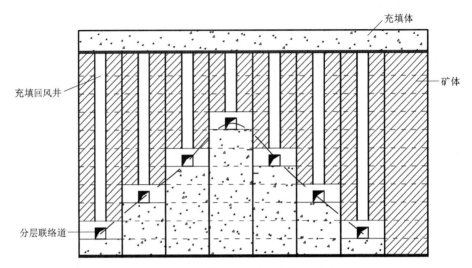

图 5-6　应力拱式上向分层充填采矿法

5.3.1.5　回采速率

由矿山现场微震监测数据可知，当生产暂停时，微震活动会大幅降低，且随着时间推移，微震活动会降到非常低的水平；当生产继续进行时，微震活动会在短时间内恢复到之前水平[345]。基于室内三轴试验结果，随着卸围压速率的增加，岩石强度不断提高，储能能力增强，破坏时则会释放更多的能量，说明卸荷速率越大，岩石破坏越激烈[353]。可见，不同回采速率所诱发的岩爆风险不同。由于较低的回采速率可使岩体应变能得到逐步释放，因此减小回采速率可在一定程度上降低微震或岩爆危险性。然而，回采速率与岩爆风险的具体定量关系仍有待进一步研究。

根据现场钻爆法施工经验，短进尺、分步开挖是岩爆防控的有效手段[19]。在高风险岩爆区域，可通过降低回采速率来降低风险，而在低风险岩爆区域，可通过增加回采速率来补偿产量损失。

5.3.1.6　空区处理

矿山开采不可避免地会形成采空区，若不及时处理，一方面易在空区周围产生应力集中增加岩爆产生倾向，另一方面高能级微震事件也可能对空区产生冲击破坏。因此，在有岩爆倾向的岩层需对采空区进行及时处理。采空区处理技术可归纳为充填法和崩落法两大类。

充填法处理采空区可有效减少采动诱发的岩体变形，提高矿柱承载强度，消除岩爆产生的空间，降低能量释放率。同时，充填体可增加应力波能量耗散。在实际应用中，应尽量采用低沉降率的充填工艺，如用膏体或似膏体充填，并提高充填接顶率。

崩落法处理采空区是将采空区顶板进行强制或诱导崩落，使岩体积聚的能量进行人为释放，从而消除岩爆产生的条件。在实践中，常使用爆破方法使其强制崩落或设置诱导工程使其自然冒落。

5.3.2　卸压技术

卸压技术指利用应力转移原理，通过设置卸压工程使开挖工作面高应力转移，形成应力卸载区，从而降低或消除岩爆风险。尤其对于局部高应力集中区，卸压技术能取得较好的岩爆防控效果。卸压效果可根据应力转移程度或微震监测进行评价。但在采用卸压技术时，除需关注目标区域的卸压效果外，还应考虑应力转移对其他区域工程的影响。卸压技术主要包括卸压爆破、卸压槽、卸压巷、卸压孔及卸压缝等，具体介绍如下。

5.3.2.1　卸压爆破

卸压爆破是指在高应力岩体中利用爆破方法降低其应力集中程度的一种手段。该技术防控岩爆的机制包括两个方面：①通过在岩体内创造新的裂缝来降低其脆性、刚度及其储能能力；②降低开挖工作面的高应力，使其向围岩深处转移。卸压爆破防控岩爆机制见图 5-7[354]。

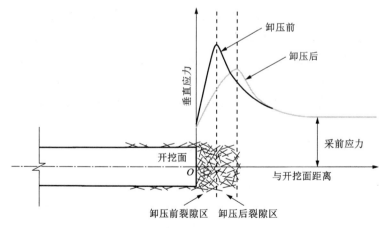

图 5-7　卸压爆破防控岩爆机制[351]

卸压爆破典型模式见图 5-8[355]。该模式包含 4 个边角孔和 2 个中间孔。其中，4 个边角孔均与巷道轴线向外夹角为 45°；上 2 个边角孔向上夹角为 30°；下 2 个边角孔与底板平行；2 个中间孔与巷道推进方向相同。钻孔深度大于巷道掘进爆破孔的深度，一般为开挖进尺的 2 倍，故卸压爆破位于开挖工作面的前方，使得巷道掘进主爆破后可露出卸压区域。各钻孔都仅在孔底装相对较少的炸药，以确保爆破足够轻微而不会造成巷道损坏或超挖，但也需足够强烈以创造或扩展原有裂缝来达到卸压效果。

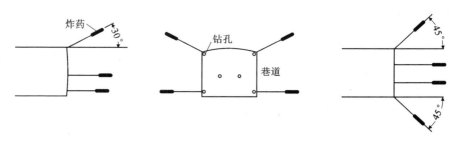

图 5-8　卸压爆破典型模式[352]

卸压爆破效果受钻孔个数、位置、深度、角度及装药密度的影响。在实践中，由于工程地质条件不同，卸压爆破具体模式差异较大，需进行反复试验以达到最优效果。早在 20 世纪 50 年代，南非 East Rand 金矿[356]在深部开采工作面就进行了卸压爆破实践，卸压爆破钻孔深度为 3 m，而正常生产爆破钻孔为 1 m。由于卸压爆破使工作面岩爆及随后发生的事故有了很大程度的减少，因此卸压爆破被认为是一种成功的方法，可降低靠近工作面岩体应力及能量集中的影响。加拿大 Creighton 镍矿卸压爆破模式见图 5-9[357]。该模式包含 2 个 7.3 m 长的水平中间孔，孔底装 1.5 m 深的铵油炸药；4 个 3.6 m 长的边角孔，与巷道轴线向上或向下夹角为 30°，向外夹角也为 30°，孔底装 0.6 m 深的铵油炸药；4 个 3.6 m 长的边墙孔，与推进方向呈 45°，且与水平面呈几度夹角便于排水，孔底装 0.6 m 深的铵油炸药。

尽管卸压爆破能在一定程度上防控岩爆风险，但在实践中仍存在一些问题。如装药量过多，或诱发的裂缝与原对巷道不利的节理相交，则易造成巷道超挖；若各钻孔爆破产生的裂缝未能相交，则可能无法达到图 5-7 所示的预期卸压效果。实际上，爆破破坏区受岩体自身性质、钻孔间距、主应力大小及方向等因素影响，这可能导致各卸压爆破孔产生的破裂区彼此独立，而不能形成均匀的破裂带。若相邻钻孔的爆破破裂区未能彼此相连，则目前的卸压爆破实践能否将开挖工作面的高应力向围岩深处转移值得探究。

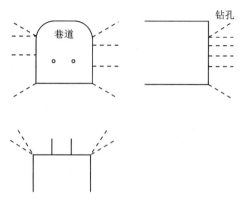

图 5-9　加拿大 Creighton 镍矿卸压爆破模式[354]

5.3.2.2　卸压槽

开挖一定尺寸的卸压槽能使高应力向岩体深处转移，使待开挖区域应力降低。理论上，卸压效果与卸压槽尺寸成正比。然而，尺寸越大，工程费用越高。合理的卸压槽尺寸应是在卸压后岩体达不到岩爆发生的临界应力即可。

以二道沟金矿为例，为防控采场岩爆，在采场上方布置卸压槽，以隔断上盘楔形体与下部采场的联系，并将应力转移至采场外围岩深部。其卸压槽具体布置见图 5-10[16]。

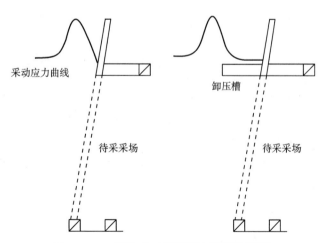

图 5-10　二道沟金矿卸压槽布置示意图[16]

5.3.2.3　卸压巷

在被保护巷道的高应力来压方向侧开掘卸压巷道，可达到降低集中应力的目的。典型卸压巷布置见图 5-11[358]。卸压巷将高应力分割，且提供岩体能量释放空间。卸压巷卸压效果与其尺寸、相对位置及距离等因素有关。在实践中，常使用数值模拟对各参数进行优化，并评价其卸压效果。刘斌等[359]采用 ABAQUS 软件分析卸压巷道位于被保护巷道顶部、侧帮、底部及其相对距离时对卸压效果的影响，发现合理的卸压巷参数可较好地改善巷道周围应力状态。

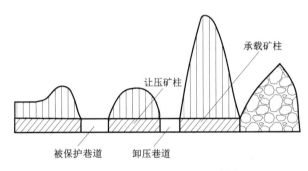

图 5-11　卸压巷布置示意图[355]

5.3.2.4　卸压孔

在高应力区施工大直径钻孔，可破坏岩体完整结构，并提供释能空间而实现卸压。使用这种技术的理论前提是应力不能通过破碎岩层传递。钻孔卸压参数主要包括钻孔直径、深度、间距及布设方位等，可通过数值模拟进行优化。

加拿大 Coleman 铜镍矿[360]为回采高应力下的顶底柱，靠近下盘矿体钻凿密集的卸压孔以切断水平应力。钻孔直径为 165 mm，由于每个孔的影响范围为该孔直径的 3 倍，且考虑一些重叠，因此钻孔间距为 0.6 m。通过对钻孔完整性的观察，发现钻孔周围岩层压碎明显。安装在下盘的应力计监测的应力变化情况显示应力下降明显。同时，自从钻凿卸压孔后，在回采该顶底柱时，未遇到高能级的微震事件及显著的高应力问题。由此可推断这些钻孔具有良好的卸压效果。

5.3.2.5　卸压缝

利用聚能爆破或水力割缝技术可在岩层中形成贯通的切割缝，切断目标区域与相邻高应力区域的联系，阻断应力传播路径而达到局部卸压的目的。切割缝卸压技术参数主要包括缝的长度、深度及空间位置等。

三山岛金矿西山矿区[361]试验采场凿岩巷道与最大主应力方向垂直，为确保试验采场施工安全，在顶板利用爆破技术形成连续的切割缝来切断相邻采场采动

应力及原岩最大主应力的传播路径。试验采场钻孔应力计监测的应力变化数据
表明应力不断下降，卸压效果良好。

5.3.3　岩层改性

岩层改性指通过改变岩层性质来降低或消除其岩爆倾向性从而达到控制岩爆
的目的。由于完整性较差的岩体岩爆倾向性较低，因此可通过水压或爆破方法对
原岩进行致裂以降低其完整性。此外，通过注水软化降低某些岩石的强度或弹
模，使其储能能力变弱可降低岩爆风险。目前，通过对岩层进行预处理以改变其
岩爆倾向性的技术主要包括水压致裂、约束爆破（confined blasting）及注水软化
等，具体介绍如下。

5.3.3.1　水压致裂

水压致裂是利用高强水力作用人为使岩层产生定向裂隙的一种方法。通过破
坏岩层完整性及水的软化作用，以弱化其力学性能，理论上可降低矿震及岩爆风
险。在硬岩矿山领域，该技术主要用于采用崩落法开采的矿山，如智利 El
Teniente 铜矿及澳大利亚 Cadia East 铜金矿等。实践证明，经水压致裂预处理后，
除能提高岩体可崩性外，还可有效降低矿山总体微震震级，进而减轻岩爆
风险[362]。

水压致裂装备主要由致裂系统、泵注系统及监控系统等组成[363]。在实践中，
应首先判断哪些区域应进行水压致裂预处理，一般用于坚硬完整岩石区域；然后
根据具体地质条件优化水压致裂参数，如钻孔参数、孔内致裂间距、致裂水压及
时间等；最后可通过钻孔岩芯、微震监测等方法分析致裂范围及效果。

智利 El Teniente 铜矿使用水力压裂进行预处理已有约 15 年的历史。该矿微
震活动十分活跃，故水压致裂最初目的是降低采矿诱发的矿震风险。由于其良好
的矿震及岩爆防控效果，目前该矿在整个作业过程中已系统应用该项技术。该矿
采矿方法为自然崩落法，主要岩性为安山岩。在 2005 年，该矿进行了系统性的水
压致裂试验。该试验钻凿了 6 个下向钻孔，在孔颈以下 50~150 m 深度进行压裂，
压裂间距为 1.5 m，共生成了 446 处半径约为 40 m 的水力裂缝。破裂压力为 25~
30 MPa，传播压力为 15~18 MPa。注入封隔器压力约为 32 MPa，致裂时间为
20 分钟。结果表明：在水压致裂前，微震活动非常显著，最大微震事件 Richter 震
级达 1.6 级；在压裂过程中，微震活动保持稳定；在水压致裂后，高能级微震事
件显著减少，而小震级微震活动显著增加。基于这些良好的试验结果，自 2008 年
起，水压致裂技术已在该矿得到全面推广使用，现场应用情况见图 5-12[364]。

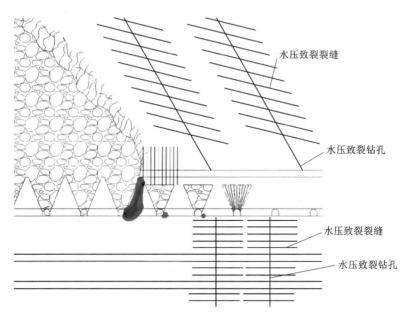

水压致裂裂缝

水压致裂钻孔

水压致裂裂缝

水压致裂钻孔

图 5-12   El Teniente 铜矿水压致裂现场应用情况[361]

5.3.3.2   约束爆破

约束爆破是在高围压岩体内利用爆破方式使岩层致裂的一种方式。该技术旨在通过产生微裂纹以弱化岩体储能能力，来达到降低微震活动及防控岩爆的目的。目前该技术主要用于采用崩落法开采的矿山，一方面可提高岩体可崩性，另一面能降低高能级微震事件。需优化的参数主要包括孔网参数及爆破参数等。

Catalan 等[365]提出一种增强型岩体预处理模式，见图 5-13。该模式其实是水压致裂(下向孔)及约束爆破(上向孔)预处理技术的结合，并在澳大利亚 Cadia East 铜金矿有底柱崩落法开采中得到了应用。通过对约束爆破预处理前后岩石强度进行室内试验，结果表明预处理后岩石峰值强度整体降低[366]。由此可推断约束爆破应力诱发的微裂纹能够改变岩石的力学特性。

与水压致裂预处理技术相比，约束爆破成本更高，工序也更复杂，故前者在崩落法矿山中应用更为频繁，且效果也得到了合理的验证，而单独使用约束爆破进行预处理的案例相对较少。

5.3.3.3   注水软化

岩层注水可在一定程度上弱化岩石，降低岩爆倾向性[367]。该技术工艺流程主要包括钻孔、封孔及注水。在实际使用中需注意：①对于某些遇水易膨胀的岩

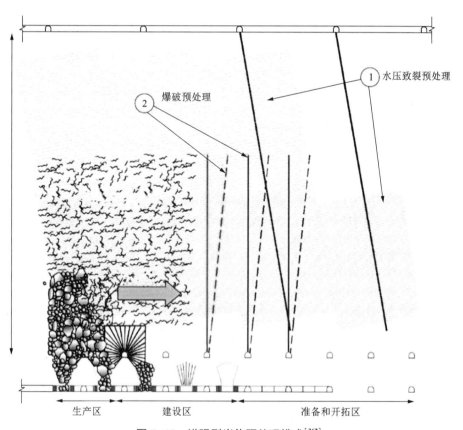

图 5-13　增强型岩体预处理模式[362]

石不宜使用，如流纹岩、页岩、凝灰岩等；②可能导致地质构造强度降低，诱发应变-结构面滑移型岩爆；③在富水岩石中岩爆防控效果可能不明显；④可考虑注高压水使岩层裂隙增加以降低岩爆风险。

5.3.4　岩体支护

当采用其他防控措施仍无法避免岩爆发生时，合理的岩体支护可大幅降低岩爆的危害。岩爆倾向条件下岩体支护系统除需具备传统支护所需的强度性能外，还应具有一定的吸能能力，以降低岩块的冲击动能。因此，合理的岩爆支护系统应具有高强度及大变形双重特性。目前，岩体支护技术主要包括表面支护、内部支护及组合支护等，具体介绍如下。

5.3.4.1 表面支护

开挖边界岩体在静态、动态或动静组合应力状态下不可避免地会发生一定程度的破裂。通过表面支护，可使表面破碎岩石处于三向应力状态以增加其摩擦阻力，并进一步给更深处的岩体提供围压以增强其强度。

表面支护主要包括金属网、钢带、喷射混凝土、钢拱架及支架等。其中，金属网通过与锚杆托盘或其他构件相连，在岩爆发生时，不仅自身可吸收部分冲击动能，而且可将冲击载荷转移到吸能锚杆上，充分发挥锚杆的吸能能力，进一步降低岩爆冲击能的危害；钢带通过与锚杆相连，进一步提高了表面支护的吸能水平，且能将冲击载荷转移到吸能锚杆上；喷射混凝土可提高表面破碎岩石的黏结力，避免或降低围岩应力集中，在岩爆倾向岩层，常在混凝土中添加钢纤维以提高其抗拉强度及韧性；钢拱架及支架的主要作用是限制围岩变形，增加支护系统的强度及刚度，在煤矿中应用较广，且开发了很多吸能支架以防控冲击地压，但其在硬岩矿山中应用相对较少。各表面支护构件基本情况见表5-1[9]。

表 5-1　各表面支护构件基本情况[9]

支护名称	优点	缺点	参数
Cable lacing	进一步使金属网支撑的破碎岩石稳定；提高支护系统的吸能能力	劳动强度大；成本高	位移：150～400 mm 吸能：20～40 kJ/m² (加有 cable lacing 的锚网支护，南非落锤试验结果)
Chain-link mesh	能承受大变形；价格便宜；安装快捷；修复方便；安装后可提供即时支护	单股金属丝断裂易导致支护失效；承载能力一般；缺乏足够刚度而难以将动载有效传递至锚杆	位移：500 mm 吸能：< 12 kJ/m² (基于静力拉拔试验)、< 15 kJ/m² (基于落锤试验)
Dynamic screen	需处理的部件少；提高了生产率；增加了表面支护能力	费用高	位移：NA 吸能：NA
Fiber-reinforced shotcrete	钢纤维混凝土比普通喷射混凝土强度更高，抗裂性能更好	变形能力有限；独立使用时不适用于集中或反复的动态载荷	位移：2～20 mm (峰值载荷) 吸能：3～6 kJ/m² (直接冲击尺寸为 1.2 m × 1.2 m 的菱形锚固模式面板)

续表 5-1

支护名称	优点	缺点	参数
HEA mesh	安装后提供即时支护；与传统 Cable lacing 相比，安装更便捷	若一根锚杆失效，则整个 lacing 系统会受影响；成本高；灵活性差	位移：900 mm（载荷位于尺寸为 2.4 m×3.5 m 网的中央）吸能：30~40 kJ（约 5.5 m²，根据静态拉拔试验）
Mesh-reinforced shotcrete	混凝土可避免金属网腐蚀，防止金属丝断裂及金属网重叠不充分导致的解散；刚度高；抗裂性好	需两步安装程序；需要的混凝土厚度较大；回弹性更高；成本高	位移：100~250 mm 吸能：15~20 kJ/m²（直接冲击尺寸为 1.2 m×1.2 m 的菱形锚固模式面板）
Strap/Mesh strap	可增加表面支护承载及吸能能力；可防止锚杆损坏钢带下的金属网；易安装	需额外的工序安装	位移：120~200 mm 吸能：42~55 kJ/m²（锚杆、金属网及钢带系统吸能）
TECCO © chain-link mesh	承载及吸能能力高；在托盘连接处较难破断；适合机械化安装	成本高；缺乏足够刚度而难以将动载有效传递至锚杆	位移：>300 mm 吸能：50 kJ/m²
Weld mesh	便宜、安装快捷、易修复；安装后可提供即时支护	对于重量轻的焊接网，承载及变形能力较差；不易自动化安装；易被爆破飞石破坏	位移：250 mm 吸能：<10 kJ/m²

5.3.4.2　内部支护

岩爆倾向岩层内部支护主要为锚杆支护。岩体内部支护一方面需加固围岩以防止岩体因开挖卸荷产生破裂，另一方面应具有足够的吸能能力以耗散冲击动能。因此，岩爆支护构件需具备高强度及强吸能双重特性。

常用锚杆包括全长黏结式锚杆及吸能锚杆等。其中，全长黏结式锚杆的作用是提高岩体承载力，增加岩爆破坏的触发极限。然而，该类锚杆刚度较大、变形能力差，当应变超过其峰值强度时容易发生脆断或剪断而失效，故其吸能能力相对较差。吸能锚杆的主要作用是利用挤压、摩擦或自身杆体变形吸收岩爆动能，使岩块或岩片冲击能降低而减弱岩爆的破坏程度。根据全长黏结式锚杆与吸能锚杆各自的支护特性,在实践中常将两者联合使用以提高岩爆的防控能力。各内部支护构件基本情况见表5-2[9]。

表5-2 各内部支护构件基本情况[9]

名称	优点	缺点	参数
Cablebolt	可在狭窄巷道有效安装;便宜;承载力很高;耐腐蚀性强	锚索拉紧需特殊安装程序;水泥浆需时间产生强度;全长黏结锚索变形及吸能能力差	位移:20~40 mm 吸能:3.1 kJ (全长黏结型)
Conebolt	依靠圆锥体滑移吸收能量,吸能能力强	水泥浆需时间产生强度;岩层剪切运动引起潜在锁定;成本高	位移:>200 mm 吸能:>16 kJ(16 mm)、 >39 kJ(22 mm)
D-bolt	多锚点可确保可靠锚固;安装方便;吸能能力强	螺纹部分是薄弱环节,尽管最新锚杆增加了螺纹部分尺寸,但也导致安装过程烦琐	位移:取决于锚点间伸展长度,对于1 m间距浆形锚点,位移为150 mm 吸能:13.1 kJ(20 mm,0.8 m伸展长度)、39 kJ(22 mm,0.9 m伸展长度)
Durabar	静态加载呈刚性,动态加载屈服;可适应大变形;易安装	当位移高于600 mm时,载荷下降明显;水泥浆需时间产生强度;无法拉紧锚杆	位移:>600 mm 吸能:8 kJ/100 mm滑移
Duracable	可适应大变形	当屈服装置开始滑移后,载荷会下降	位移:>220 mm 吸能:19.3 kJ
Dynamic cablebolt	屈服装置能产生持续的屈服载荷;吸能能力强	需灌注水泥浆,需时间产生强度	位移:300 mm 吸能:30 kJ
Dynatork-bolt	树脂能混合良好;安装后提供即时支护	岩层剪切运动引起潜在锁定	位移:180~300 mm 吸能:16~30 kJ
Split-set	易安装;便宜;安装后提供即时支护;能适应大变形	易腐蚀,长期性能差;锚固能力对钻孔尺寸及岩层条件敏感	位移:>100 mm 吸能:(2.7±1.0)kJ/100 mm滑移

续表 5-2

名称	优点	缺点	参数
Garford solid bar	使用树脂安装后可提供即时支护；直接冲击托盘时，具有超强吸能能力	挤压部分要预先确定（最长 500 mm）；需要更长钻孔以适应挤压长度；需更大直径钻孔；成本高	位移：≤500 mm 吸能：27~33 kJ（冲击托盘）
HE-bolt	高恒阻大变形；超强吸能能力	含水岩层会影响恒阻性能；成本高	位移：≤1000 mm 吸能：130 kJ（HE-bolt13）、160 kJ（HE-bolt20）
MCB conebolt	具有高且恒定的吸能能力；安装后提供即时支护	岩层剪切运动引起潜在锁定；成本高	位移：300~900 mm 吸能：30~35 kJ（冲击托盘）
Mechanical bolt	可快速安装；便宜；安装后提供即时支护	较难可靠安装；易腐蚀；时间长可能会失去张力	位移：20~50 mm 吸能：0.9~5 kJ
Rebar	安装简单、价格便宜；承载力高；使用树脂安装后提供即时支护；完全灌浆后具有很强的抗腐蚀能力	刚性支护；变形能力差	位移：5~30 mm 吸能：<6 kJ
Roofex	恒定载荷；直接冲击托盘时，具有很强的吸能能力	位移取决于预先设计的滑移长度；需更长钻孔以适应挤压长度；成本非常高	位移：>200 mm 吸能：$(6.73±3.03)$ kJ/100 mm 托盘变形（R×8D）、$(7.52±5.39)$ kJ/100 mm 托盘变形（R×20D），冲击托盘
Smooth bar	制作简单；价格便宜	水泥浆需时间产生强度；无法拉紧锚杆；若未正确注浆，锚固力可能较低	位移：>200 mm 吸能：$(3.0×L-0.15)$ kJ/100 mm 滑移，L 为初始嵌入长度
Swellex bolt	可快速安装，并提供即时支护；摩擦阻力强	成本高；易腐蚀；当冲击能作用在托盘上时，吸能水平会稍微降低	位移：>80 mm 吸能：$(6.2±1.3)$ kJ/100 mm 滑移

续表 5-2

名称	优点	缺点	参数
Threadbar	无薄弱环节；使用树脂安装后提供即时支护；具有高承载及位移能力；吸能能力较好	螺纹可能没有足够的强度来最大化锚杆的吸能潜力	位移：82~106 mm（砂浆脱离） 吸能：（13.6±21.8）kJ（直径19 mm，砂浆脱离长度160 cm）
Yield-Loc bolt	性能对树脂的依赖性较小；安装后提供即时支护	需预先确定聚合物涂层长度；成本高；若锚杆存放时间过长，聚合物涂层可能会变质	位移：>200 mm（取决于聚合物涂层长度） 吸能：16.4 kJ/200 mm 位移（冲击托盘）

南非 Jager 研发出第一套真正意义上的能量吸收锚杆——锥形锚杆[368]。这种锚杆主要由光滑金属杆体和扁平锥形端头组成。光滑金属杆体外表面涂抹了一薄层润滑材料，如蜡状物，以便在锚杆受到拉力荷载时在注浆体中滑移，见图 5-14[369]。早期的锥形锚杆只能用水泥砂浆锚固，直到 20 世纪 90 年代末期，树脂锚固锥形锚杆才诞生。改进后的锥形锚杆在锥形末端增加了一个叶片，用来搅拌树脂药卷，以便用环氧树脂注浆[370]。锚杆通过全孔注浆安装在钻孔内，岩体变形使锚杆托盘受力，托盘拉动杆体把力传到杆端锥体上。当力足够大时，锥体锥形面一侧的硬化砂浆（或者环氧树脂）被压碎，在一定载荷下锥体在砂浆体中滑动。

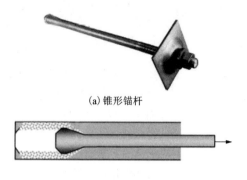

(a) 锥形锚杆

(b) 锥形锚杆在注浆体中滑移

图 5-14　锥形锚杆及其滑动原理[366]

挪威科技大学李春林研发了 D 锚杆,由光滑杆体和杆体上的多个锚点以及杆头的螺纹、螺母和托盘组成[371],见图 5-15。锚杆用水泥砂浆或环氧树脂安装在钻孔内。当岩石移动时,锚点与岩石一起移动,相邻两锚点之间的位移差在光滑杆段内产生拉应力,在泊松效应影响下杆段缩径与砂浆脱离后自由伸长,先是弹性变形,然后屈服延伸,直至杆体被拉断。不同于滑移屈服锚杆的挤压、摩擦吸能原理,D 锚杆是通过完全启动杆体材料的强度和变形能力来吸收能量的。它的特点是锚点间杆段独立工作,某段破坏不影响其他杆段的支护性能;多锚点设计增加了锚杆工作的可靠性。

图 5-15　D 锚杆示意图[368]

我国何满朝院士团队研发了具有独特负泊松比结构的 NPR 锚杆[372],它由活塞状的锥体(安装在套管中)、安装在锥体上的杆体、套管(其内径稍大于锥体的大端直径)、托盘(用于将岩体的变形传递到套管上)和紧固螺母(传力装置)组成。当轴向外载荷(拉力)作用在 NPR 锚杆的自由端时,套管将产生与锚固端成相反方向的位移,此位移即为锚杆的变形。套管的运动相当于锥体相对于套管内壁的滑移。锥体的小端直径略小于套管的内径,大端略大于套管的内径。当锥体在套管内滑移时,套管会产生径向膨胀变形,从而产生负泊松比结构效应。

恒阻大变形锚杆工作原理见图 5-16,主要包括以下 3 个阶段。

①弹性变形阶段。巷道围岩的变形能通过托盘(外锚固段)和内锚固段施加到杆上。当围岩变形能较小,施加于杆体上的轴力小于恒阻大变形锚杆的设计恒阻力时,恒阻装置不发生任何移动,此时,恒阻大变形锚杆依靠杆体材料的弹性变形来抵抗岩体的变形破坏。

②结构变形阶段。随着巷道围岩变形能逐渐积累,当施加于杆体上的轴力大于或等于恒阻大变形锚杆的设计恒阻力时,恒阻装置内的恒阻体沿着套管内壁发生摩擦滑移,在滑移过程中保持恒阻特性,依靠恒阻装置的结构变形来抵抗岩体的变形破坏。

③极限变形阶段。巷道围岩经过恒阻大变形锚杆的材料变形和结构变形后,变形能得到充分释放,由于外部荷载小于设计恒阻力值,恒阻装置内的恒阻体停止摩擦滑移,巷道围岩再次处于相对稳定状态。

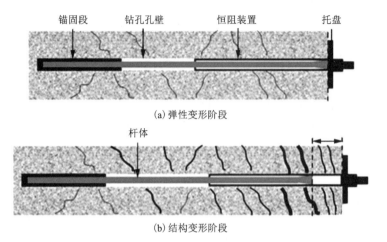

(a) 弹性变形阶段

(b) 结构变形阶段

(c) 极限变形阶段

图 5-16　恒阻大变形锚杆工作原理[369]

5.3.4.3　组合支护

　　组合支护是指将表面支护及内部支护构件按照功能需求合为一体建立集成的支护系统。Cai 和 Kaiser[9]提出岩爆支护系统应包含 4 种功能，分别为加固、承托、悬吊及连接，见图 5-17。其中，加固作用是指增加开挖面周围破碎岩石的强度，形成能承受高应力的岩拱，减少岩石破碎膨胀引起的收敛，并保护其他锚杆免于过度拉紧；承托作用是指将已破碎的岩石限制在原位，将载荷转移到其他锚杆上，并对围岩提供一个侧向应力，以提高其强度；悬吊作用是指将承托构件及加固的破碎岩体悬吊在深部稳定围岩处，悬吊应具有高的承载及变形能力，即强的吸能能力，以耗散岩爆冲击能；连接作用是将加固、承托及悬吊支护构件连接形成一个整体，以此通过传递、共享载荷与协同变形来同时提供约束及耗散能量。为同时实现这 4 种功能，可将注浆刚性锚杆、金属网加固的喷射混凝土、吸能锚杆及钢带联合使用以抵抗岩爆破坏。岩爆倾向岩层岩爆支护设计主要包括 5 个步骤[9]：①岩爆风险评估；②支护系统需求估计；③支护构件及支护系统能力确定；④选择合适的支护系统以使支护能力适应预期需求；⑤通过现场监测对设计进行验证和改进。

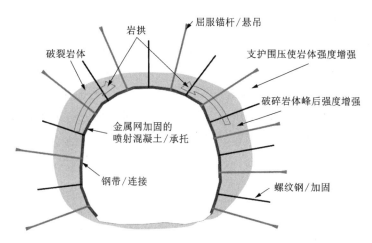

图5-17 组合的岩爆支护系统[9]

不同国家的岩爆倾向岩层支护系统有所差异[373]：南非防控岩爆的工业实践表明[374]，要控制岩爆发生，降低岩爆造成的危害，必须降低开采引起的平均能量释放率。支护对于岩爆的防控作用主要体现在可控制能量释放率，使围岩高应变能得到逐步释放，即便岩爆发生，支护还可以减小岩爆的冲击破坏程度，起到防护的作用。南非主要应用吸能锚杆来支护岩体，吸收岩体动能。岩体内的动能一部分由释能锚杆吸收，另一部分通过碎裂岩体被岩体表面支护结构释放。在南非支护系统中，常用钢丝绳代替钢带。在高应力岩体中掘进巷道时，通常采用吸能锚杆与金属网或者纤维喷射混凝土组合支护。

在澳大利亚[375]，主要通过管缝锚杆、长锚索并辅以金属网、钢带或者喷射混凝土组合支护来控制高应力碎裂蠕变岩体的稳定性。对具有岩爆倾向的岩体，主要采用长锥体锚杆与金属网或者钢纤维喷射混凝土组成的动力支护系统来控制其稳定。

在加拿大[9]，采用短锚杆和金属网支护破碎岩体，偶尔采用钢纤维喷射混凝土和金属网。通常锚杆主要为管缝锚杆、螺纹钢锚杆和锥形锚杆。在经常发生岩爆的巷道，主要采用螺纹钢锚杆和锥体锚杆与金属网组成的动力支护体系，以增强岩体的刚度和抗岩爆冲击能力。在北欧，其支护理念与加拿大相似，采用短锚杆与金属网支护浅层破碎岩体，使其形成整体。但在北欧不使用管缝锚杆，钢纤维喷射混凝土应用比较广泛。

我国硬岩矿山岩爆支护系统最常见的形式为吸能锚杆与金属网或喷射混凝土组成的联合支护，由于我国对释能锚杆的研究起步较晚，可选择的释能锚杆种类与国外相比仍有一定差距。

5.3.5 人员暴露

人员暴露包括作业人员的暴露时间及空间。通过对在岩爆风险区域作业人员暴露时间及空间的管理，以此来防止岩爆对人员的危害。在岩爆倾向岩层，应根据微震活动规律合理安排工人的暴露时间及工作区域。尽量采用远程设备，避免人员进入岩爆风险极大的区域作业。同时，加强对现场人员关于岩爆知识的培训，做好人员的防护工作。控制人员暴露的技术主要包括再进入协议、远程设备及人员防护等，具体介绍如下。

5.3.5.1 再进入协议

在硬岩矿山发生高强度微震或岩爆后，余震活动会在短期内增加，但会随着时间的推移逐渐衰减到背景水平。然而，在微震活动增多的这段时间内，余震造成破坏的风险也较高。因此，矿山采取的策略一般是限制人员在特定时间内重新进入受影响的区域，即为再进入协议[376]。加拿大 Copper Cliff North 多金属矿曾发生一起 Nuttli 震级为 2.4 的岩爆，其微震活动变化见图 5-18[373]。由图 5-18 可知，岩爆发生后，微震事件频率在短期内增加，并逐渐衰减，且在约 6.2 h 后在相同区域又发生一起 Nuttli 震级为 1.4 的微震事件。因此，在余震衰减到足够安全之前，应限制人员进入高能级微震影响区域。再进入协议主要包括触发条件、再进入时间及限制进入范围等。

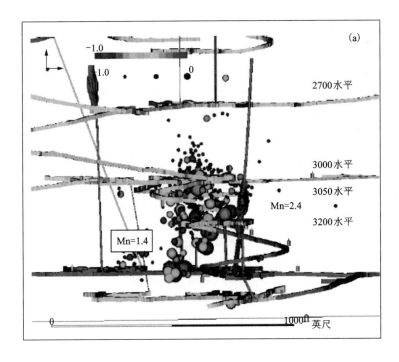

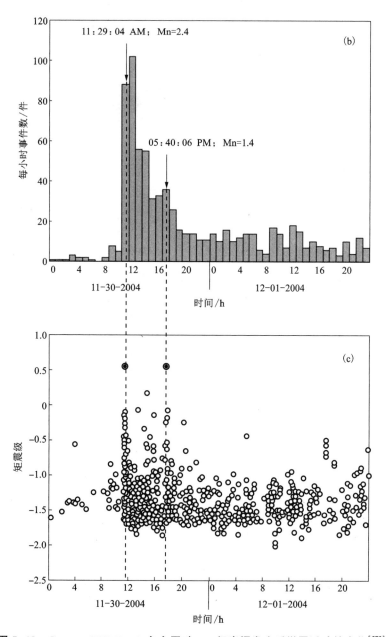

图 5-18　Copper Cliff North 多金属矿 2.4 级岩爆发生后微震活动的变化[373]

Vallejos 和 McKinnon[373, 377]对 18 个微震活跃矿山进行调研后发现，现场调用再进入协议的情况主要包括：①任何超过 Nuttli 震级为 3.0 的微震事件，无论其发生位置及是否对开挖面造成破坏；②任何触发岩爆的微震事件(对开挖面造成了破坏)；③任何超过 Nuttli 震级为 1.5 的微震事件，且影响了主要通道(如斜坡道、阶段运输巷道等)，要求将工人限制在地下避险硐室或将工人撤离；④任何 Nuttli 震级高于 1.5 且低于 3.0 的微震事件，且位于开挖面或主要基础设施(如联络道、斜坡道、避险硐室、变电站、车库、破碎站等)30 m 以内；⑤靠近开挖工作面过度的微震活动，大部分由爆破引起。

再进入时间一般是指监测参数衰减到预先定义的背景或正常微震活动水平后再过一指定时间窗的时间。以监测参数为单位小时微震事件数及指定时间窗为 2 h 为例，再进入时间确定的一般方法见图 5-19[374]。ESG 公司的 SeisWatch 软件提供了一种再进入时间确定方法，见图 5-20[378]。该方法根据地震矩提出地震功参数来确定再进入时间。图 5-20 中红色实线表示岩爆发生后微震事件的累积地震功，可分为极不稳定、过渡及稳定等 3 个阶段；红色虚线表示某时间窗累积地震功回归线，以便将实际变化率与背景水平进行比较，回归线越陡表示微震活动越强；粉色实线表示以前典型事件标定的曲线；蓝色实线表示微震活动的背景水平。当累积地震功返回到稳定阶段时，即可再进入影响区。

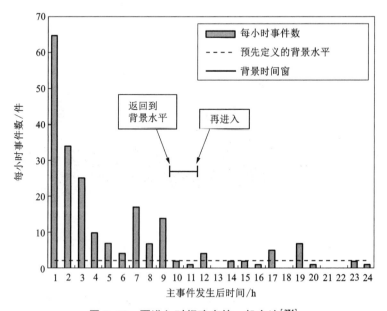

图 5-19　再进入时间确定的一般方法[374]

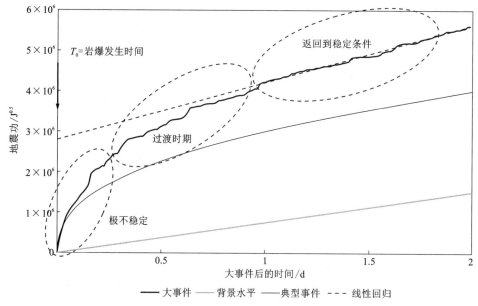

图 5-20　SeisWatch 软件提供的再进入时间确定方法[375]

限制进入范围指高强度微震或岩爆后限制进入的区域。根据 Vallejos 和 McKinnon[373, 374]的调查结果，现场主要采用 3 种方法确定限制进入范围。第一种是根据微震事件的空间范围确定，限制区域一般包含大量微震事件，但这种方法应注意微震监测系统的覆盖范围及数据质量。第二种是根据主事件到各方向的空间距离确定，对于进入法及应变型岩爆，一般低于 50 m；对于空场嗣后充填法，一般为 50~100 m；对于断层滑移型微震事件，一般大于 100 m。第三种是根据附近的开挖工程布局确定，未考虑特定的距离。

5.3.5.2　远程设备

在岩爆高风险区域，应尽量采用远程设备进行作业。例如，对于未支护的采场，最好通过遥控铲运机出矿，以防止重力驱动或微震触发的顶板岩石冒落造成的人员伤亡。未来，应加强全作业工序的远程遥控设备研发，使凿岩、装药、撬毛、出矿、支护等均实现远程化操作，实现无人化本质安全。

加拿大 Nickel Rim South 镍铜矿采用深孔落矿空场嗣后充填法开采，该矿 2010—2019 年大微震事件(矩震级≥0.5)的数量见图 5-21。由于微震活动活跃，采场暴露面积较大，且未进行支护，该矿利用遥控铲运机出矿。尽管铲运机有时会被采场两帮落下的石头砸坏，但却有力保障了人员的安全。

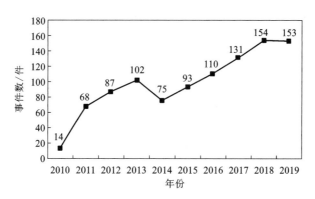

图 5-21　Nickel Rim South 镍铜矿 2010—2019 年大微震事件数量

5.3.5.3　人员防护

当人员进入岩爆倾向岩层时，应加强自身的防护。主要防护措施如下：①加强岩爆知识的教育与宣传，在思想层面上提高工人的安全意识；②加强自身防护，如佩戴钢盔、防护背心、防砸鞋等防护用品及在机械施工人员操作处添加额外的安全防护网等，预防岩爆产生的飞石击伤；③在施工过程中观测岩爆前兆现象，及时撤离；④制订详细的岩爆应急预案，岩爆发生后应及时采取救援行动。

5.4　岩爆风险动态管理方法
>>>

根据本章建立的长短期岩爆风险评估方法及现有的岩爆风险防控技术体系，提出了深部硬岩长短期岩爆风险动态管理的总体思路，管理方法见图 5-22。该方法主要步骤如下。

①搜集初始的决策数据，主要包括岩体性能(强度、脆性、储能及质量分级等)、地应力(原岩应力及采动应力大小和方向等)、开挖参数(开挖工程形状、尺寸，开挖步骤及工艺等)和地质构造(断层、褶皱、剪切带及节理等)，且在开挖过程中不断更新已有数据。

②建立长期岩爆风险评估模型，可根据已有数据情况选择性或同时采用犹像模糊多准则决策算法、SMOTE 和集成学习算法及 Monte Carlo 模拟与回归算法，并结合地质构造特征进行综合分析。

③根据不同岩爆风险程度设计具有针对性的岩爆防控方案，可从采矿设计、卸压技术、岩性再造、岩层支护及人员暴露等 5 个方面进行选择。

④评估是否需要建立微震监测系统，可根据长期岩爆风险评估结果及现场实

际情况进行综合决策,若无须建立,则继续进行长期岩爆风险评估。

⑤若已建立微震监测系统,则可根据微震指标数据及更新后的初始决策数据进行短期岩爆风险评估,首先根据微震事件特征预判可能的岩爆类型,然后采用概率分类器集成算法和平衡 Bagging-GP 算法分别对应变型及远源触发型岩爆进行评估。

⑥根据短期岩爆风险评估结果动态调整岩爆风险防控方案,并实时获得防控后的微震事件时空演化特征及岩爆风险,以保障施工人员安全。

⑦根据现场实际观测情况验证长、短期岩爆风险评估模型及岩爆风险防控措施的有效性,并及时优化和调整,使其与现场情况更相符。

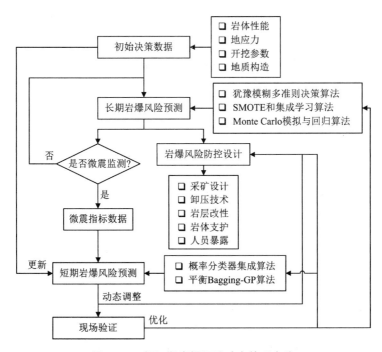

图 5-22　长短期岩爆风险动态管理方法

参考文献

［1］ 李夕兵，周健，王少锋，等. 深部固体资源开采评述与探索［J］. 中国有色金属学报，2017，27（6）：1236-1262.

［2］ Ontario Ministry of Labour. Final report：Mining health，safety and prevention review ［R］. Toronto：Government of Ontario，2015. https：//www. labour. gov. on. ca/english/hs/pubs/miningfinal/.

［3］ Ortlepp W D. RaSiM Comes of age - A review of the contribution to the understanding and control of mine rockbursts［C］. Proceeding of the 6th International Symposium on Rockburst and Seismicity in Mines，Nedlands：Australian Centre for Geomechanics，2005：3-20.

［4］ Durrheim R J. Mitigating the risk of rockbursts in the deep hard rock mines of South Africa：100 years of research［C］. Extracting the Science：a century of mining research，Littleton：Society for Mining，Metallurgy & Exploration，2010：156-171.

［5］ Cai M F. Prediction and prevention of rockburst in metal mines - A case study of Sanshandao gold mine［J］. Journal of Rock Mechanics and Geotechnical Engineering，2016，8（2）：204-211.

［6］ Blake W，Hedley D G. Rockbursts：Case studies from North American hard - rock mines［M］. Littleton：Society for Mining，Metallurgy & Exploration，2003.

［7］ Hedley D G F. A five - year review of the Canada - Ontario industry rockburst project［R］. Canada Centre for Mineral and Energy Technology，1991.

［8］ Heal D. Observations and analysis of incidences of rockburst damage in underground mines［D］. Perth：University of Western Australia，2010.

［9］ Cai M，Kaiser P K. Rockburst support reference book - volume I：rockburst phenomenon and support characteristics［M］. Sudbury：Laurentian University，2018.

［10］ Whyatt J，Blake W，Williams T，et al. 60 years of rockbursting in the Coeur D' Alene District of northeastern Idaho，USA：lessons learned and remaining issues［C］. Proceedings of the 109th Annual Exhibit and Meeting，Phoenix：Society for Mining，Metallurgy，and Exploration，2002：1-10.

[11] 蔡美峰, 谭文辉, 任奋华, 等. 金属矿深部开采创新技术体系战略研究[M]. 北京: 科学出版社, 2018.

[12] Ghose A K, Rao H S. Rockbursts: Global experiences[C]. The 5th Plenary Scientific Session of Working Group on Rockbursts of International Bureau of Strata Mechanics, Balkema, 1990: 211.

[13] Aga I, Shettigar P, Krishnamurthy R. Rockburst hazard and its alleviation in Kolar Gold Mines-a review in rock bursts-global experiences[M]. New Delhi: Oxford and IBH Publishing Co. Pvt. Ltd, 1990.

[14] 李夕兵, 冯帆, 宫凤强, 等. 深部硬岩矿山岩爆的动静组合加载力学机制与动力判据[J]. 岩石力学与工程学报, 2019, 8(4): 708-723.

[15] 刘卫东, 于清军, 吕军恩, 等. 玲珑金矿深部岩爆发生机理分析[J]. 中国矿业, 2009, 18(5): 112-115.

[16] 丁航行. 二道沟金矿岩爆机理及防治方法研究[D]. 沈阳: 东北大学, 2013.

[17] Feng X T, Liu J, Chen B, et al. Monitoring, warning, and control of rockburst in deep metal mines[J]. Engineering, 2017, 3(4): 538-545.

[18] 陈原望. 阿舍勒铜矿深井开采岩爆现象研究及应对措施探索[J]. 新疆有色金属, 2018(2): 80-82.

[19] 冯夏庭, 陈炳瑞, 张传庆, 等. 岩爆孕育过程的机制、预警与动态调控[M]. 北京: 科学出版社, 2013.

[20] Zhang C Q, Feng X T, Zhou H, et al. Case histories of four extremely intense rockbursts in deep tunnels[J]. Rock Mechanics and Rock Engineering, 2012, 45(3): 275-288.

[21] 李春林. 岩爆条件和岩爆支护[J]. 岩石力学与工程学报, 2019, 38(4): 1-9.

[22] Kaiser P K, McCreath D R, Tannant D D. Canadian rockburst research program 1990—1995[M]. Sudbury: Mining Division of the Canadian Mining Industry Research Organization, 1997.

[23] Kaiser P K, McCreath D R, Tannant D D. Canadian rockburst support handbook[M]. Sudbury: Geomechanics Research Center, 1996.

[24] Potvin Y, Hudyma M, Jewell R J. Rockburst and seismic activity in underground Australian mines-an introduction to a new research project[C]. International Conference on Geotechnics and Geoengineering, Melbourne, 2000.

[25] Hedley D G F. Rockburst handbook for Ontario hardrock mines[M]. Nepean: Canmet, 1992.

[26] Castro L A M, Bewick R P, Carter T G. An overview of numerical modelling applied to deep mining[J]. In: Sousa, Vargas, Fernandes, Azevedo (Eds.), Innovative Numerical Modeling in Geomechanics. London: CRC Press, 2012: 393-414.

[27] Tang B. Rockburst control using destress blasting[D]. Montred McGill University, 2000.

[28] He M, Xia H, Jia X, et al. Studies on classification, criteria and control of rockbursts[J]. Journal of Rock Mechanics and Geotechnical Engineering, 2012, 4(2): 97-114.

[29] Deng J, Gu D S. Buckling mechanism of pillar rockbursts in underground hard rock mining[J]. Geomechanics and Geoengineering, 2018, 13(3): 168-183.

[30] 冯夏庭, 陈炳瑞, 明华军, 等. 深埋隧洞岩爆孕育规律与机制: 即时型岩爆[J]. 岩石力学与工程学报, 2012, 31(3): 433-444.

[31] 钱七虎. 岩爆、冲击地压的定义、机制、分类及其定量预测模型[J]. 岩土力学, 2014, 35(1): 1-6.

[32] 汪泽斌. 岩爆实例、术语及分类的建议[J]. 工程地质, 1988(3): 32-38.

[33] 王兰生, 李天斌, 徐进, 等. 二郎山公路隧道岩爆及岩爆烈度分级[J]. 公路, 1999, 28(2): 41-45.

[34] Ortlepp W D, Stacey T R. Rockburst mechanisms in tunnels and shafts[J]. Tunnelling and Underground Space Technology, 1994, 9(1): 59-65.

[35] Ryder J A. Excess shear stress in the assessment of geologically hazardous situations[J]. Journal of the Southern African Institute of Mining and Metallurgy, 1988, 88(1): 27-39.

[36] 谭以安. 岩爆类型及其防治[J]. 现代地质, 1991, 5(4): 450-456.

[37] 徐林生, 王兰生. 岩爆类型划分研究[J]. 地质灾害与环境保护, 2000, 11(3): 245-247.

[38] Khademian Z, Ugur O. Computational framework for simulating rock burst in shear and compression[J]. International Journal of Rock Mechanics and Mining Sciences, 2018, 110: 279-290.

[39] Li T H, Ma C C, Zhu M L, et al. Geomechanical types and mechanical analyses of rockbursts[J]. Engineering Geology, 2017, 222: 72-83.

[40] 何满潮, 苗金丽, 李德建, 等. 深部花岗岩试样岩爆过程实验研究[J]. 岩石力学与工程学报, 2007(5): 865-876.

[41] 陈炳瑞, 冯夏庭, 明华军, 等. 深埋隧洞岩爆孕育规律与机制: 时滞型岩爆[J]. 岩石力学与工程学报, 2012, 31(3): 561-569.

[42] 谭以安. 岩爆烈度分级问题[J]. 地质论评, 1992, 38(5): 339-443.

[43] Chen B R, Feng X T, Li Q P, et al. Rock burst intensity classification based on the radiated energy with damage intensity at Jinping II hydropower station, China[J]. Rock Mechanics and Rock Engineering, 2015, 48(1): 289-303.

[44] Russenes B F. Analysis of rock spalling for tunnels in steep valley sides (in Norwegian)[D]. Trondheim: Norwegian Institute of Technology, 1974.

[45] GB 50287-2016, 水力发电工程地质勘察规范[S]. 北京: 中国计划出版社, 2008.

[46] 郭立. 深部硬岩岩爆倾向性动态预测模型及其应用[D]. 长沙: 中南大学, 2004.

[47] Turchaninov I A, Markov G A, Gzovsky M V, et al. State of stress in the upper part of the Earth's crust based on direct measurements in mines and on tectonophysical and seismological studies[J]. Physics of the Earth and Planetary Interiors, 1972, 6(4): 229-234.

[48] Brown E T, Hoek E. Underground excavations in rock[M]. Oxfordshire: CRC Press, 1980.

[49] Tao Z Y. Support design of tunnels subjected to rockbursting[C]. International Society for

Rock Mechanics（ISRM）International Symposium, Madrid, 1988.

［50］ Goodman R E. Introduction to rock mechanics［M］. New York：John Wiley and Sons, Inc, 1980.

［51］ Kwasniewski M, Szutkowski I, Wang J A. Study of ability of coal from seam 510 for storing elastic energy in the aspect of assessment of hazard in Porabka－Klimontow Colliery［R］. Silesian Technical University, 1994.

［52］ 宫凤强, 闫景一, 李夕兵. 基于线性储能规律和剩余弹性能指数的岩爆倾向性判据［J］. 岩石力学与工程学报, 2018, 37(9)：1993-2014.

［53］ A. Kidybiński. Bursting liability indices of coal［J］. International Journal of Rock Mechanics and Mining Science and Geomechanics Abstracts, 1981, 18(4)：295-304.

［54］ 李夕兵. 岩石动力学基础与应用［M］. 北京：科学出版社, 2014.

［55］ 蔡朋, 邬爱清, 汪斌, 等. 一种基于Ⅱ型全过程曲线的岩爆倾向性指标［J］. 岩石力学与工程学报, 2010, 29(S1)：3290-3294.

［56］ 刘小明, 李焯芬. 脆性岩石损伤力学分析与岩爆损伤能量指数［J］. 岩石力学与工程学报, 1997, 16(2)：140-147.

［57］ 彭祝, 王元汉, 李廷芥. Griffith 理论与岩爆的判别准则［J］. 岩石力学与工程学报, 1996, 15(S1)：491-495.

［58］ 冯涛, 谢学斌, 王文星, 等. 岩石脆性及描述岩爆倾向的脆性系数［J］. 矿冶工程, 2000, 20(4)：18-19.

［59］ Cook N G W. A note on rockbursts considered as a problem of stability［J］. Journal of the Southern African Institute of Mining and Metallurgy, 1965, 65(8)：437-446.

［60］ Blake W. Rockburst mechanics［D］. Golden：Colorado school of Mines, 1972.

［61］ Homand F, Piguet J P, Revalor R. Dynamic phenomena in mines and characteristics of rocks［J］. Rockbursts and Seismicity in Mines, Fairhurst（ed.）, Balkema, 1990：139-142.

［62］ Simon R. Analysis of fault－slip mechanisms in hard rock mining［D］. Montred McGill University, 1999.

［63］ 邱士利, 冯夏庭, 张传庆, 等. 深埋硬岩隧洞岩爆倾向性指标 RVI 的建立及验证［J］. 岩石力学与工程学报, 2011, 30(6)：1126-1141.

［64］ 尚彦军, 张镜剑, 傅冰骏. 应变型岩爆三要素分析及岩爆势表达［J］. 岩石力学与工程学报, 2013, 32(8)：1520-1527.

［65］ 郭建强, 赵青, 王军保, 等. 基于弹性应变能岩爆倾向性评价方法研究［J］. 岩石力学与工程学报, 2015, 34(9)：1886-1893.

［66］ 张传庆, 俞缙, 陈珺, 等. 地下工程围岩潜在岩爆问题评估方法［J］. 岩土力学, 2016, 37(S1)：341-349.

［67］ 王元汉, 李卧东, 李启光, 等. 岩爆预测的模糊数学综合评判方法［J］. 岩石力学与工程学报, 1998, 17(5)：493-493.

［68］ 姜彤, 黄志全, 赵彦彦. 动态权重灰色归类模型在南水北调西线工程岩爆风险评估中的应用［J］. 岩石力学与工程学报, 2004, 23(7)：1104-1108.

[69] 文畅平. 属性综合评价系统在岩爆发生和烈度分级中的应用[J]. 工程力学, 2008, 25 (6): 153-158.

[70] Wang M, Jin J, Li L. SPA-VFS Model for the prediction of rockburst[C]. 5th International Conference on Fuzzy Systems and Knowledge Discovery, The Institute of Electrical and Electronics Engineers (IEEE), 2008: 34-38.

[71] 王迎超, 尚岳全, 孙红月, 等. 基于功效系数法的岩爆烈度分级预测研究[J]. 岩土力学, 2010, 31(2): 529-534.

[72] 胡建华, 尚俊龙, 周科平. 岩爆烈度预测的改进物元可拓模型与实例分析[J]. 中国有色金属学报, 2013, 23(2): 495-502.

[73] 贾义鹏, 吕庆, 尚岳全, 等. 基于证据理论的岩爆预测[J]. 岩土工程学报, 2014, 36 (6): 1079-1086.

[74] 裴启涛, 李海波, 刘亚群, 等. 基于组合赋权的岩爆倾向性预测灰评估模型及应用[J]. 岩土力学, 2014, 35(S1): 49-56.

[75] 邬书良, 陈建宏. 约简概念格的粗糙集在岩爆烈度判别中的应用[J]. 岩石力学与工程学报, 2014, 33(10): 2125-2131.

[76] 刘磊磊, 张绍和, 王晓密, 等. 变权靶心贴近度在岩爆烈度预测中的应用[J]. 爆炸与冲击, 2015, 35(1): 43-50.

[77] Wang C L, Wu A X, Lu H, et al. Predicting rockburst tendency based on fuzzy matter-element model[J]. International Journal of Rock Mechanics and Mining Sciences, 2015, 75: 224-232.

[78] Zhou K P, Lin Y, Deng H W, et al. Prediction of rock burst classification using cloud model with entropy weight[J]. Transactions of Nonferrous Metals Society of China, 2016, 26(7): 1995-2002.

[79] Pu Y Y, Apel D, Xu H W. A principal component analysis/fuzzy comprehensive evaluation for rockburst potential in kimberlite [J]. Pure and Applied Geophysics, 2018, 175 (6): 2141-2151.

[80] 张天余, 李建朋, 廖万辉. 突变级数法在隧道岩爆等级预测中应用[J]. 公路, 2018(9): 316-320.

[81] 过江, 张为星, 赵岩. 岩爆预测的多维云模型综合评判方法[J]. 岩石力学与工程学报, 2018, 37(5): 1199-1206.

[82] Liu R, Ye Y C, Hu N Y, et al. Classified prediction model of rockburst using rough sets-normal cloud[J]. Neural Computing and Applications, 2019, 31(12): 8185-8193.

[83] Xue Y G, Li Z Q, Li S C, et al. Prediction of rock burst in underground caverns based on rough set and extensible comprehensive evaluation[J]. Bulletin of Engineering Geology and the Environment, 2019, 78(1): 417-429.

[84] Wang X T, Li S C, Xu Z H, et al. An interval fuzzy comprehensive assessment method for rock burst in underground caverns and its engineering application [J]. Bulletin of Engineering Geology and the Environment, 2019, 78(7): 5161-5176.

［85］ Jia Q J, Wu L, Li B, et al. The comprehensive prediction model of rockburst tendency in tunnel based on optimized unascertained measure theory［J］. Geotechnical and Geological Engineering, 2019, 37(4): 3399-3411.

［86］ Wang M W, Liu Q Y, Wang X, et al. Prediction of rockburst based on multidimensional connection cloud model and set pair analysis［J］. International Journal of Geomechanics, 2020, 20(1): 04019147.

［87］ 周科平, 雷涛, 胡建华. 深部金属矿山 RS-TOPSIS 岩爆预测模型及其应用［J］. 岩石力学与工程学报, 2013, 32(S2): 3705-3711.

［88］ 左蕾, 章求才, 刘玉龙, 等. 岩爆倾向性分析的 CW-GT-TODIM 预测模型及其应用［J］. 世界科技研究与发展, 2016, 38(6): 1131-1136.

［89］ 徐琛, 刘晓丽, 王恩志, 等. 基于组合权重-理想点法的应变型岩爆五因素预测分级［J］. 岩土工程学报, 2017, 39(12): 2245-2252.

［90］ Xu C, Liu X L, Wang E Z, et al. Rockburst prediction and classification based on the ideal-point method of information theory［J］. Tunnelling and Underground Space Technology, 2018, 81: 382-390.

［91］ 赵国彦, 李振阳, 梁伟章, 等. 岩爆预测的 Vague 集模型［J］. 矿冶工程, 2018, 38(1): 1-4.

［92］ Xue Y G, Bai C H, Kong F M, et al. A two-step comprehensive evaluation model for rockburst prediction based on multiple empirical criteria ［J］. Engineering Geology, 2020, 268: 105515.

［93］ Feng X T, Wang L N. Rockburst prediction based on neural networks［J］. Transactions of Nonferrous Metals Society of China, 1994, 4(1): 7-14.

［94］ 朱宝龙, 陈强, 胡厚田. 基于人工神经网络的岩爆预测方法［J］. 地质灾害与环境保护, 2002, 13(3): 56-59.

［95］ 陈海军, 郦能惠, 聂德新, 等. 岩爆预测的人工神经网络模型［J］. 岩土工程学报, 2002, 24(2): 229-232.

［96］ 丁向东, 吴继敏, 李健, 等. 岩爆分类的人工神经网络预测方法［J］. 河海大学学报(自然科学版), 2003, 31(4): 424-427.

［97］ 赵洪波. 岩爆分类的支持向量机方法［J］. 岩土力学, 2005, 26(4): 642-644.

［98］ 郭雷, 李夕兵, 岩小明, 等. 基于 BP 网络理论的岩爆预测方法［J］. 工业安全与环保, 2005, 31(10): 32-35.

［99］ 李俊宏, 姜弘道. 基于支持向量机的岩爆识别模型［J］. 水利学报, 2007(S1): 667-670.

［100］ 葛启发, 冯夏庭. 基于 AdaBoost 组合学习方法的岩爆分类预测研究［J］. 岩土力学, 2008, 29(4): 943-948.

［101］ 祝云华, 刘新荣, 周军平. 基于 v-SVR 算法的岩爆预测分析［J］. 煤炭学报, 2008, 33(3): 277-281.

［102］ Su G S, Zhang K S, Chen Z. Rockburst prediction using Gaussian process machine learning[C]. International Conference on Computational Intelligence and Software Engineering, IEEE, 2009: 1-4.

[103] 白云飞, 邓建, 董陇军, 等. 深部硬岩岩爆预测的 FDA 模型及其应用[J]. 中南大学学报 (自然科学版), 2009, 40(5): 1417-1422.

[104] 宫凤强, 李夕兵, 张伟. 基于 Bayes 判别分析方法的地下工程岩爆发生及烈度分级预测[J]. 岩土力学, 2010, 31(S1): 370-377.

[105] Zhou J, Li X B, Shi X Z. Long-term prediction model of rockburst in underground openings using heuristic algorithms and support vector machines[J]. Safety Science, 2012, 50(4): 629-644.

[106] 张乐文, 张德永, 李术才, 等. 基于粗糙集理论的遗传-RBF 神经网络在岩爆预测中的应用[J]. 岩土力学, 2012, 33(S1): 270-276.

[107] Dong L J, Li X B, Peng K. Prediction of rockburst classification using Random Forest [J]. Transactions of Nonferrous Metals Society of China, 2013, 23(2): 472-477.

[108] 贾义鹏, 吕庆, 尚岳全. 基于粒子群算法和广义回归神经网络的岩爆预测[J]. 岩石力学与工程学报, 2013, 32(2): 343-348.

[109] 兰明, 刘志祥, 冯凡. 在线极限学习机在岩爆预测中的应用[J]. 安全与环境学报, 2014, 14(2): 90-93.

[110] Gao W. Forecasting of rockbursts in deep underground engineering based on abstraction ant colony clustering algorithm[J]. Natural Hazards, 2015, 76(3): 1625-1649.

[111] 邱道宏, 李术才, 张乐文, 等. 基于模型可靠性检查的 QGA-SVM 岩爆倾向性分类研究 [J]. 应用基础与工程科学学报, 2015, 23(5): 981-991.

[112] Jiang K, Lu J, Xia K L. A novel algorithm for imbalance data classification based on genetic algorithm improved SMOTE[J]. Arabian journal for science and engineering, 2016, 41(8): 3255-3266.

[113] Zhou J, Li X B, Mitri H S. Classification of rockburst in underground projects: comparison of ten supervised learning methods[J]. Journal of Computing in Civil Engineering, 2016, 30(5): 04016003.

[114] Li N, Feng X D, Jimenez R. Predicting rock burst hazard with incomplete data using Bayesian networks[J]. Tunnelling and Underground Space Technology, 2017, 61: 61-70.

[115] Li T Z, Li Y X, Yang X L. Rock burst prediction based on genetic algorithms and extreme learning machine[J]. Journal of Central South University, 2017, 24(9): 2105-2113.

[116] Li N, Jimenez R. A logistic regression classifier for long-term probabilistic prediction of rock burst hazard[J]. Natural Hazards, 2018, 90(1): 197-215.

[117] Pu Y Y, Apel D B, Wang C, et al. Evaluation of burst liability in kimberlite using support vector machine[J]. Acta Geophysica, 2018, 66(5): 973-982.

[118] Pu Y Y, Apel D B, Lingga B. Rockburst prediction in kimberlite using decision tree with incomplete data[J]. Journal of Sustainable Mining, 2018, 17(3): 158-165.

[119] Lin Y, Zhou K P, Li J L. Application of cloud model in rock burst prediction and

performance comparison with three machine learning algorithms[J]. IEEE Access, 2018, 6: 30958-30968.

[120] 邵良杉, 周玉. 基于 MIV-MA-KELM 模型的岩爆烈度等级预测[J]. 中国安全科学学报, 2018, 28(2): 34-39.

[121] 徐佳, 陈俊智, 刘晨毓, 等. DHNN 模型在岩爆烈度分级预测中的应用研究[J]. 工矿自动化, 2018, 44(1): 84-88.

[122] Faradonbeh R S, Taheri A. Long-term prediction of rockburst hazard in deep underground openings using three robust data mining techniques[J]. Engineering with Computers, 2019, 35(2): 659-675.

[123] Pu Y Y, Apel D B, Pourrahimian Y, Chen J Evaluation of rockburst potential in kimberlite using fruit fly optimization algorithm and generalized regression neural networks[J]. Archives of Mining Sciences, 2019, 64(2): 279-296.

[124] Wu S C, Wu Z G, Zhang C X. Rock burst prediction probability model based on case analysis[J]. Tunnelling and Underground Space Technology, 2019, 93: 103069.

[125] Pu Y Y, Apel D B, Xu H. Rockburst prediction in kimberlite with unsupervised learning method and support vector classifier [J]. Tunnelling and Underground Space Technology, 2019, 90: 12-18.

[126] Faradonbeh R S, Haghshenas S S, Taheri A, et al. Application of self-organizing map and fuzzy c-mean techniques for rockburst clustering in deep underground projects[J]. Neural Computing and Applications, 2020, 32(12): 8545-8559.

[127] Pu Y Y, Apel D B, Wei C. Applying machine learning approaches to evaluating rockburst liability: A comparison of generative and discriminative models [J]. Pure and Applied Geophysics, 2019, 176(10): 4503-4517.

[128] Zheng Y C, Zhong H, Fang Y, et al. Rockburst prediction model based on entropy weight integrated with grey relational BP neural network [J]. Advances in Civil Engineering, 2019, 3453614.

[129] 吴顺川, 张晨曦, 成子桥. 基于 PCA-PNN 原理的岩爆烈度分级预测方法[J]. 煤炭学报, 2019, 44(9): 2767-2776.

[130] 赵国彦, 刘雷磊, 王剑波, 等. 岩爆等级预测的 PCA-OPF 模型[J]. 矿冶工程, 2019, 39(4): 1-5.

[131] 刘志祥, 郑斌, 刘进, 等. 金属矿深部开采岩爆危险预测的 GA-ELM 模型研究[J]. 矿冶工程, 2019, 39(3): 1-4.

[132] Ghasemi E, Gholizadeh H, Adoko A C. Evaluation of rockburst occurrence and intensity in underground structures using decision tree approach[J]. Engineering with Computers, 2020, 36(1): 213-225.

[133] Zhou J, Guo H Q, Koopialipoor M, et al. Investigating the effective parameters on the risk levels of rockburst phenomena by developing a hybrid heuristic algorithm[J]. Engineering with Computers, 2021, 37: 1679-1694.

[134] Xue Y G, Bai C H, Qiu D H, et al. Predicting rockburst with database using particle swarm optimization and extreme learning machine[J]. Tunnelling and Underground Space Technology, 2020, 98: 103287.

[135] 谢学斌, 李德玄, 孔令燕, 等. 基于 CRITIC-XGB 算法的岩爆倾向等级预测模型[J]. 岩石力学与工程学报, 2020(10): 1975-1982.

[136] 田睿, 孟海东, 陈世江, 等. 基于深度神经网络的岩爆烈度分级预测[J]. 煤炭学报, 2020, 45(S1): 191-201.

[137] 汤志立, 徐千军. 基于 9 种机器学习算法的岩爆预测研究[J]. 岩石力学与工程学报, 2020, 39(4): 773-781.

[138] COOK N G W. The design of underground excavations[C]. Proceedings of Eighth Rock Mechanics Symposium, Minnesota: American Rock Mechanics Association, 1966: 45-52.

[139] Wiles T D, Marisett S D, Martin C D. Correlation between local energy release density and observed bursting conditions at Creighton mine[R]. Sudbury: Mine Modelling Ltd, 1998.

[140] Mitri H S, Tang B, Simon R. FE modelling of mining-induced energy release and storage rates[J]. Journal of the Southern African Institute of Mining and Metallurgy, 1999, 99(2): 103-110.

[141] 苏国韶, 冯夏庭, 江权, 等. 高地应力下地下工程稳定性分析与优化的局部能量释放率新指标研究[J]. 岩石力学与工程学报, 2006, 25(12): 2453-2460.

[142] 陈卫忠, 吕森鹏, 郭小红, 等. 基于能量原理的卸围压试验与岩爆判据研究[J]. 岩石力学与工程学报, 2009, 28(8): 1530-1540.

[143] 邱士利, 冯夏庭, 江权, 等. 深埋隧洞应变型岩爆倾向性评估的新数值指标研究[J]. 岩石力学与工程学报, 2014, 33(10): 2007-2017.

[144] 杨凡杰, 周辉, 卢景景, 等. 岩爆发生过程的能量判别指标[J]. 岩石力学与工程学报, 2015, 34(S1): 2706-2714.

[145] Xue Y, Cao Z Z, Du F, et al. The influence of the backfilling roadway driving sequence on the rockburst risk of a coal pillar based on an energy density criterion[J]. Sustainability, 2018, 10: 2609.

[146] 郑颖人, 刘兴华. 近代非线性科学与岩石力学问题[J]. 岩土工程学报, 1996, 18(1): 98-100.

[147] 潘一山, 章梦涛, 李国臻. 洞室岩爆的尖角突变模型[J]. 应用数学和力学, 1994, 15(10): 893-900.

[148] 费鸿禄, 徐小荷, 唐春安. 地下硐室岩爆的突变理论研究[J]. 煤炭学报, 1995, 20(1): 29-33.

[149] 单晓云, 徐东强, 张艳博. 用突变理论预报巷道岩爆发生的可能性[J]. 矿山测量, 2000(4): 36-37.

[150] 左宇军, 李夕兵, 赵国彦. 洞室层裂屈曲岩爆的突变模型[J]. 中南大学学报: 自然科学版, 2005, 36(2): 311-316.

[151] 潘岳, 张勇, 于广明. 圆形硐室岩爆机制及其突变理论分析[J]. 应用数学和力学, 2006,

27(6)：741-749.

[152] Wang S Y, Lam K C, Au S K, et al. Analytical and numerical study on the pillar rockbursts mechanism[J]. Rock Mechanics and Rock Engineering, 2006, 39(5)：445-467.

[153] 李长洪, 张立新, 张磊, 等. 灰色突变理论及声发射在岩爆预测中的应用[J]. 中国矿业, 2008, 7(8)：87-90.

[154] 许梦国, 杜子建, 姚高辉, 等. 程潮铁矿深部开采岩爆预测[J]. 岩石力学与工程学报, 2008, 27(S1)：2921-2928.

[155] Cai W, Dou L M, Zhang M, et al. A fuzzy comprehensive evaluation methodology for rock burst forecasting using microseismic monitoring [J]. Tunnelling and Underground Space Technology, 2018, 80：232-245.

[156] Brady B T, Leighton F W. Seismicity anomaly prior to a moderate rock burst：a case study[J]. International Journal of Rock Mechanics and Mining Sciences & Geomechanics Abstracts. Pergamon, 1977, 14(3)：127-132.

[157] Mendecki A J, Gibowicz S J, Lasocki S. Keynote lecture：Principles of monitoring seismic rockmass response to mining [C]. Proceedings of the fourth international symposium on rockbursts and seismieity in mines. Rotterdam：CRC Press/Balkema 1997：69-80.

[158] Alcott J M, Kaiser P K, Simser B P. Use of microseismic source parameters for rockburst hazard assessment[J]. Pure and Applied Geophysics, 1998, 153：41-65.

[159] Tang L Z, Xia K W. Seismological method for prediction of areal rockbursts in deep mine with seismic source mechanism and unstable failure theory[J]. Journal of Central South University of Technology, 2010, 17(5)：947-953.

[160] 陈炳瑞, 冯夏庭, 曾雄辉, 等. 深埋隧洞 TBM 掘进微震实时监测与特征分析[J]. 岩石力学与工程学报, 2011, 30(2)：275-283.

[161] Xu N W, Li T B, Dai F, et al. Microseismic monitoring of strainburst activities in deep tunnels at the Jinping Ⅱ hydropower station, China[J]. Rock Mechanics and Rock Engineering, 2016, 49(3)：981-1000.

[162] 于群. 深埋隧洞岩爆孕育过程及预警方法研究[D]. 大连：大连理工大学, 2016.

[163] Ma X, Westman E, Slaker B, et al. The b-value evolution of mining-induced seismicity and mainshock occurrences at hard-rock mines[J]. International Journal of Rock Mechanics and Mining Sciences, 2018, 104：64-70.

[164] Hosseini N. Evaluation of the rockburst potential in longwall coal mining using passive seismic velocity tomography and image subtraction technique[J]. Journal of Seismology, 2017, 21(5)：1101-1110.

[165] Xue R X, Liang Z Z, Xu N W, et al. Rockburst prediction and stability analysis of the access tunnel in the main powerhouse of a hydropower station based on microseismic monitoring[J]. International Journal of Rock Mechanics and Mining Sciences, 2020, 126：104174.

[166] 谢和平, Pariseau W G. 岩爆的分形特征和机理[D]. 岩石力学与工程学报, 1993, 12(1)：28-37.

[167] 于洋. 深埋隧洞即时型岩爆孕育过程的微震信息特征分析及分形研究[D]. 沈阳: 东北大学, 2014.

[168] Feng X T, Yu Y, Feng G L, et al. Fractal behaviour of the microseismic energy associated with immediate rockbursts in deep, hard rock tunnels[J]. Tunnelling and Underground Space Technology, 2016, 51: 98-107.

[169] Zhou J, Shi X Z, Huang R D, et al. Feasibility of stochastic gradient boosting approach for predicting rockburst damage in burst-prone mines[J]. Transactions of Nonferrous Metals Society of China, 2016, 26(7): 1938-1945.

[170] Li N, Zare Naghadehi M, Jimenez R. Evaluating short-term rock burst damage in underground mines using a systems approach[J]. International Journal of Mining, Reclamation and Environment, 2020, 34(8): 531-561.

[171] Feng G L, Xia G Q, Chen B R, et al. A method for rockburst prediction in the deep tunnels of hydropower stations based on the monitored microseismicity and an optimized probabilistic neural network model[J]. Sustainability, 2019, 11(11): 3212.

[172] Liang W Z, Sari A, Zhao G Y, et al. Short-term rockburst risk prediction using ensemble learning methods[J]. Natural Hazards, 2020, 104(2): 1923-1946.

[173] Feng G L, Feng X T, Chen B R, et al. A microseismic method for dynamic warning of rockburst development processes in tunnels[J]. Rock Mechanics and Rock Engineering, 2015, 48(5): 2061-2076.

[174] Kaiser P K, Tannant D D, McCreath D R, et al. Rockburst damage assessment procedure [C]. International symposium on rock support, 1992: 639-647.

[175] Brink A Z, Hagan T O, Spottiswoode S M, et al. Survey and assessment of techniques used to quantify the potential for rock mass instability[R]. Safety in Mines Research Advisory Committee, South Africa, 2000.

[176] 冯涛. 岩爆机理与防治理论及应用研究[D]. 长沙: 中南大学, 1999.

[177] 唐礼忠, 潘长良, 谢学斌. 深埋硬岩矿床岩爆控制研究[J]. 岩石力学与工程学报, 2003, 22(7): 1067-1067.

[178] Malek F, Suorineni F T, Vasak P. Geomechanics strategies for rockburst management at Vale Inco Creighton Mine[C]. Proceedings of the 3rd CANUS Rock Mechanics Symposium, Toronto, 2009: 1-12.

[179] 冯夏庭, 张传庆, 陈炳瑞, 等. 岩爆孕育过程的动态调控[J]. 岩石力学与工程学报, 2012, 31(10): 1983-1997.

[180] Riemer K L, Durrheim R J. Mining seismicity in the Witwatersrand Basin: monitoring, mechanisms and mitigation strategies in perspective[J]. Journal of Rock Mechanics and Geotechnical Engineering, 2012, 4(3): 228-249.

[181] 任凤玉, 丁航行, 任国义, 等. 二道沟金矿采场岩爆控制试验[J]. 东北大学学报(自然科学版), 2012, 33(6): 134-137.

[182] Mazaira A, Konicek P. Intense rockburst impacts in deep underground construction and their

prevention[J]. Canadian Geotechnical Journal, 2015, 52(10): 1426-1439.

[183] Morissette P, Hadjigeorgiou J, Punkkinen A R, et al. The influence of mining sequence and ground support practice on the frequency and severity of rockbursts in seismically active mines of the Sudbury Basin[J]. Journal of the Southern African Institute of Mining and Metallurgy, 2017, 117:47-58.

[184] 吴伟伟, 戴兴国, 杜坤, 等. 矿山岩爆防治机理及方法研究综述[J]. 采矿技术, 2018, 18(5): 34-40.

[185] Potvin Y, Wesseloo J, Morkel G, et al. Seismic risk management practices in metalliferous mines[C]. Proceedings of the Ninth International Conference on Deep and High Stress Mining, The Southern Africa Institute of Mining and Metallurgy, 2019: 123-132.

[186] Simser B P. Rockburst management in Canadian hard rock mines[J]. Journal of Rock Mechanics and Geotechnical Engineering, 2019, 11(5): 1036-1043.

[187] 刘畅, 覃敏, 朱青凌. 深井开采岩爆预测与防控措施研究[J]. 福州大学学报(自然科学版), 2019, 47(1): 113-117.

[188] 刘鹏, 余斌, 曹辉. 超千米竖井岩爆防控对策研究[J]. 有色金属工程, 2021, 11(1): 92-100.

[189] Delonca A, Gonzalez F, Mendoza V, et al. Influence of preconditioning and tunnel support on strain burst potential[J]. Applied Sciences, 2023, 13(13): 7419.

[190] Gao M T, Song Z Q, Duan H Q, et al. Mechanical properties and control rockburst mechanism of coal and rock mass with bursting liability in deep mining[J]. Shock and Vibration, 2020(9): 1-15.

[191] 康红普, 姜鹏飞, 黄炳香, 等. 煤矿千米深井巷道围岩支护-改性-卸压协同控制技术[J]. 煤炭学报, 2020, 45(3): 845-864.

[192] He Y L, Gao M S, Dong X, et al. Mechanism and procedure of repeated borehole drilling using wall protection and a soft structure to prevent rockburst: a case study[J]. Shock and Vibration, 2021, 2021: 1-15.

[193] 唐贵强. 秦岭隧洞岩爆应力解除爆破及支护参数优化[J]. 人民黄河, 2019, 41(2): 130-134.

[194] Li C L, Zhao Y P, Xue H J, et al. Research and application of active support and pressure relief protection in deep mines[J]. Geotechnical and Geological Engineering, 2022, 40(4): 2157-2165.

[195] Zhou J, Li X B, Mitri H S. Evaluation method of rockburst: State-of-the-art literature review[J]. Tunnelling and Underground Space Technology, 2018, 81: 632-659.

[196] Afraei S, Shahriar K, Madani S H. Developing intelligent classification models for rock burst prediction after recognizing significant predictor variables, Section 1: Literature review and data preprocessing procedure[J]. Tunnelling and Underground Space Technology, 2019, 83: 324-353.

[197] Keneti A, Sainsbury B A. Review of published rockburst events and their contributing

factors[J]. Engineering geology, 2018, 246: 361-373.

[198] Chen C M, Chen Y, Horowitz M, et al. Towards an explanatory and computational theory of scientific discovery[J]. Journal of Informetrics, 2009, 3(3): 191-209.

[199] Chen C M. CiteSpace Ⅱ: Detecting and visualizing emerging trends and transient patterns in scientific literature [J]. Journal of the American Society for information Science and Technology, 2006, 57(3): 359-377.

[200] Weng L, Huang L Q, Taheri A, et al. Rockburst characteristics and numerical simulation based on a strain energy density index: A case study of a roadway in Linglong gold mine, China[J]. Tunnelling and Underground Space Technology, 2017, 69: 223-232.

[201] Lu C P, Liu G J, Liu Y, et al. Microseismic multi-parameter characteristics of rockburst hazard induced by hard roof fall and high stress concentration[J]. International Journal of Rock Mechanics and Mining Sciences, 2015, 76: 18-32.

[202] Olawumi T O, Chan D W M. A scientometric review of global research on sustainability and sustainable development[J]. Journal of Cleaner Production, 2018, 183: 231-250.

[203] Yu D J, Xu Z S, Pedrycz W, et al. Information Sciences 1968-2016: A retrospective analysis with text mining and bibliometric[J]. Information Sciences, 2017, 418: 619-634.

[204] Singh S P. Burst energy release index[J]. Rock Mechanics and Rock Engineering, 1988, 21(2): 149-155.

[205] Lee S M, Park B S, Lee S W. Analysis of rockbursts that have occurred in a waterway tunnel in Korea[J]. International Journal of Rock Mechanics and Mining Sciences, 2004, 41: 911-916.

[206] Gong F Q, Yan J Y, Li X B, et al. A peak-strength strain energy storage index for rock burst proneness of rock materials[J]. International Journal of Rock Mechanics and Mining Sciences, 2019, 117: 76-89.

[207] Manouchehrian A, Cai M. Numerical modeling of rockburst near fault zones in deep tunnels[J]. Tunnelling and Underground Space Technology, 2018, 80: 164-180.

[208] Zhang C Q, Zhou H, Feng X T. An index for estimating the stability of brittle surrounding rock mass: FAI and its engineering application[J]. Rock Mechanics and Rock Engineering, 2011, 44(4): 401-414.

[209] Xu J, Jiang J, Xu N, et al. A new energy index for evaluating the tendency of rockburst and its engineering application[J]. Engineering Geology, 2017, 230: 46-54.

[210] Adoko A C, Gokceoglu C, Wu L, et al. Knowledge-based and data-driven fuzzy modeling for rockburst prediction[J]. International Journal of Rock Mechanics and Mining Sciences, 2013, 61: 86-95.

[211] Afraei S, Shahriar K, Madani S H. Statistical assessment of rock burst potential and contributions of considered predictor variables in the task[J]. Tunnelling and Underground Space Technology, 2018, 72: 250-271.

[212] Liang W Z, Zhao G Y, Wu H, et al. Risk assessment of rockburst via an extended

MABAC method under fuzzy environment[J]. Tunnelling and Underground Space Technology, 2019, 83: 533-544.

[213] Zhou X P, Peng S L, Zhang J Z, et al. Predictive acoustical behavior of rockburst phenomena in Gaoligongshan tunnel, Dulong river highway, China[J]. Engineering Geology, 2018, 247: 117-128.

[214] Liu G F, Feng X T, Feng G L, et al. A method for dynamic risk assessment and management of rockbursts in drill and blast tunnels[J]. Rock Mechanics and Rock Engineering, 2016, 49(8): 3257-3279.

[215] Stacey T R. Addressing the consequences of dynamic rock failure in underground excavations [J]. Rock Mechanics and Rock Engineering, 2016, 49(10): 4091-4101.

[216] He M C, Miao J L, Feng J L. Rock burst process of limestone and its acoustic emission characteristics under true – triaxial unloading conditions [J]. International Journal of Rock Mechanics and Mining Sciences, 2010, 47: 286-298.

[217] Gong F Q, Luo Y, Li X B, et al. Experimental simulation investigation on rockburst induced by spalling failure in deep circular tunnels[J]. Tunnelling and Underground Space Technology, 2018, 81: 413-427.

[218] Xiao Y X, Feng X T, Li S J, et al. Rock mass failure mechanisms during the evolution process of rockbursts in tunnels[J]. International Journal of Rock Mechanics and Mining Sciences, 2016, 83: 174-181.

[219] Miao S J, Cai M F, Guo Q F, et al. Rock burst prediction based on in-situ stress and energy accumulation theory[J]. International Journal of Rock Mechanics and Mining Sciences, 2016, 83: 86-94.

[220] Li X B, Gong F Q, Tao M, et al. Failure mechanism and coupled static – dynamic loading theory in deep hard rock mining: A review[J]. Journal of Rock Mechanics and Geotechnical Engineering, 2017, 9(4): 767-782.

[221] Ma T H, Tang C A, Tang S B, et al. Rockburst mechanism and prediction based on microseismic monitoring[J]. International Journal of Rock Mechanics and Mining Sciences, 2018, 110: 177-188.

[222] Gao F Q, Kaiser P K, Stead D, et al. Strainburst phenomena and numerical simulation of self-initiated brittle rock failure [J]. International Journal of Rock Mechanics and Mining Sciences, 2019, 116: 52-63.

[223] Cai M. Principles of rock support in burst-prone ground[J]. Tunnelling and Underground Space Technology, 2013, 36: 46-56.

[224] Malan D F, Napier J A L. Rockburst support in shallow-dipping tabular stopes at great depth [J]. International Journal of Rock Mechanics and Mining Sciences, 2018, 112: 302-312.

[225] Li S J, Feng X T, Li Z H, et al. In situ monitoring of rockburst nucleation and evolution in the deeply buried tunnels of Jinping II hydropower station[J]. Engineering Geology, 2012, 137: 85-96.

[226] Kaiser P K, Cai M. Design of rock support system under rockburst condition[J]. Journal of Rock Mechanics and Geotechnical Engineering, 2012, 4(3): 215-227.

[227] Gong Q M, Yin L J, Wu S Y, et al. Rock burst and slabbing failure and its influence on TBM excavation at headrace tunnels in Jinping II hydropower station[J]. Engineering Geology, 2012, 124: 98-108.

[228] Zhu W C, Li Z H, Zhu L, et al. Numerical simulation on rockburst of underground opening triggered by dynamic disturbance[J]. Tunnelling and Underground Space Technology, 2010, 25(5): 587-599.

[229] Jiang Q, Feng X T, Xiang T B, et al. Rockburst characteristics and numerical simulation based on a new energy index: A case study of a tunnel at 2500 m depth[J]. Bulletin of Engineering Geology and the Environment, 2010, 69(3): 381-388.

[230] He M C, Nie W, Zhao Z Y, et al. Experimental investigation of bedding plane orientation on the rockburst behavior of sandstone[J]. Rock Mechanics and Rock Engineering, 2012, 45(3): 311-326.

[231] Hoek E, Carranza-Torres C, Corkum B. Hoek-Brown failure criterion-2002 edition[C]. Proceedings of the 5th North American Rock Mechanics Symposium and the 17th Tunnelling Association of Canada Conference (NARMS-TAC), Toronto, 2002: 267-273.

[232] Hoek E, Brown E T. Practical estimates of rock mass strength[J]. International Journal of Rock Mechanics and Mining Sciences, 1997, 34(8): 1165-1186.

[233] Ortlepp W D. The behaviour of tunnels at great depth under large static and dynamic pressures[J]. Tunnelling and Underground Space Technology, 2001, 16(1): 41-48.

[234] Chen C M, Ibekwe-SanJuan F, Hou J H. The structure and dynamics of cocitation clusters: A multiple-perspective cocitation analysis[J]. Journal of the American Society for Information Science and Technology, 2010, 61(7): 1386-1409.

[235] Hawkes I. Significance of in-situ stress levels[C]. 1st International Society for Rock Mechanics and Rock Engineering Congress, Lisbon, 1966.

[236] 徐林生, 王兰生. 二郎山公路隧道岩爆发生规律与岩爆预测研究[J]. 岩土工程学报, 1999(5): 569-572.

[237] Barton N, Lien R, Lunde J. Engineering classification of rock masses for the design of tunnel support[J]. Rock mechanics, 1974, 6(4): 189-236.

[238] Zhang G, Chen J, Hu B. Prediction and control of rockburst during deep excavation of a gold mine in China [J]. Chinese Journal of Rock Mechanics and Engineering, 2003, 22(10), 1607-1612.

[239] 李燕辉. 对岩爆问题的探讨[J]. 四川水力发电, 1990(3): 24-29.

[240] Cook N G W. The basic mechanics of rockbursts[J]. Journal of the South African Institute of Mining and Metallurgy, 1963.

[241] Gong F Q, Wang Y L, Luo S. Rockburst Proneness Criteria for Rock Materials: Review and New Insights [J]. Journal of Central South University, 2020, 27: 2793-2821.

[242] 谭以安. 关于岩爆岩石能量冲击性指标的商榷[J]. 水文地质工程地质, 1992(2): 10–12, 40.

[243] Aubertin M, Gill D E, Simon R. On the use of the brittleness index modified (BIM) to estimate the post-peak behavior of rocks [C]. ARMA North America Rock Mechanics Symposium. ARMA, 1994: ARMA-1994-0945.

[244] 唐礼忠, 潘长良, 王文星. 用于分析岩爆倾向性的剩余能量指数[J]. 中南工业大学学报(自然科学版), 2002(2): 129–132.

[245] 唐礼忠, 王文星. 一种新的岩爆倾向性指标[J]. 岩石力学与工程学报, 2002, 21(6): 874–878.

[246] 中华人民共和国住房和城乡建设部. 工程岩体分级标准: GB/T 50218–2014[S]. 北京: 中国计划出版社, 2015.

[247] 李夕兵, 古德生. 深井坚硬矿岩开采中高应力的灾害控制与破碎诱变[C]. 香山第175次科学会议. 北京: 中国环境科学出版社, 2002: 101–108.

[248] 李夕兵, 宫凤强. 基于动静组合加载力学试验的深部开采岩石力学研究进展与展望[J]. 煤炭学报, 2021, 46(3): 846–866.

[249] 徐则民, 黄润秋, 范柱国, 等. 长大隧道岩爆灾害研究进展[J]. 自然灾害学报, 2004, 13(2): 16–24.

[250] 李四年, 唐春安, 王述红, 等. 深部开采岩爆机理数值分析方法与应用[J]. 湖北工学院学报, 2003, 18(1): 46–49.

[251] 殷志强, 李夕兵, 董陇军, 等. 动静组合加载条件岩爆特性及倾向性指标[J]. 中南大学学报(自然科学版), 2014, 45(9): 3249–3256.

[252] 伍法权, 伍劼, 祁生文. 关于脆性岩体岩爆成因的理论分析[C]. 中国科学院地质与地球物理研究所. 中国科学院地质与地球物理研究所第十届(2010年度)学术年会论文集(下). 中国科学院工程地质力学重点实验室中国科学院地质与地球物理研究所, 中国地质大学(武汉), 2011: 7.

[253] Tarasov B, Potvin Y. Universal criteria for rock brittleness estimation under triaxial compression[J]. International Journal of Rock Mechanics and Mining Sciences, 2013, 59: 57–69.

[254] Baron L I. Determination of Properties of Rocks (in Russian)[M]. Moscow: Gozgotekhizdat, 1962.

[255] Coates D F, Parsons R C. Experimental criteria for classification of rock substances[C]// International Journal of Rock Mechanics and Mining Sciences & Geomechanics Abstracts. Pergamon, 1966, 3(3): 181–189.

[256] Hucka V, Das B. Brittleness determination of rocks by different methods[J]. International Journal of Rock Mechanics and Mining Sciences & Geomechanics Abstracts, Pergamon, 1974, 11(10): 389–392.

[257] 谭以安, 孙广忠, 郭志. 岩爆岩石弹射性能综合指数 Krb 判据[J]. 地质科学, 1991(2): 193–200.

[258] Wu Y K, Zhang W B. Evaluation of the bursting proneness of coal by means of its failure

duration[C]. Proceedings of the 4th International Symposium on Rockbursts and Seismicity in Mines, Rotterdam, 1997: 285-288.

[259] Gong F Q, Wu C, Luo S, et al. Load-unload response ratio characteristics of rock materials and their application in prediction of rockburst proneness[J]. Bulletin of Engineering Geology and the Environment, 2019, 78: 5445-5466.

[260] 肖亚勋, 万荣基, 丰光亮, 等. 岩爆刚度理论: 研究进展与趋势展望[J]. 中南大学学报, 2023(12): 4230-4251.

[261] Salamon M D G. Stability, instability and design of pillar workings[J]. International Journal of Rock Mechanics & Mining Science and Geomechanics Abstracts, 1970, 7(6):613-631.

[262] Zhang J J, Fu B J, Li Z K, et al. Criterion and classification for strain mode rockbursts based on five - factor comprehensive method [C]// The 12th ISRM International Congress on Rock Mechanics, Harmonising Rock Engineering and the Environment. 2011: 1435-1440.

[263] 王超圣, 周宏伟, 王子辉, 等. 不同应力状态下北山花岗岩岩爆倾向性研究[J]. 工程科学与技术, 2017, 49(6): 84-90.

[264] Wang J A, Park H D. Comprehensive prediction of rockburst based on analysis of strain energy in rocks [J]. Tunnelling and Underground Space Technology 2001, 16, 49-57.

[265] Li T B, Xiao X P, Shi Y. Comprehensive integrated methods of rockburst prediction in underground engineering[J]. Advance in Earth Science, 2008, 23(5): 533-540.

[266] Meng F Z, Wong L N Y, Zhou H. Rock brittleness indices and their applications to different fields of rock engineering: A review [J]. Journal of Rock Mechanics and Geotechnical Engineering, 2021, 13(1): 221-247.

[267] Torra V, Narukawa Y. On hesitant fuzzy sets and decision[C]. The 18th IEEE International Conference on Fuzzy Systems, Jeju Island, 2009: 1378-1382.

[268] Zhou H, Wang J Q, Zhang H Y. Multi - criteria decision - making approaches based on distance measures for linguistic hesitant fuzzy sets[J]. Journal of the Operational Research Society, 2018, 69(5): 661-675.

[269] Liang W Z, Zhao G Y, Luo S Z. Linguistic neutrosophic Hamacher aggregation operators and the application in evaluating land reclamation schemes for mines[J]. PloS one, 2018, 13 (11): e0206178.

[270] Lee L W, Chen S M. Fuzzy decision making based on likelihood-based comparison relations of hesitant fuzzy linguistic term sets and hesitant fuzzy linguistic operators [J]. Information Sciences, 2015, 294: 513-529.

[271] Hwang C L, Yoon K. Multiple attribute decision making: Methods and applications [M]. Heidelberg: Springer, 1981.

[272] Opricovic S, Tzeng G H. Multicriteria planning of post-earthquake sustainable reconstruction [J]. Computer-Aided Civil and Infrastructure Engineering, 2002, 17(3): 211-220.

[273] Gomes L, Lima M. TODIM: Basics and application to multicriteria ranking of projects with environmental impacts[J]. Foundations of Computing and Decision Sciences, 1992, 16(4):

113-127.

[274] Xia M M, Xu Z S. Hesitant fuzzy information aggregation in decision making[J]. International Journal of Approximate Reasoning, 2011, 52(3): 395-407.

[275] Torra V. Hesitant fuzzy sets[J]. International Journal of Intelligent Systems, 2010, 25(6): 529-539.

[276] Xu Z S, Xia M M. On distance and correlation measures of hesitant fuzzy information[J]. International Journal of Intelligent Systems, 2011, 26(5): 410-425.

[277] Zhou Z X, Dou Y J, Liao T J, et al. A preference model for supplier selection based on hesitant fuzzy sets[J]. Sustainability, 2018, 10(3): 659.

[278] Farhadinia B. A series of score functions for hesitant fuzzy sets[J]. Information Sciences, 2014, 277: 102-110.

[279] Shannon C E. A mathematical theory of communication[J]. Bell System Technical Journal, 1948, 27(3): 379-423.

[280] Park H J, Um J G, Woo I, et al. Application of fuzzy set theory to evaluate the probability of failure in rock slopes[J]. Engineering Geology, 2012, 125: 92-101.

[281] Chen J Q, Ye J, Du S G. Scale effect and anisotropy analyzed for neutrosophic numbers of rock joint roughness coefficient based on neutrosophic statistics [J]. Symmetry, 2017, 9 (10): 208.

[282] Xue Y G, Zhang X L, Li S C, et al. Analysis of factors influencing tunnel deformation in loess deposits by data mining: A deformation prediction model[J]. Engineering Geology, 2018, 232: 94-103.

[283] Dev V A, Eden M R. Formation lithology classification using scalable gradient boosted decision trees[J]. Computers & Chemical Engineering, 2019, 128: 392-404.

[284] Dou J, Yunus A P, Bui D T, et al. Improved landslide assessment using support vector machine with bagging, boosting, and stacking ensemble machine learning framework in a mountainous watershed, Japan[J]. Landslides, 2020, 17(3): 641-658.

[285] Chauhan S, Rühaak W, Khan F, et al. Processing of rock core microtomography images: Using seven different machine learning algorithms [J]. Computers & Geosciences, 2016, 86: 120-128.

[286] Breiman L. Random forests[J]. Machine learning, 2001, 45(1): 5-32.

[287] Freund Y, Schapire R E. A decision-theoretic generalization of on-line learning and an application to boosting [J]. Journal of Computer and System Sciences, 1997, 55(1): 119-139.

[288] Friedman J H. Greedy function approximation: a gradient boosting machine[J]. Annals of statistics, 2001, 29(5): 1189-1232.

[289] Chen T Q, Guestrin C. Xgboost: A scalable tree boosting system[C]. Proceedings of the 22nd ACM SIGKDD International Conference on Knowledge Discovery and Data Mining, San Francisco, 2016: 785-794.

[290] Ke G L, Meng Q, Finley T, et al. Lightgbm: A highly efficient gradient boosting decision tree [C]. 31st Annual Conference on Neural Information Processing Systems, Long Beach, 2017: 3146-3154.

[291] Chawla N V, Bowyer K W, Hall L O, et al. SMOTE: synthetic minority over-sampling technique[J]. Journal of Artificial Intelligence Research, 2002, 16: 321-357.

[292] Breiman L. Bagging predictors[J]. Machine learning, 1996, 24(2): 123-140.

[293] Schapire R E. The strength of weak learnability [J]. Machine learning, 1990, 5(2): 197-227.

[294] Kumar P. Machine Learning Quick Reference [M]. Birmingham: Packt Publishing Ltd., 2019.

[295] 杜子建, 许梦国, 刘振平, 等. 工程围岩岩爆的实验室综合评判方法[J]. 黄金, 2006, 27(11): 26-30.

[296] 武旭. 非贯通交叉型节理岩体巷道围岩定向破裂机理与控制研究[D]. 北京: 北京科技大学, 2019.

[297] Stacey T R. A simple extension strain criterion for fracture of brittle rock [J]. International Journal of Rock Mechanics and Mining Sciences & Geomechanics Abstracts, 1981, 18(6): 469-474.

[298] Martin C D, Kaiser P K, McCreath D R. Hoek-Brown parameters for predicting the depth of brittle failure around tunnels[J]. Canadian Geotechnical Journal, 1999, 36(1): 136-151.

[299] Hajiabdolmajid V, Kaiser P K, Martin C D. Modelling brittle failure of rock[J]. International Journal of Rock Mechanics and Mining Sciences, 2002, 39(6): 731-741.

[300] Diederichs M S. Mechanistic interpretation and practical application of damage and spalling prediction criteria for deep tunnelling [J]. Canadian Geotechnical Journal, 2007, 44(9): 1082-1116.

[301] 江权, 冯夏庭, 陈国庆. 考虑高地应力下围岩劣化的硬岩本构模型研究[J]. 岩石力学与工程学报, 2008, 27(1): 144-152.

[302] Edelbro C. Numerical modelling of observed fallouts in hard rock masses using an instantaneous cohesion-softening friction-hardening model [J]. Tunnelling and Underground Space Technology, 2009, 24(4): 398-409.

[303] Kaiser P K, Kim B H. Characterization of strength of intact brittle rock considering confinement-dependent failure processes[J]. Rock Mechanics and Rock Engineering, 2015, 48(1): 107-119.

[304] Sinha S, Walton G. A progressive S-shaped yield criterion and its application to rock pillar behavior [J]. International Journal of Rock Mechanics and Mining Sciences, 2018, 105: 98-109.

[305] Martini C D, Read R S, Martino J B. Observations of brittle failure around a circular test tunnel[J]. International Journal of Rock Mechanics and Mining Sciences, 1997, 34(7): 1065-1073.

[306] Read R S. 20 years of excavation response studies at AECL's Underground Research Laboratory [J]. International Journal of Rock Mechanics and Mining Sciences, 2004, 41(8): 1251 -1275.

[307] Hoek E, Martin C D. Fracture initiation and propagation in intact rock-A review[J]. Journal of Rock Mechanics and Geotechnical Engineering, 2014, 6(4): 287-300.

[308] Bieniawski Z T. Engineering rock mass classifications [M]. NewYork: John Wiley & Sons, 1989.

[309] Suorineni F T, Chinnasane D R, Kaiser P K. A procedure for determining rock-type specific Hoek-Brown brittle parameters [J]. Rock Mechanics and Rock Engineering, 2009, 42 (6): 849.

[310] Martin C D, Chandler N A. The progressive fracture of Lac du Bonnet granite[J]. International Journal of Rock Mechanics and Mining Sciences & Geomechanics Abstracts, 1994, 31(6): 643-659.

[311] Diederichs M S, Carter T, Martin C D. Practical rock spall prediction in tunnels [C]. Proceedings of ITA World Tunnel Congress. 2010: 1-8.

[312] Hoek E, Bieniawski Z T. Brittle fracture propagation in rock under compression [J]. International Journal of Fracture Mechanics, 1965, 1(3): 137-155.

[313] Diederichs M S. Rock fracture and collapse under low confinement conditions [J]. Rock Mechanics and Rock Engineering, 2003, 36(5): 339-381.

[314] Langford J C, Diederichs M S. Reliable support design for excavations in brittle rock using a global response surface method[J]. Rock Mechanics and Rock Engineering, 2015, 48(2): 669-689.

[315] Hoek E, Carranza-Torres C, Corkum B. Hoek-Brown failure criterion-2002 edition [C]. Proceedings of the North American Rock Mechanics Society, Toronto, 2002.

[316] Hoerl A E, Kennard R W. Ridge regression: Biased estimation for nonorthogonal problems [J]. Technometrics, 1970, 12(1): 55-67.

[317] Tibshirani R. Regression shrinkage and selection via the lasso [J]. Journal of the Royal Statistical Society: Series B (Methodological), 1996, 58(1): 267-288.

[318] Zou H, Hastie T. Regularization and variable selection via the elastic net[J]. Journal of the Royal Statistical Society: Series B (Statistical Methodology), 2005, 67(2): 301-320.

[319] Helaleh A H, Alizadeh M. Performance prediction model of miscible surfactant-CO_2 displacement in porous media using support vector machine regression with parameters selected by ant colony optimization[J]. Journal of Natural Gas Science and Engineering, 2016, 30: 388-404.

[320] Ni D, Ji X, Wu M, et al. Automatic cystocele severity grading in transperineal ultrasound by random forest regression[J]. Pattern Recognition, 2017, 63: 551-560.

[321] Qi C C, Fourie A, Zhao X. Back-analysis method for stope displacements using gradient-boosted regression tree and firefly algorithm[J]. Journal of Computing in Civil Engineering,

2018, 32(5): 04018031.

[322] 周志华. 机器学习[M]. 北京: 清华大学出版社, 2016.

[323] 许学良. 脆性岩石抗拉特性及其破裂机制的试验与细观模拟研究[D]. 北京: 北京科技大学, 2017.

[324] 张春生, 陈祥荣, 侯靖, 等. 锦屏二级水电站深埋大理岩力学特性研究[J]. 岩石力学与工程学报, 2010, 29(10): 1999-2009.

[325] 王建良. 深埋大理岩力学特性研究及其工程应用[D]. 昆明: 昆明理工大学, 2013.

[326] 赵兴东, 石长岩, 刘建坡等. 红透山铜矿微震监测系统及其应用[J]. 东北大学学报(自然科学版), 2008, 29(3): 400-402

[327] 马天辉, 唐春安, 蔡明. 岩爆分析、监测与控制[M]. 第1版. 大连: 大连理工大学出版社, 2014.

[328] 石长岩. 红透山铜矿深部开采岩爆倾向性及监测控制研究[D]. 沈阳: 东北大学, 2009.

[329] 黄志平. 深埋隧洞开挖卸荷岩爆孕育过程及微震预警分析[D]. 沈阳: 东北大学, 2015.

[330] 马举. 基于波形特征的矿山微震与爆破信号模式识别[D]. 长沙: 中南大学, 2015.

[331] 刘希灵, 董陇军, 黄麟淇. 岩石声发射理论与技术[M]. 长沙: 中南大学出版社, 2023.

[332] 陆日超. 高黎贡山隧道岩爆声发射监测与数值分析[D]. 重庆: 重庆大学, 2014.

[333] 田宝柱. 基于声发射-红外联合监测的巷道岩爆模拟实验研究[D]. 沈阳: 东北大学, 2018.

[334] 田宝柱, 刘善军, 张艳博, 等. 花岗岩巷道岩爆过程红外辐射时空演化特征室内模拟试验研究[J]. 岩土力学, 2016, 37(3): 711-718.

[335] Fernández-Delgado M, Cernadas E, Barro S, et al. Do we need hundreds of classifiers to solve real world classification problems? [J]. Journal of Machine Learning Research, 2014, 15(1): 3133-3181.

[336] Sagi O, Rokach L. Ensemble learning: A survey [J]. Wiley Interdisciplinary Reviews: Data Mining and Knowledge Discovery, 2018, 8(4): e1249..

[337] Woźniak M, Graña M, Corchado E. A survey of multiple classifier systems as hybrid systems[J]. Information Fusion, 2014, 16: 3-17.

[338] Krawczyk B, Minku L L, Gama J, et al. Ensemble learning for data stream analysis: A survey [J]. Information Fusion, 2017, 37: 132-156.

[339] Zenobi G, Cunningham P. Using diversity in preparing ensembles of classifiers based on different feature subsets to minimize generalization error [C]. European Conference on Machine Learning. Heidelberg: Springer, 2001: 576-587.

[340] Du P J, Xia J S, Zhang W, et al. Multiple classifier system for remote sensing image classification: A review[J]. Sensors, 2012, 12(4): 4764-4792.

[341] Doan H T X, Foody G M. Increasing soft classification accuracy through the use of an ensemble of classifiers[J]. International Journal of Remote Sensing, 2007, 28(20): 4609-4623.

[342] Moreno-Seco F, Inesta J M, De León P J P, et al. Comparison of classifier fusion methods for classification in pattern recognition tasks [C]. Joint IAPR International Workshops on

Statistical Techniques in Pattern Recognition（SPR）and Structural and Syntactic Pattern Recognition（SSPR），Heidelberg：Springer，2006：705-713.

[343] Di Franco G，Marradi A. Factor analysis and principal component analysis［M］. Milan：FrancoAngeli，2013.

[344] Zhang Z，Krawczyk B，Garcìa S，et al. Empowering one-vs-one decomposition with ensemble learning for multi-class imbalanced data［J］. Knowledge-Based Systems，2016，106：251-263.

[345] Yeo I K，Johnson R A. A new family of power transformations to improve normality or symmetry ［J］. Biometrika，2000，87(4)：954-959.

[346] Williams C K I，Rasmussen C E. Gaussian processes for machine learning［M］. Cambridge：MIT press，2006.

[347] Gaudreau D，Thin I，Haile A. Planning considerations for deep level mining at Perseverance Mine［C］. Proceedings of the Fourth International Seminar on Deep and High Stress Mining，Australian Centre for Geomechanics，2007：121-128.

[348] Goddard R，Hills P B. Development of 'radial-in-reef' stoping at Tasmania Gold Mine，Beaconsfield，Tasmania［J］. Mining Technology，2012，121(3)：117-124.

[349] Hills P B. Managing seismicity at the Tasmania Mine［J］. Mining Technology，2012，121(4)：204-217.

[350] 谢学斌，冯涛，潘长良，等. 大型深埋有岩爆倾向矿床采场结构的优化研究［J］. 矿冶工程，2001，21(1)：10-12.

[351] 赵国彦，吴攀，裴佃飞，等. 基于绿色开采的深部金属矿开采模式与技术体系研究［J］. 黄金，2020，41(9)：58-65.

[352] Landry D，Reimer E. Failure mechanisms and ground support applications at Coleman mine，Sudbury Basin［C］. Proceedings of the Ninth International Symposium on Ground Support in Mining and Underground Construction，Australian Centre for Geomechanics，2019：253-266.

[353] Mercier-Langevin F. LaRonde Extension-mine design at three kilometres［J］. Mining Technology，2011，120(2)：95-104.

[354] 邱士利，冯夏庭，张传庆，等. 不同卸围压速率下深埋大理岩卸荷力学特性试验研究 ［J］. 岩石力学与工程学报，2010，29(9)：1807-1817.

[355] Tang B，Mitri H. Numerical modelling of rock preconditioning by destress blasting［J］. Proceedings of the Institution of Civil Engineers-Ground Improvement，2001，5(2)：57-67.

[356] Sainoki A，Emad M Z，Mitri H S. Study on the efficiency of destress blasting in deep mine drift development［J］. Canadian Geotechnical Journal，2017，54：518-528.

[357] Roux H G，Leeman A J A，Denkhaus E R. Destressing：A means of ameliorating rockburst condition，Part 1：The concept of destressing and results obtained from its application［J］. Journal of the South African Institute of Mining and Metallurgy，1957，59(1)：66-68.

[358] O'Donnell D. The development and application of destressing techniques in the mines of INCO Limited, Sudbury, Ontario[D]. Sudbury: Laurentian University, 1999.

[359] 刘天啸. 高应力巷道钻孔卸压机理及让压支护技术研究[D]. 徐州: 中国矿业大学, 2019.

[360] 刘斌, 侯大德, 孙国权. 高地应力巷道卸压控制技术 ABAQUS 模拟[J]. 金属矿山, 2015, (11): 45-50.

[361] Townend S, Sampson-Forsythe A. Mitigation strategies for mining in high stress sill pillars at Coleman Mine-a case study[C]. Proceedings of the Seventh International Conference on Deep and High Stress Mining, Australian Centre for Geomechanics, 2014: 65-77.

[362] 刘焕新, 王剑波, 赵杰, 等. 胶东大型黄金矿山深部开采地压控制实践[J]. 黄金, 2018, 39(9): 39-44.

[363] Catalan A, Onederra I, Chitombo G. Evaluation of intensive preconditioning in block and panel caving - part Ⅱ, quantifying the effect on seismicity and draw rates[J]. Mining Technology, 2017, 126(4): 221-239.

[364] 黄炳香, 赵兴龙, 陈树亮, 等. 坚硬顶板水压致裂控制理论与成套技术[J]. 岩石力学与工程学报, 2017, 36(12): 2954-2970.

[365] Pardo C, Rojas E. Selection of a mining method based on the experience of hydraulic fracture techniques at the El Teniente Mine[C]. Proceedings of Mass Min 2016, The Australasian Institute of Mining and Metallurgy, Melbourne, 97-103.

[366] Catalan A, Dunstan G, Morgan M, et al. "Intensive" preconditioning methodology developed for the Cadia East panel cave project, NSW, Australia[C]. The 6th International Conference and Exhibition on Mass Mining, Sudbury, 2012: 10-14.

[367] Catalan A, Onederra I, Chitombo G. Evaluation of intensive preconditioning in block and panel caving - part I, quantifying the effect on intact rock[J]. Mining Technology, 2017, 126(4): 209-220.

[368] 唐宝庆, 曹平. 岩层注水法防治岩爆的研究[J]. 湖南有色金属, 1996, 12(6): 5-6.

[369] Jager A J. Two new support units for the control of rockburst damage[C]. International Symposium on Rock Support. 1992: 621-631.

[370] Li C C. Rock Mechanics and Engineering, Support and Monitoring[M]. Feng X T eds. London: CRC Press, 2017.

[371] Simser B, Andrieux P, Langevin F, et al. Field behaviour and failure modes of modified conebolts at the Craig, LaRonde and Brunswick Mines in Canada[C]. Deep and High Stress Mining, Quebec City, Canada, 2006: 59-64.

[372] Li C C. A new energy - absorbing bolt for rock support in high stress rock masses[J]. International Journal of Rock Mechanics and Mining Sciences, 2010, 47(3): 396-404.

[373] 何满潮, 郭志飚. 恒阻大变形锚杆力学特性及其工程应用[J]. 岩石力学与工程学报, 2014, 33(7): 1297-1308.

[374] 赵兴东, 周鑫, 赵一凡, 等. 深部金属矿采动灾害防控研究现状与进展[J]. 中南大学学

报(自然科学版), 2021, 52(8): 2522-2538.

[375] Brady B H G, Brown E T. Rock Mechanics for underground mining [M]. Berlin: Springer, 2006.

[376] Malan, D F, Vogler, U W, Drescher K. Time-dependent behaviour of hard rock in deep level gold mines [J]. Journal of the Southern African Institute of Mining and Metallurgy, 1997, 97(3): 135-147.

[377] Vallejos J A. Analysis of seismicity in mines and development of re-entry protocols [D]. Kingston: Queen's University, 2010.

[378] Vallejos J, McKinnon S. Guidelines for development of re-entry protocols in seismically active mines [C]. The 42nd US Rock Mechanics Symposium (USRMS), American Rock Mechanics Association, 2008.

[379] Malek F, Leslie I. Using seismic data for rockburst re-entry protocol at INCO's Copper Cliff North Mine [C]. The 41st US Symposium on Rock Mechanics (USRMS), American Rock Mechanics Association, 2006.

图书在版编目（CIP）数据

深部硬岩岩爆风险评估与控制 / 梁伟章主编. --长沙：
中南大学出版社, 2024.7.
　　ISBN 978-7-5487-5947-8

　Ⅰ. TD73

中国国家版本馆 CIP 数据核字第 2024NL9379 号

深部硬岩岩爆风险评估与控制

梁伟章　主编

□出　版　人	林绵优
□责任编辑	刘颖维
□封面设计	李芳丽
□责任印制	唐　曦
□出版发行	中南大学出版社
	社址：长沙市麓山南路　　　　邮编：410083
	发行科电话：0731-88876770　　传真：0731-88710482
□印　　装	长沙印通印刷有限公司

□开　　本	710 mm×1000 mm　1/16　□印张 15.5　□字数 311 千字
□版　　次	2024 年 7 月第 1 版　　□印次 2024 年 7 月第 1 次印刷
□书　　号	ISBN 978-7-5487-5947-8
□定　　价	78.00 元